彩图14 补光系统

彩图15 环流风机系统

彩图16 比例注肥器及其施肥系统

彩图17 自动施肥系统

彩图18 移动喷灌系统

彩图19 固定苗床

彩图20 移动苗床

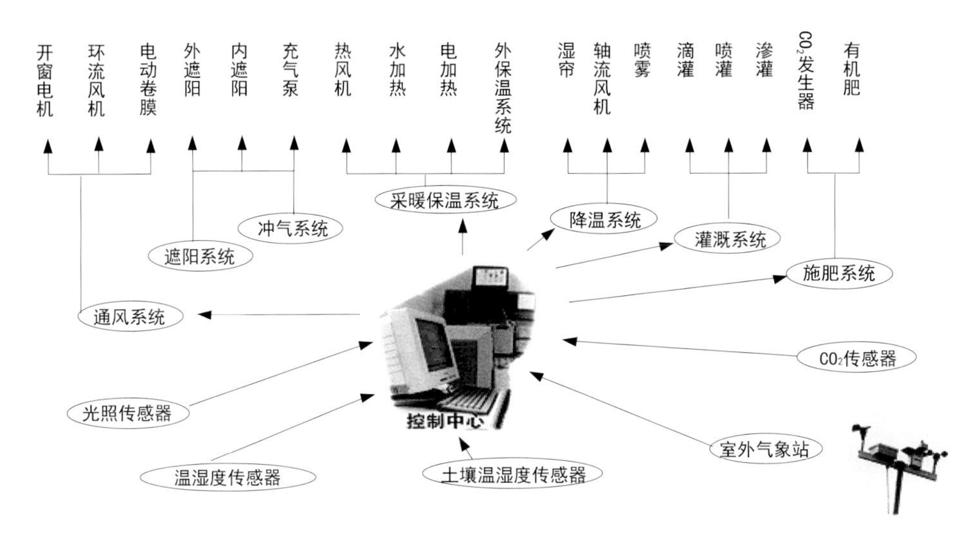

彩图21　智能温室计算机自控系统示意图

彩图22　CO_2补气系统

(a) 外景

(b) 内景

彩图23　日光温室

(a) 外景

(b) 内景

彩图24　塑料大棚

彩图1　现代化玻璃温室（外景）

彩图2　现代化PC 板材温室（外景）

彩图3　现代化塑料薄膜温室（外景）

彩图4　现代化温室（内景）

彩图5　燃油热风机加温

彩图6　热水管道加温

(a) 地源热泵

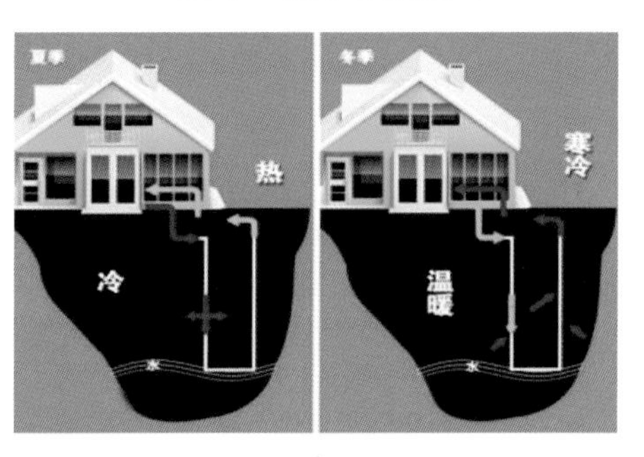

(b) 地源热泵加热示意图

彩图7　地源热泵加热系统

(a)　顶开窗

(b)　侧开窗

彩图8　自然通风系统

(a)　外遮阳系统

(b)　内遮阳、内保温系统

彩图9　遮阳系统

彩图10　湿帘

彩图11　温室专用轴流风机

彩图12　雾化喷头

彩图13　微喷雾化系统

彩图32　穴盘

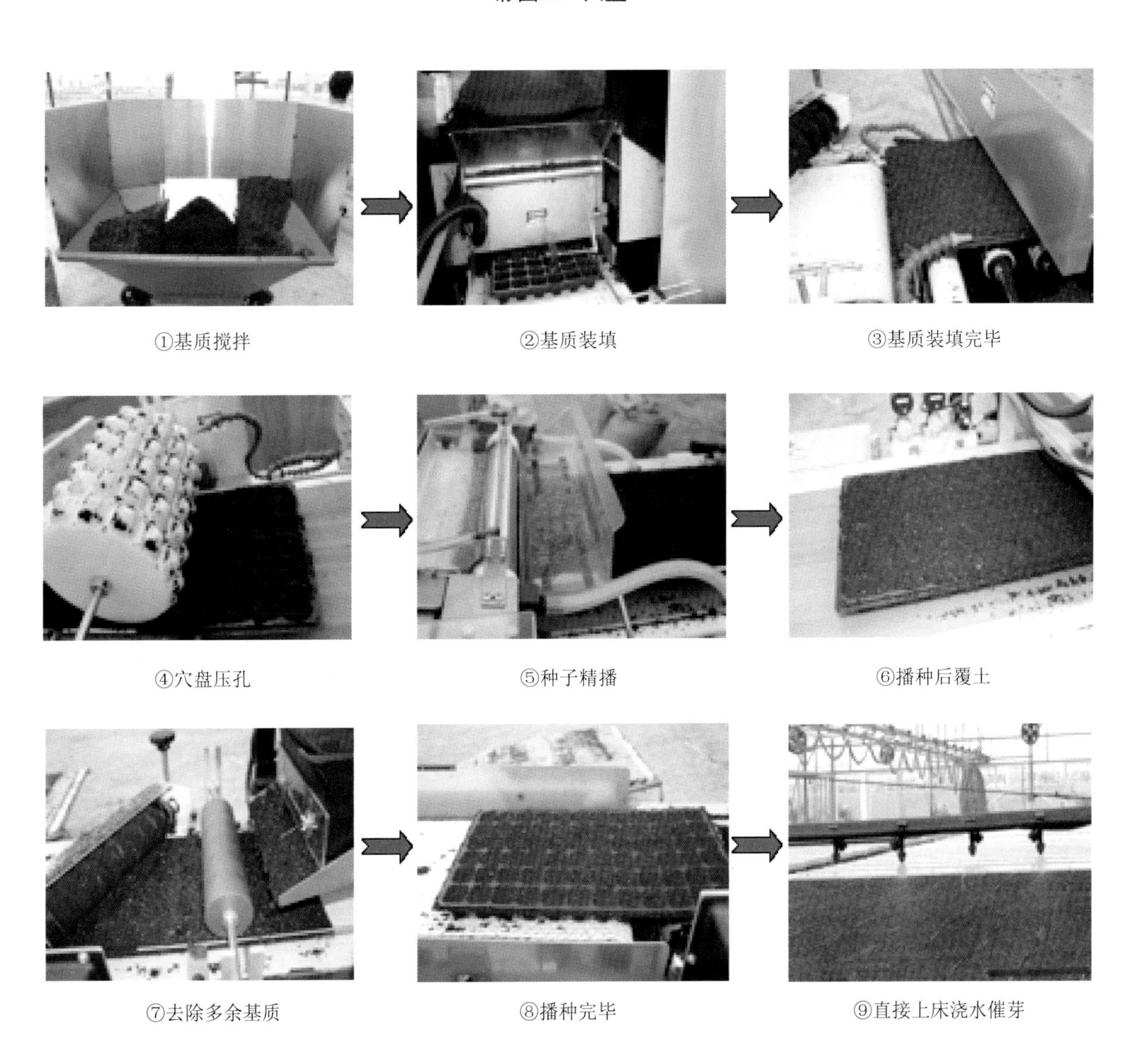

①基质搅拌　②基质装填　③基质装填完毕

④穴盘压孔　⑤种子精播　⑥播种后覆土

⑦去除多余基质　⑧播种完毕　⑨直接上床浇水催芽

彩图33　滚筒式育苗播种机生产线播种过程

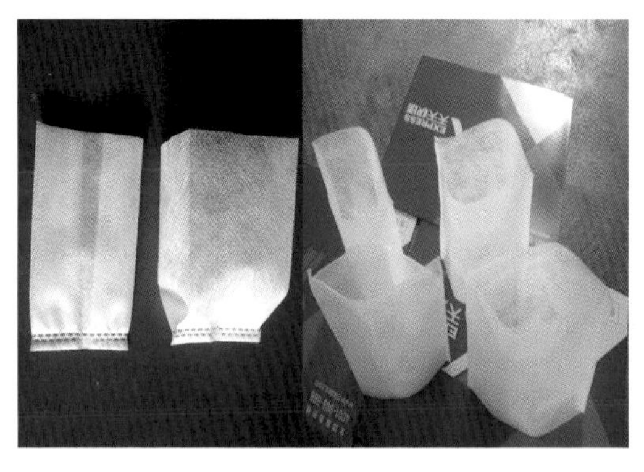

①无纺布育苗袋（网袋容器）

②一体化育苗营养钵（泥容器）

③美植袋（纸容器）

④育苗杯（纸容器）

⑤蜂窝状育苗容器（纸容器）

⑥营养钵（塑料容器）

⑦控根容器（塑料容器）

彩图34　各种育苗容器

彩图35　塑料钵容器育苗

彩图36　网袋容器育苗

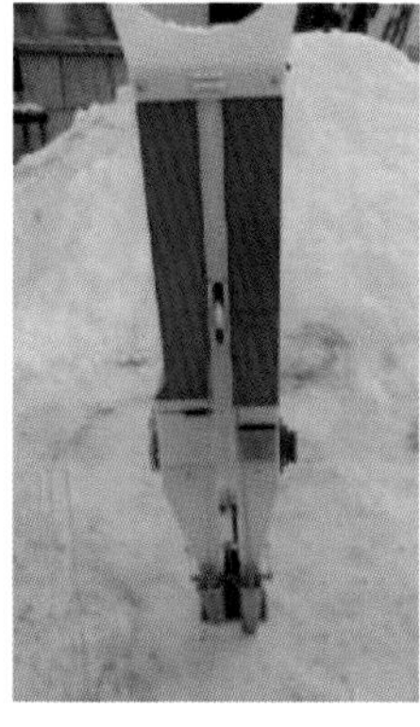

彩图25　手提式播种器

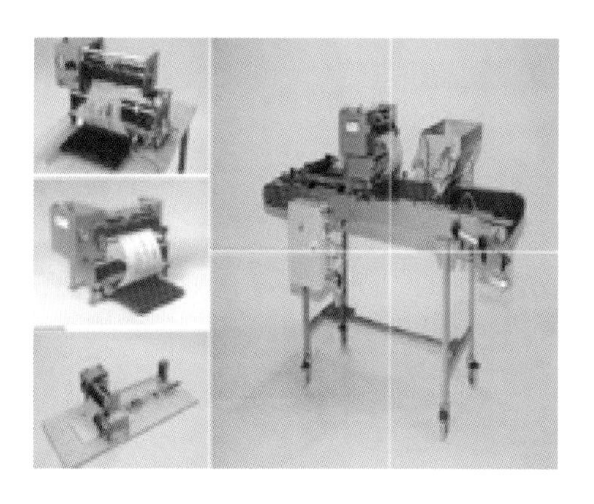

彩图26　针式育苗播种机

彩图27　气吸式育苗播种机

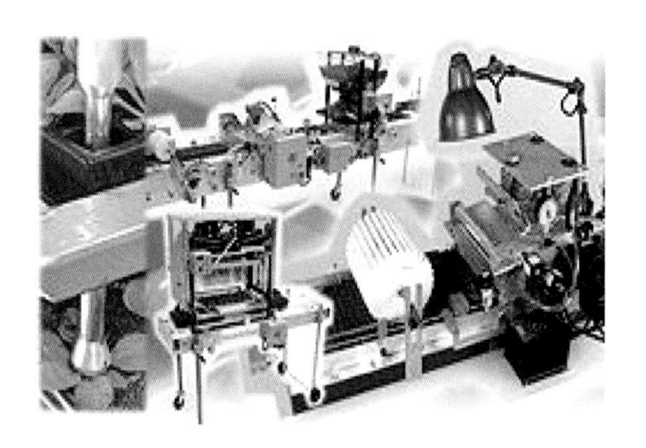

彩图28　滚筒式育苗播种机

彩图29　手工播种

(a) 外观

(b) 内部结构

彩图30　催芽室

彩图31　工厂化育苗基质

彩图37　红掌愈伤组织分化成芽

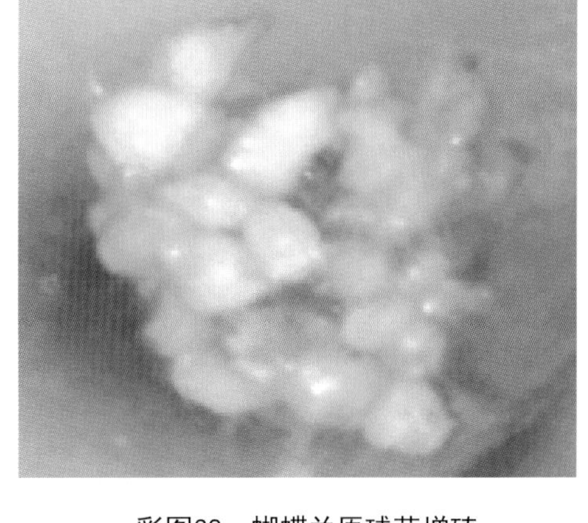

彩图38　蝴蝶兰原球茎增殖

彩图39　洗涤室

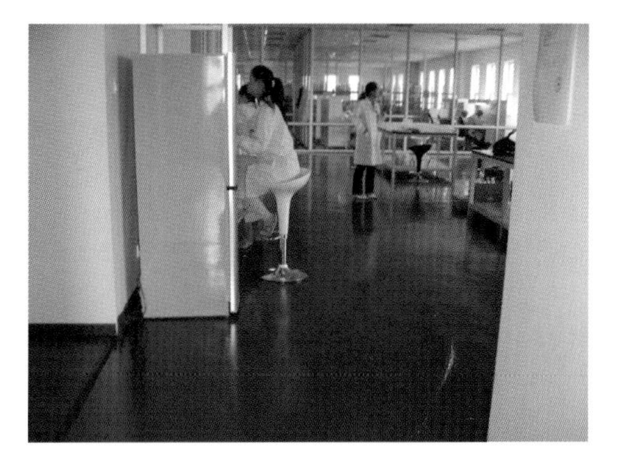

彩图40　综合配制室

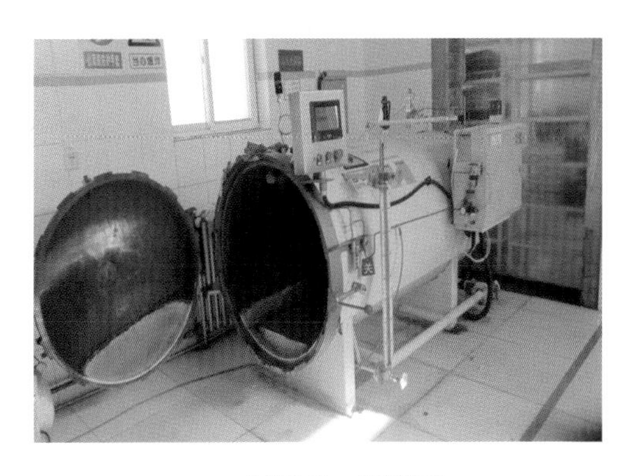

彩图41　灭菌室

彩图42　风淋室（缓冲间）

彩图43　无菌操作间（即接种室）

彩图44　培养室

①蝴蝶兰初代培养

②蝴蝶兰继代增殖培养

③蝴蝶兰生根培养

④蝴蝶兰驯化

⑤蝴蝶兰移栽

⑥小苗管理

⑦苗床管理

彩图45　蝴蝶兰组培苗（克隆苗）生产过程

彩图46　无花果褐化苗

彩图47　欧洲山杨三倍体玻璃化

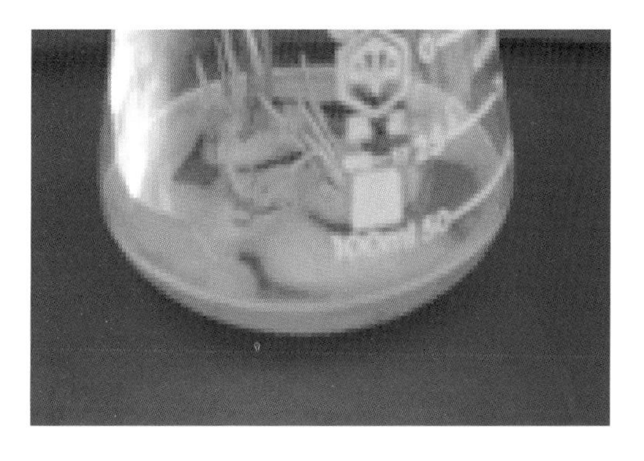

彩图48　细菌性污染

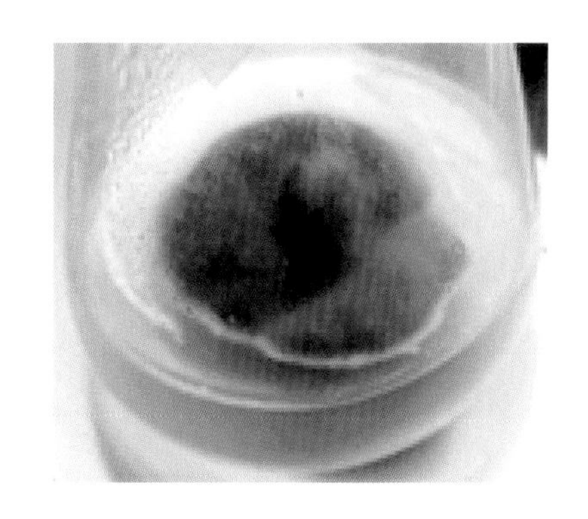

彩图49　真菌性污染

彩图50　葡萄扦插育苗

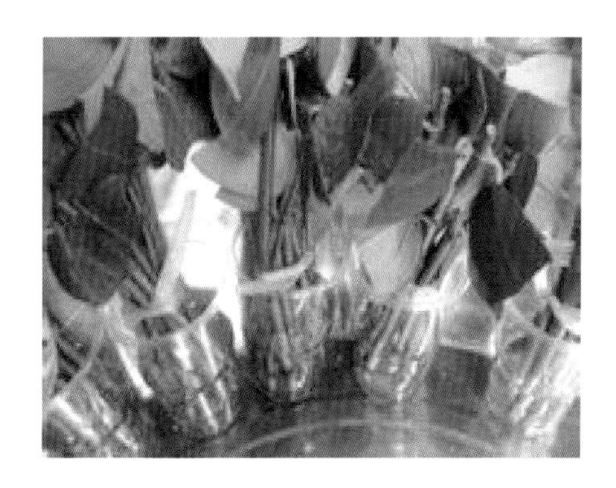

彩图51　插穗预处理

彩图52　月季绿枝扦插

彩图53　橡皮树的半叶扦插育苗

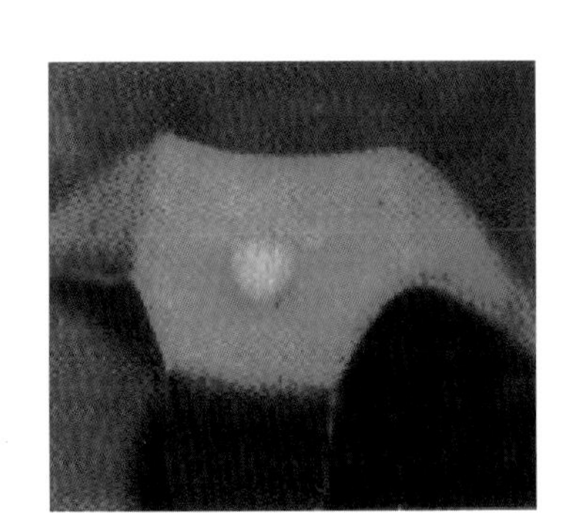

①切割砧木

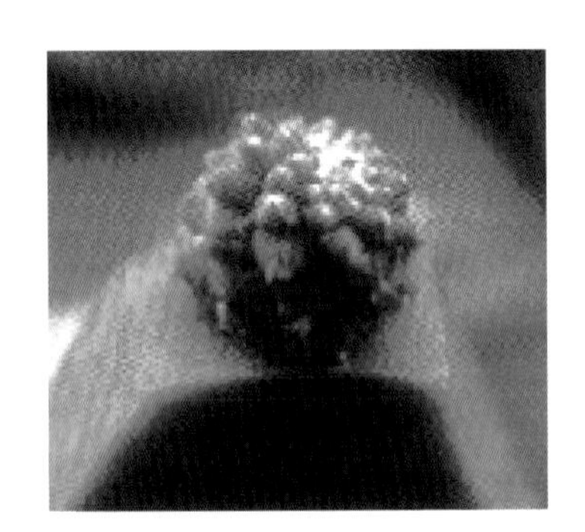

②切取接穗

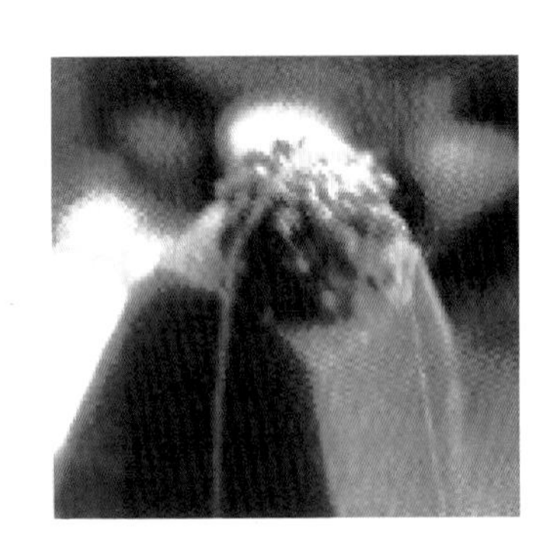
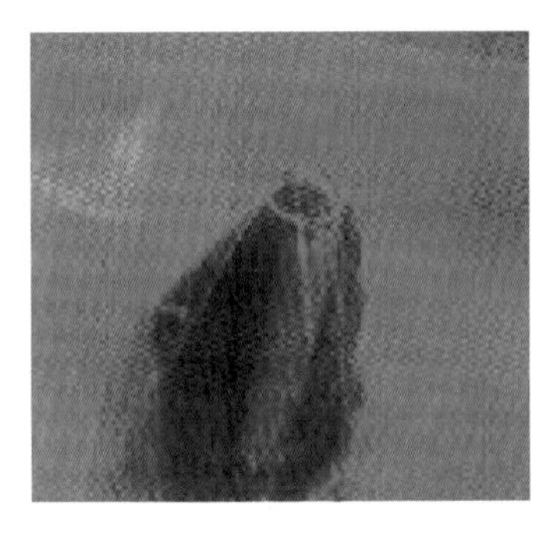
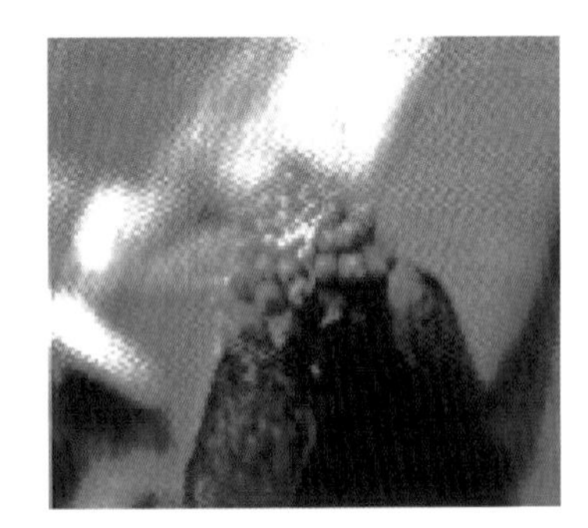

③接合、套袋保湿

彩图54　仙人掌髓心嫁接技术

“十二五”职业教育国家规划教材
经全国职业教育教材审定委员会审定

园艺植物种苗工厂化生产

YUANYI ZHIWU ZHONGMIAO GONGCHANGHUA SHENGCHAN

李洪忠　白忠义　主编

化学工业出版社

·北京·

《园艺植物种苗工厂化生产》共分为4个模块：工厂化育苗基础、园艺植物工厂化育苗常用方法、工厂化育苗企业管理、常见园艺植物工厂化育苗技术，再细化为工厂化育苗岗位认知、工厂化育苗的生产设施与资材、工厂化播种育苗、工厂化植物组织培养育苗、工厂化营养器官育苗、工厂化育苗病虫害防治、工厂化育苗经营与管理、常见蔬菜工厂化育苗技术、常见花卉工厂化育苗技术和常见果树工厂化育苗技术10个项目。教材内容以社会岗位需求为导向，学生职业能力培养为重点，编写内容充分体现基于工作过程的课程设计理念，注重应用性知识，突出技能训练。

本教材适合高等职业院校园艺相关专业使用，也可供农学种植类其他专业选用，或作为行业培训用书和技术人员的参考用书。

图书在版编目（CIP）数据

园艺植物种苗工厂化生产/李洪忠，白忠义主编．—北京：化学工业出版社，2016.9

“十二五”职业教育国家规划教材

ISBN 978-7-122-28263-7

Ⅰ.①园…　Ⅱ.①李…②白…　Ⅲ.①园林植物-育苗-高等职业教育-教材　Ⅳ.①S680.4

中国版本图书馆CIP数据核字（2016）第236504号

责任编辑：李植峰　迟　蕾　　文字编辑：谢蓉蓉
责任校对：吴　静　　装帧设计：刘丽华

出版发行：化学工业出版社（北京市东城区青年湖南街13号　邮政编码100011）
印　　刷：北京京华铭诚工贸有限公司
装　　订：三河市振勇印装有限公司
787mm×1092mm　1/16　印张15¾　字数364千字　彩插6　2019年4月北京第1版第1次印刷

购书咨询：010-64518888　　售后服务：010-64518899
网　　址：http://www.cip.com.cn
凡购买本书，如有缺损质量问题，本社销售中心负责调换。

定　　价：45.00元

《园艺植物种苗工厂化生产》编审人员

主　　编　李洪忠　白忠义

副 主 编　彭世勇　张　青　程桂兰　王全智

编写人员　(按姓名汉语拼音排列)

白忠义（辽宁农业职业技术学院）

程桂兰（辽宁农业职业技术学院）

程　辉（大连钜蕾生物科技开发有限公司）

冯艳秋（辽宁农业职业技术学院）

姜　闯（辽宁省农业科学院园艺分院）

金　辉（大连世纪种苗有限公司）

李洪忠（辽宁农业职业技术学院）

彭世勇（辽宁农业职业技术学院）

王全智（江苏农林职业技术学院）

王　霞（吉林农业科技学院）

王晓峰（辽宁省农业科学院园艺分院）

张　青（辽宁省海城市三星生态农业有限公司）

赵　鑫（辽宁林业职业技术学院）

主　　审　王振龙（辽宁农业职业技术学院）

前言

园艺植物种苗工厂化生产技术是高等职业教育种植类专业学生必须掌握的技能。本教材以社会岗位需求为导向，学生职业能力培养为重点，编写内容充分体现基于工作过程的课程设计理念，注重应用性知识，突出技能训练。以项目为载体，以工学结合的典型工作任务为途径，体现"教、学、做"理实一体化的教学模式，突出知识的应用性，使本课程教学内容与岗位工作内容相一致。

全书共分为4个模块：工厂化育苗基础、园艺植物工厂化育苗常用方法、工厂化育苗企业管理、常见园艺植物工厂化育苗技术，再细化为10个项目。在内容编写形式上，打破传统各部分一刀切的编写模式，根据每个模块的内容特点、教学时数限制及教学目的等几个方面的不同而采取不同的编写模式。模块一和模块三的教学内容理论性较强，因此，在这两个模块中每个项目都采用理论为主、实践为辅的编写模式，即明确教学目标、知识讲解、项目实践、项目考核、项目测试与练习的编写模式；模块二实践操作性强，是本门课程的重中之重，采用实践教学为主，理论教学为辅，以完成典型的工作任务为教学过程，即采用任务提出、任务分析、知识讲解、任务实施、任务考核、项目测试与练习的编写模式；模块四主要当作拓展内容，用于学生选学或自学，教师也可以根据教学时数的长短选择部分内容用以教学，以品种为单元采用基本知识、基本操作的编写模式。

本教材具有以下特色。

1. 遵循职业教育的特点，通过真实工作过程，突出工作和学习的一致性；从职业岗位分析入手，强调专业技术应用能力的培养，注重教材的实用性。

2. 与行业企业合作，吸纳行业专家参与教材的编写与审阅，充分听取行业专家的建议，使内容更加贴近生产一线。

各项目主要内容与教学时数安排

模块	项目	学时	备注
一、工厂化育苗基础	一、工厂化育苗岗位认知	2	学时的安排，任课老师可以根据各校具体实际情况做适当调整
	二、工厂化育苗的生产设施与资材	4	
二、园艺植物工厂化育苗常用方法	三、工厂化播种育苗	14	
	四、工厂化植物组织培养育苗	12	
	五、工厂化营养器官育苗	14	
三、工厂化育苗企业管理	六、工厂化育苗病虫害防治	4	
	七、工厂化育苗经营与管理	4	
四、常见园艺植物工厂化育苗技术	八、常见蔬菜工厂化育苗技术	6～20	
	九、常见花卉工厂化育苗技术		
	十、常见果树工厂化育苗技术		
合计		60～74	

教学建议如下。

1. 按照以工作过程为导向的职业教育理念，结合工厂化育苗行业的特点，采用项目导向、任务驱动、工学交替、课堂与实习地点一体化等灵活多样的教学模式，利用校内外实训基地开展实践教学活动，根据不同学习内容灵活选择现场教学场地，采用实际生产岗位操作教学等各种教学方法，将直观、实练、考核、全真操作融为一体。

2. 积极探索建立以学生为主体、教师为主导，以职业能力为核心，以育人为目的的多样化、个性化的教学方法，培养学生专业技能，同时加强对学生如何学习、如何做事、如何做人、如何与人沟通、如何团结合作、增强团队精神等综合素质的培养。

3. 在教学实践安排上讲究灵活性，充分考虑育苗生产中的季节性、长期性和集中性等特点，注意与生产季节相同步。

4. 建议在做新任务时，给同学们完善旧任务预留时间。不管哪种育苗途径，成苗的周期都较长，短则需要数星期，长的则需要数月，甚至十几个月，这就需要给学生预留出来一部分时间，对各个项目进行中期的管理、调查、记录等操作。

5. 建议将学生分成数组，以组为单位进行任务操作、项目管理，增强学生的主体地位。便于上课与项目管理。

本教材由李洪忠、白忠义担任主编；彭世勇、张青、程桂兰、王全智任副主编；初稿完成后由李洪忠、白忠义、冯艳秋统稿。具体编写分工：项目一、项目二由李洪忠编写，项目三由白忠义编写，项目四由程桂兰、王霞编写，项目五由彭世勇、程桂兰、赵鑫编写，项目六由王全智编写，项目七由张青、李洪忠、姜闯编写，项目八由李洪忠、金辉、程辉编写，项目九由张青、姜闯、王晓峰编写，项目十由白忠义、冯艳秋编写。全书由王振龙审稿。

本教材在编写过程中得到编者所在院校、企业、科研单位的大力支持；编写过程中参考过有关单位和学者的文献资料，在此一并致以衷心的感谢。

由于编者水平有限，教材中难免存在缺点和疏漏，恳请读者批评指正。

编者

2018 年 5 月

目　录

模块一　工厂化育苗基础

模块二　园艺植物工厂化育苗常用方法

模块三 工厂化育苗企业管理

模块四　常见园艺植物工厂化育苗技术

模块一　工厂化育苗基础

项目一　工厂化育苗岗位认知

- 了解生产优良园艺植物种苗的意义；了解我国园艺植物工厂化育苗的现况。
- 掌握园艺植物工厂化育苗生产的含义及其优越性；了解园艺植物繁殖方法的种类、常用工厂化育苗的方法。

知识点一　园艺植物工厂化育苗概述

（一）园艺植物优良种苗生产的意义

园艺植物主要是指除大田作物外的蔬菜、花卉、果树三大产业。自从改革开放30多年来，我国的园艺业获得了长足的发展，在农业中的地位和在人民生活中的作用变得越来越重要。

园艺植物种苗的生产是园艺植物农业商品化生产过程中的第一步，也是最关键的一环，因为种苗的品种及质量的优劣、数量是否充足直接决定了园艺产业各种农产品（蔬菜、花卉、水果）生产数量的高低和产品品质的好坏，直接影响园艺生产厂家的经济效益。

（二）园艺植物工厂化育苗的含义和特点

工厂化农业是农业发展史上具有划时代意义的"农业革命"；是人类创造性地适应环境、改造自然、挖掘资源、满足物质需要的高科技行为；是利用现代工业技术装备农业，在可控条件下，采用工业化生产方式，实现集成高效及可持续发展的商品化、现代化生产体系。可见，工厂化农业是农业现代化的重要标志，是传统农业技术和现代高新技术结合的产物。

园艺植物种苗工厂化生产是工厂化农业的重要组成部分，是以先进的育苗设施设备、现代生物技术、环境调控技术、施肥灌溉技术、信息管理技术、包装运输技术等各要素组装配套的科学体系，创造出适宜园艺植物生长的环境条件，并按照市场的经济原则进行有计划、有规模、周年生产的科学生产体系，以提高园艺植物种苗生产的数量和品质，来获取高额的经济效益。

我国传统育苗的特点是：①设施简陋，环控条件差。设施主要是阳畦、改良阳畦、温床，较好的用日光温室。育苗基质大都用营养土块。②育苗质量差。由于环控条件差，育苗周期长，秧苗质量无法保证，商品性差，且在移栽过程中很容易损伤幼苗根系，导致定植后幼苗缓苗过程慢，生长整齐度差，直接影响作物的产量和品质。③育苗生产效率低，主要是农户分散育苗，自育自用，很少以销售为目的。

工厂化育苗与传统育苗相比，具有以下优点。

① 节省能源与资源。以工厂化育苗中的穴盘育苗为例，与传统的营养钵育苗相比较，育苗效率由 100 株/m^2 提高到 500～1000 株/m^2。工厂化育苗多由专业种苗公司经营，实现了种苗的规模化生产，较传统的分散育苗节省电能 2/3 以上，北方地区冬季育苗节约能源 70%以上，劳动力成本可降低 90%，显著降低了育苗成本。

② 提高种苗生产效率。以工厂化组培育苗为例，由于环境可控，周年生产，大大提高了生产效率，例如，一个兰花茎尖一年便可以繁育出几十万甚至一二百万棵苗株，花叶芋通过组培繁殖，一年可以获得几万甚至几十万倍的苗株。

③ 提高秧苗素质。工厂化育苗通过采用育苗环境条件及施肥灌溉精准控制等先进技术，可实现种苗标准化生产，培育出健壮而又整齐一致的幼苗。采用一次成苗技术，幼苗根系发达并与基质紧密黏着，根系活力强，定植时不伤根系，容易成活，缓苗快，秧苗的素质和商品性得到提高，同时缩短成苗苗龄，为高产栽培奠定基础。

④ 商品种苗适于长距离运输。例如工厂化穴盘育苗多采用轻型基质进行育苗，成苗后幼苗的质量轻，组培培育的成苗放在便于管理的组培瓶中，都适合长距离运输，对于实现种苗的长距离运输十分方便有利。

⑤ 适合机械化移栽。国外已经开发出与不同的穴盘规格相适应的机械化移栽机，实现了从种苗生产到田间移栽的全过程机械化。

知识点二 国内外园艺植物工厂化育苗现况

（一）国外工厂化育苗现况

早在 20 世纪 50 年代开始，一些发达国家就开展了蔬菜、花卉工厂化育苗的研究，到 60 年代，美国、法国、荷兰、澳大利亚和日本等国的工厂化育苗产业已经形成了一定的规模，首先实现了兰花组培工厂化生产。1967 年，美国建成了世界上最大的综合人工气候室，为育苗综合环境控制技术提供了科学依据。1972 年，日本电子振兴协会由 16 个团体企业组成了植物工厂委员会，对番茄工厂化栽培进行试验。荷兰的现代化育苗技术作为欧洲的典型代表，以大规模、专业化的工厂化育苗为特点，实现了蔬菜和部分花卉育苗的机械化、自动化操作，境内有 130 多家种苗专营公司，所生产的秧苗除供给本国蔬菜栽培农场的需要外，还大量地向欧洲其他国家出口。80 年代，美国、日本、英国等无土育苗（又称营养液育苗）

新技术迅速发展起来。90 年代初，美国专业种苗生产规模最大的是 Speedling Transplanting 和 Green Heart Farms 公司，包括花卉在内的商品苗年产量都在 5 亿～6 亿株，现在，这两个育苗公司的商品苗年产量都突破了 10 亿株，其中蔬菜苗产量占 80%以上。目前美国 100%的芹菜、鲜食番茄，90%的青椒，都采用了穴盘育苗移栽。1992 年，韩国引进工厂化育苗技术，专门设计了两种标准化结构的温室——等屋面钢结构玻璃温室和等屋面刚性覆盖材料温室，开发了专业化的自动播种系统、环境控制系统、可移动式苗床、嫁接装置、催芽室、灌溉施肥系统和幼苗发育管理技术体系，蔬菜工厂化商品苗覆盖率达到了 80%以上。国外一些发达国家的工厂化育苗起步较早，各国竞相研究，推广应用范围较广，生产组织和管理已达到了较高的水平。随着工厂化育苗技术和育苗设施、设备的研制与应用，带动了温室制造业、穴盘制造业、基质加工业、精密播种设备、灌溉和施肥设备、秧苗储运设备等一批相关产业的技术进步和快速发展。

（二）我国工厂化育苗现阶段所面临的问题

中国从 1976 年开始发展推广工厂化育苗技术，1979 年 11 月在重庆市召开的全国科研规划会议上确定蔬菜育苗工厂化的研究为全国攻关协作项目之一，1980 年全国成立了蔬菜工厂化育苗协作组，开展了引进消化国外工厂化育苗技术的科技攻关。“九五”期间，工厂化育苗成为“工厂化农业示范工程”项目的重要组成部分，全国有一大批科研院所的相关技术人员从事工厂化育苗的技术研究和推广应用，各地也相继建立起工厂化育苗生产线，促进了中国工厂化育苗的进一步发展。但是，中国工厂化育苗的发展相对于其他一些国家来说，推广普及的速度还相对落后，存在的主要问题有以下几方面。

① 农业种植观念和理念的落后。受传统农业耕作思想的影响，中国蔬菜种植业长期以来是以户为单位的小规模分散经营，种植规模小，生产效率低，制约了现代农业技术装备的推广应用。同时，在现代市场经济条件下，农业小生产与大市场的矛盾也越来越突出。

② 工厂化育苗技术的研究与推广普及相脱节。中国已有一大批高等院校和科研机构从事工厂化育苗技术的研究，在育苗温室结构建筑、育苗设备与设施、基质配置和加工、育苗环境因子控制、育苗技术、基于图像处理的健康苗识别技术研究等方面取得了一大批成果，但是一些研究成果还没有得到很好的推广普及，致使中国工厂化育苗的发展速度相对缓慢。

③ 工厂化育苗投入大，成本较高。工厂化育苗是集成了设施生物技术、设施工程技术、设施智能控制技术和现代管理技术为一体的综合体。目前，国内比较大型的育苗工厂所采用的设施、设备大多都是从国外进口，尽管技术先进，质量好，但价格较贵，投资较大；国内研发的设备、设施尽管价格低，但性能还满足不了要求，而且不配套，故障率较高。同时，育苗工厂所消耗的水、电等量大，运营成本高。

④ 秧苗没有成为真正的商品，没有创建自己的品牌。由于目前一些秧苗生产企业的规模较小，就很难降低成本，抵御经营风险，提高秧苗的品质，调动生产者的积极性。因此，育苗企业必须扩大生产规模，按照市场经济的要求，采用现代化企业经营，培育自身的品牌，增强市场竞争力。

⑤ 工厂化育苗的相关配套技术不完善，良种培育相对滞后，多数优质种子靠国外进口。工厂化育苗的有关育苗技术标准、操作规范、管理规范、包装运输技术规范等还没制订和完

善，难以提高秧苗生产的标准化水平。

（三）我国工厂化育苗的应对措施

工厂化育苗作为一项成熟的技术，一些发达国家在推广普及过程中积累了丰富的成功经验，值得中国在实践中学习和借鉴。

① 科学规划，统筹安排，加大资金扶持和政策引导。政府应加强组织引导，根据中国的人口分布和人们对各种园艺植物的需求，做好各类园艺植物工厂化育苗的科学布局，各省、市、县也应做好规划，发挥区位优势和特长。政府应在工厂化育苗的资金扶持、科技支持、政策引导等方面下大气力，切实提升蔬菜产业化水平，以满足人们日益增长的对蔬菜品种、质量和数量的需求。

② 培育工厂化育苗龙头企业，打造秧苗品牌。中国工厂化育苗起步较晚，各地虽然进行了积极的探索，建立了一些工厂化育苗企业，但是形成规模经济效益的并不多。大多数育苗企业依然是规模小，粗放式经营和管理，没有形成独特的秧苗品牌。因此，要通过扩大育苗企业的经营规模，提升技术水平和管理水平，积累成功经验，充分发挥龙头企业的示范和引领作用，进一步加快中国工厂化育苗推广普及的进程。

③ 完善工厂化育苗技术和设施、设备，提高国产化能力和水平。近几年，中国工厂化育苗在育苗技术和设施、设备等方面取得了不少单项的突破，但从育苗技术来看还没有形成较为完整的体系，设施、设备的配套性较差。应在学习引进国外先进育苗技术和成功经验的基础上，吸收、消化、理解，形成符合中国实际、具有中国特色的工厂化育苗体系。

④ 提高人员素质，加大农业科技人员下乡服务的力度。目前，中国农业从业人员的素质不高，受教育程度偏低，引进现代种植理念，推广普及工厂化育苗还有相当的难度。因此，必须强化培训，提高劳动者的整体素质，使广大农业劳动者接受并从事工厂化育苗。同时，应建立起农业科研部门、农业技术推广部门与农业生产部门的联系、合作机制，使科研成果尽快转化为生产力，使农民在科技推广普及中获益。

⑤ 增强市场经济意识，实现企业化运营。随着中国社会主义市场经济体系的逐步完善，包括农业种植业在内要适应市场经济，农民要不断增强市场经济意识；种植业也要从一家一户的个体育苗向联合化、规模化、专业化、产业化方向发展，要遵循市场经济规律，实现企业化经营与管理；培育一大批工厂化育苗的龙头企业和大户，建立一大批有知名品牌的集育苗、种植、加工、销售等于一体的企业集团。

知识点三 园艺植物繁殖与育苗的方法

（一）园艺植物繁殖的方法

目前，人们可以通过多种途径对园艺植物进行繁殖，如可以在自然有菌条件下繁殖，也可以在无菌条件下组织培养繁殖。自然有菌条件下的繁殖主要是指通过种子的有性繁殖和通过营养器官（根、茎、叶）的无性繁殖两种方式。无性繁殖又分为扦插繁殖、嫁接繁殖、分生繁殖（分株繁殖、分球繁殖）、压条繁殖、孢子繁殖等几种繁殖方式。由于孢子是通过体细胞结合途径得来的，因此，人们通常把孢子繁殖归为无性繁殖的范畴之内。

（二）园艺植物工厂化育苗的方法

1. 园艺植物育苗类型

由于划分依据的不同，园艺植物育苗的类型较多。

根据育苗材料的不同，分为种子育苗、组织培养育苗、扦插育苗、分株育苗、分球育苗、压条繁殖、孢子繁殖等。

根据育苗场地设施的不同，分为露地育苗、保护地育苗、工厂化育苗。

根据育苗基质的有无及特点的不同，分为无土育苗和有土育苗（即营养土育苗），前者包括水培或营养液育苗、无土基质育苗，如岩棉育苗、蛭石育苗、珍珠岩育苗、河沙育苗等。

根据对根系保护方式的不同，分为容器育苗和非容器育苗，前者分为钵育苗（纸钵育苗、草钵育苗、营养钵育苗、塑料钵育苗）、塑料盘育苗、穴盘育苗等。

根据育苗的季节，分为春季育苗、夏季育苗、秋季育苗、冬季育苗。

2. 园艺植物工厂化育苗的方法

目前，大多数园艺植物工厂化育苗的主要方法包括工厂化穴盘育苗、工厂化组织培养育苗、工厂化嫁接育苗、工厂化扦插育苗，少数植物是通过分生育苗、营养钵育苗、孢子育苗和水培育苗的形式来进行工厂化、商品化育苗生产。

3. 园艺植物工厂化育苗的原则

（1）根据每种植物的特点，选择合适的工厂化育苗方法　由于不同植物原始生长环境、自身生长发育特点不同，适合它们的工厂化育苗方法也不同。例如，蝴蝶兰的植株是单茎，不分侧芽，种子极其细小且发育不全，只能通过植物组织培养技术，利用分生繁殖或无菌播种繁殖的方法进行育苗，而不适合分株育苗、穴盘育苗等方式；蕨类植物适合孢子繁殖；大多数的果树及木本花卉不适合组培及穴盘育苗，而适合用嫁接、扦插、容器育苗或轻基质网袋育苗。

（2）尽量降低生产的成本　有的植物可以通过多种方式进行育苗，但育苗成本却不同。如大多数的草本花卉和部分蔬菜，生命周期短，通过穴盘育苗快捷，且成本低；而通过组培繁殖育苗则相反，生产周期长而繁琐，成本高。因此，这类园艺植物除非有特殊目的（如脱毒或育种）外，宜采用穴盘育苗，而不采用组培育苗。再如，智能现代化温室运行成本较高，适合育苗周期短的植物，但大多数果树和木本花卉育苗周期较长，且有的植物还有休眠期，因此，从经济角度来说，这类植物不适合工厂化温室育苗，而适合用日光温室、甚至露地苗圃进行商业化生产育苗。

知识点四　园艺植物工厂化育苗学习的方法

1. 每个项目课前都要认真预习，了解相关理论知识。

2. 加强实践操作。每个工作任务都要认真准备、认真操作、认真记录、认真总结，完成实训报告。

3. 加强团结合作，增强团队精神。一个人的时间和精力总是有限的，任何一个人想要把所有工作任务中的每个环节都做到、做好是不现实的。因此，要加强组内、甚至组间成员的分工合作、信息交流，才能既快又好地完成各项工作任务，提高学习效率。

【项目实践】 园艺植物工厂化育苗状况调查

一、学习目标

了解国内外园艺植物工厂化育苗的现况，分析其产业优势及存在的主要问题，并对生产技术水平和运营管理模式进行评价。

二、场地与形式

上网查询（课前或课后）；校内育苗工厂或周边地区工厂化育苗企业或生产基地的参观、调查和实地勘测；观看相关影像资料。

三、材料与用具

皮尺、卷尺等测量工具；铅笔、笔记本等记录工具；工厂化育苗相关影像资料与设备，电脑。

四、工作过程

1. 调查和测量。结合工厂化育苗企业或基地的实际情况，参考以下内容进行调查、访问、测量和记录。

① 周边地区对商品苗的需求特点。

② 工厂化育苗产业发展中遇到的主要问题和限制因素。

③ 观看幻灯、录像、VCD等影像资料。

2. 结合课余时间上网查询的资料，总结国内外工厂化育苗的发展状况、技术水平和产业特点，并与对当地的调查相比较。完成调查报告。

【项目考核】

考核项目	考核点		检测标准	配分	得分	备注
园艺植物工厂化育苗状况调查	知识要点考核(80分)	工厂化育苗的理解	理解工厂化育苗的含义，掌握工厂化育苗的特点、优点	20		笔试结合过程考核
		国内外工厂化育苗状况	了解国外工厂化育苗现况，熟悉我国工厂化育苗现况、存在的问题及其应对措施	30		
		园艺植物繁殖与育苗的方法	熟悉园艺植物繁殖的方法、工厂化育苗方法及选用原则	20		
		学习方法	掌握本门课程的学习方法	10		
	素质考核(20分)	学习态度	认真查阅资料，积极参与讨论发言，认真完成作业，善于记录、总结	10		
		团结协作	分工合作、团结互助，并起带头作用	10		

【项目测试与练习】

1. 园艺植物的含义是什么？培育优良园艺植物种苗的意义是什么？

2. 什么是工厂化农业？什么是工厂化育苗？与传统育苗相比，工厂化育苗有何优越性？

3. 园艺植物有哪些繁殖方法？在对具体的任何一种植物进行工厂化育苗时，在方法选择上应注意哪些问题？

4. 我国工厂化育苗的发展状况如何？目前面临哪些问题？如何解决？

5. 你计划如何学好本课程？

项目二　工厂化育苗的生产设施与资材

- 熟悉选择育苗场地必须考虑的因素，掌握育苗场地的规划。
- 了解工厂化育苗设施类型，熟练掌握工厂化育苗设施内的各种设备的组成、功能及使用方法。
- 掌握常用工厂化育苗所用基质的种类和理化性质；了解工厂化育苗常用肥料、农药的使用方法和注意事项。

知识点一　工厂化育苗的生产场地选择和规划

一、育苗场地的选择

工厂化育苗场地的选择与园艺植物种苗的培育、成苗的运输及商品苗的销售等方面有直接的关系，在建造前要慎重选择场地。一般应选择在园艺植物产区中心区域建造育苗场地为宜，这样不仅可方便销售，而且可以最大限度地降低成苗的运输成本。此外，选择育苗地点必须考虑以下两个因素。

① 环境条件好。光照条件好：应选择地势平坦、无遮阴的地块建造育苗场地，场地的四周 30m 内没有高大遮光的障碍物；自然水条件好：选择水源丰富、水质好的地块；空气质量好：育苗场地要避免建在有空气污染源的下风向，减少对植物质量的影响，也减少对设施覆盖物（如玻璃、薄膜等）的污染和积尘，影响透光率。

② 地理位置。为了便于生产和销售运输，育苗场地要尽量建在交通便利、水电设施配套容易的地理位置。

二、育苗场地的规划

在育苗场建设之前，应本着实事求是、因地制宜的原则做好育苗场的规划设计。在规划设计时应注意以下几点。

(1) 在建立育苗场之前要对育苗场的水源、水质、土壤和农业气象条件进行实地调查研究，确定是否适合于建立育苗场。

(2) 在设计育苗场之前了解园艺植物生产者的种植结构、种植习惯、种植品种和生产季节、销售市场的情况、销售市场的范围。按照市场需求设计育苗的规模和育苗种类，避免和减少育苗的盲目性。

(3) 根据投资规模的大小确定以下几个方面。

① 土建工程，工厂化无土基质育苗主要包括育苗温室、播种室、催芽室、库房、办公室等基础配套设施的建设，如果还有组培育苗，则还要考虑接种车间、培养车间等基础设施的建设。

② 育苗配套设备，如温室环控系统、肥水供给系统、活动式育苗床架等，工厂化无土基质育苗还要考虑精量播种机、穴盘及催芽设备，组培育苗还要考虑组培生产线上的培养基灌装机、灭菌锅、超净工作台、培养架等设备。

③ 供暖系统，应能提供育苗所需的温度条件，并尽量节能。

④ 供电系统，应考虑双路供电。

(4) 场地规划布局要科学合理。

① 设施群应按适合生产线的方向建设。

② 各设施之间的距离、道路设计等因素要设计合理。场内道路应该便于产品的运输和机械通行，主干道宽为6～7m，能使两辆汽车并行通过；设施间支路宽最好能在3m左右。主路面根据具体条件选用水泥路面，保证雨雪天气畅通。

③ 大型连栋温室或日光温室群应规划为若干个小区，每个小区成一个独立的环境控制体系，安排生产不同的园艺植物种类或品种。

④ 为了管理方便，公共设施区一般规划在南面为好。所有公共设施，如管理服务部门的办公室、仓库、料场、机井、水塔等应集中设置，集中管理。

知识点二　工厂化育苗设施与设备

一、育苗温室

园艺植物种苗生长发育的绝大多数时间是在育苗温室里度过的，种子完成催芽后、组培苗出瓶驯化移栽后、其他嫁接苗、分生苗等操作后都要转入育苗温室中培养，直至炼苗、起苗、包装后进入种苗运输环节。因此，育苗温室是幼苗绿化、生长发育和炼苗的主要场所，是育苗的主要生产车间，育苗温室应满足种苗生长发育所需要的温度、湿度、光照、水、肥等条件。在我国不同的地区和不同的生产条件下，园艺植物工厂化育苗所选择的育苗温室按其结构与性能大致可分为三类，即连栋温室、日光温室和塑料大棚（见彩图1～彩图8）。

（一）现代温室

现代温室的特征是能够进行环境的自动控制，是园艺设施的高级类型，设施内环境基本不受自然气候的影响，具有温度、湿度的记录反馈和自动调控能力，有自动灌溉、补光和补充CO_2的设施设备，能够全天候进行园艺作物种苗培育和生产。现代温室是园艺植物种苗工厂化生产首选的温室类型。

1. 现代温室设施结构

现代温室是由两栋以上的双斜面或拱形屋面温室连接而成的。通常情况下，连栋温室单栋跨度为 8～12m，立柱间距多为 4m，南北延长根据需要或风机功率设置为 40～60m，东西连栋数可达 10 栋以上，北面立墙装设湿帘，南面立墙装设风机，其余立墙面为硬质透明板材或塑料膜片，温室总高度为 4～6m，肩高 3～4m，要求抗风载 40～50kg/m^2，抗雪载 30～40kg/m^2。一般采用性能优良的热浸镀锌型钢和透明覆盖材料建造，结构经优化设计而用材较少，坚固耐用，造价较低，透光性好。这些温室按照覆盖材料主要分为玻璃温室、PC 板材温室和塑料薄膜温室等三大类型（彩图 1～彩图 4）。

大型连栋育苗温室的顶开窗和侧窗面积根据实际需要的通风面积进行设置，可以是全屋面开窗，也可以是半屋面开窗，窗口开启通常需要达到 45°。肩高对温室设计至关重要，它直接影响室内空气流动、加热和降温效果以及悬挂的喷灌机、遮阳幕、环流风机等设备的悬挂位置。育苗温室的肩高最好为 3.5～4m 或更高，高屋脊温室比低屋脊温室更好用。

2. 温室内的主要设备

育苗温室的主要设备包括环境控制设备和生产设备两部分，环境控制设备包括温度控制系统、光照控制系统、通风系统、空气湿度控制系统、水肥控制系统。

大型连栋育苗温室一般装备有育苗床架、加温、降温、排湿、补光、遮阴、营养液配制、输送、行走式营养液喷淋器等系统和设备，并且都实现了全部电脑操作和控制。

（1）温度控制系统　包括加温设施、降温设施和保温设备。

① 加温设施：目前主要有燃油热风加温、热水管道加温、地源热泵加温等几种方法（彩图 5～彩图 7），各地可根据当地的资源状况和温室的具体情况选择加温设施。其中地源热泵不但在冬季起加温的作用，在夏季还能起到降温的作用。

② 降温设施：采用自然通风（彩图 8）或遮阳（彩图 9）可以起到一定的降温作用，但是如果要求在夏天生产反季节种苗，可以配备湿帘-风机强制降温系统来达到降温效果。具体做法是在温室靠北面的墙上安装专门的纸制湿帘（厚度一般为 10～15cm，彩图 10），在对应的温室墙面上安装大功率温室专用轴流风机（彩图 11）。使用时必须将整个温室封闭起来，开启湿帘水泵使整个湿帘充满水，再打开排风扇排出温室内的空气，吸入外间的空气，外间的热空气通过湿帘时因水分的蒸发而使进入温室的空气温度降低，从而达到降低温室内温度的目的。另外，也可以采用微雾系统（彩图 12、彩图 13）来降温，但要注意这种降温方法会造成环境湿度过大，影响某些种类的苗木的正常生长。

③ 保温设备：顶部最下层的内保温层（彩图 9）、四周的塑料薄膜形成一层空气夹层，起到冬季保温、夏季保凉的作用。

（2）光照控制系统　包括遮光系统和增光系统。

① 遮光系统：在炎热的夏天，温度非常高，光照也非常强，对有些种苗来说会导致植株灼伤，这时就可以采用遮阳网来遮住一部分阳光，降低光照度，并能降低温室内的温度；遮阳设施主要分外遮阳系统和内遮阳系统（彩图 9）。

② 增光系统：在冬天或连续的阴雨天气会使温室中的光照严重不足，从而导致种苗生

长不良；而有些植物必须用光照处理来调节生长。因而在温室中最好有补光装置（彩图14），光源可采用白炽灯、日光灯、高压钠灯、金属卤灯等，在种苗生产中最好采用高压钠灯和金属卤灯作为补光的光源。

（3）通风系统　良好的通风性能对种苗生产来说是非常重要的，目前在应用上主要是结合湿帘系统的大型通风机和温室内部循环风扇（彩图15）。通过大型通风机可实现温室内外空气交换，内部循环风扇可以使温室内部空气实现循环而达到降低叶片表面湿度和夏季辅助降温的目的。在冬天和多雨季节，温室内的空气湿度相当高，温室内部的空气循环有助于减少植株茎叶表面的水分和减少病虫害的发生。

（4）湿度控制系统　打开喷雾设备（彩图12、彩图13），可以增加空气湿度，也可以降低温度。打开天窗或侧开窗，可以降低空气湿度。

（5）水肥控制系统　在现代种苗生产中应该具备较好的水肥供应系统，其中包括水源、水处理设备、蓄水设备、灌溉管道、浇水工具、自动肥料配比机（彩图16、彩图17）、自走式移动喷灌机（彩图18）等。

（6）苗床系统　在穴盘种苗生产中，苗床是必不可少的，通常要求苗床干净、整洁、便于操作。高架苗床的应用使操作人员容易对苗床上的种苗进行管理；架空的苗床使得空气得以很好地流动，也可避免地下害虫和线虫的侵入，减少病虫害的发生。苗床一般分固定式（彩图19）和移动式（彩图20）两种，材料一般采用镀锌钢材。固定式苗床造价较低，使用方便，但因苗床本身不能移动，每一苗床间必须留有通道，因而温室利用率较低。移动式苗床（彩图20）不管是纵向分布还是横向分布，都因其能移动，其温室利用率较固定式苗床高。一般来说，固定式苗床的利用率为温室面积的60%～70%，移动式苗床的利用率可以达到75%～85%，移动式苗床因其可提高温室利用率而越来越受到欢迎。

苗床底下最好采用沙石地面，沙石层厚15～25cm，上铺黑色园艺地布，清洁卫生，不长杂草，边缘开排水沟。

（7）智能控制系统　智能温室计算机自控系统示意图见彩图21。

另外，在温室内的主要通道和苗床间的通道最好用钢筋水泥浇筑，以便于生产操作小运输工具的进出。

根据实际需要还可以配置二氧化碳发生器（彩图22）和硫黄熏蒸器、内部移动运输及辅助浇水等设施。

（二）日光温室

日光温室（彩图23）是我国北方地区适用于育苗和栽培的主要温室类型。日光温室由墙体、骨架、前后屋面和覆盖物组成。墙体有北墙、东西两个山墙，一般为夯实的土墙或用砖、石、土坯砌成，其主要功能是固定和支撑前、后屋面的骨架，隔绝外界冷空气侵入和室内热量的散失，蓄积昼间吸收的热量，夜间缓慢释放。骨架分为两部分，一是由坨、檩、椽、柱构成，以支撑后屋面；二是由立柱和拱形桁架构成，以支撑前屋面。前屋面是覆盖在桁架上的塑料薄膜、保温被和遮阳网等，主要功能是最大限度地吸纳太阳能；后屋面多由隔热材料、混凝土板、麦秸泥等组成，主要起保温作用，同时承载温室顶部作业者。通常日光温室的跨度为6～8m。作为育苗专用温室，适当加大跨度有利于环境调控，使育种面积增大和设备得到充分利用。我国冬季寒冷的北方地区多采用节能高效日光温室进行园艺植物育苗。一般墙体厚60～80cm，脊高2.8～4.2m，跨度7～10m。将温室内部地面下挖0.5m，可以更好地提高温室内的温度和保温效果。

利用日光温室育苗的最大优点是经济实用，采光、保温效果好。利用日光温室进行园艺植物育苗虽然在环境调控、机械操作、受光均匀程度以及土地利用等方面不如现代连栋温室优越，但在冬季的北方地区，却能节约能源，降低生产成本；在夏季降温时可以增加水帘风机，满足幼苗生长的需求。

（三）塑料大棚

塑料大棚通常是拱圆形屋顶，南北延长。按骨架材料一般分为竹木结构、钢筋水泥结构、焊接钢结构、全塑结构和镀锌钢管装配式等类型，作为园艺植物规模化育苗使用多选无柱全钢结构（彩图24）。大棚跨度一般为8～10m，高2.6～2.7m，肩高1.4～1.5m，拱架间距1～1.2m，塑料薄膜单层覆盖，整体透明。通风换气好，但保温性能较差；但若在大棚内增加一层塑料薄膜或无纺布可以有效地阻止热量散失，提高保温效果。塑料大棚因其结构简单、建造容易、管理方便、光照条件好，适合在北方春、夏、秋季和南方地区进行蔬菜或花卉育苗。

不同类型温室环境控制系统的配置差异较大，对环境的监测和控制能力也有较大的差异，种苗的生长速度和质量也不同。现代温室具备完善的加温、降温和遮阴保温系统，能够精确控制种苗不同培育阶段的温度；配置二氧化碳补充系统，补充育苗温室内的二氧化碳，提高种苗的光合作用效率；补光系统能够在阴雨天提高光照强度，增加种苗的光合作用时间或者调节光周期；应用计算机网络技术，能够实现种苗环境控制的自动化，并且实现种苗生产的信息化管理。国外大型育苗公司通常采用带隔断的连栋温室进行商品苗生产，各区间的温度、湿度、光照等环境条件可以分别设定，以适应幼苗不同发育时期的需要。在我国部分发达地区及少数科技园区也采用了自动化程度较高的连栋温室，育苗质量和效率也都接近或达到西方发达国家水平。

二、生产车间及其设备

在工厂化育苗过程中，由于园艺植物的种类和育苗方式的不同，工厂化育苗所需要的生产车间及其内部设备的配置也不同。下面以通过现代化连栋智能温室进行工厂化穴盘育苗为例，说明其主要生产车间构成及其设备。

（一）工厂化穴盘育苗的生产车间及其设备

工厂化穴盘育苗生产车间除了育苗温室外，还需要播种车间、催芽室、控制室等。

1. 播种车间

大型种苗场通常安装有播种流水线所需要的基质混合机、基质运输机、基质填充机、播种机、覆料机以及淋水机等。种苗生产者在播种区内完成播种的全过程。应用播种机播种才能实现规模化生产，并极大地提高播种效率。生产者可根据不同的情况选择不同的播种机（彩图25～彩图28）。特大型的种苗场应该配置滚筒式播种流水线；大中型的种苗场可选择平板播种机或自动针式精量播种机；小型种苗场或一般的蔬菜、花卉生产者用于种苗生产的可选择简易手提管式播种机。如果不采用播种流水线完成播种的全过程，也可用人工来完成基质混合、装盘、播种、覆土、淋水等工作（彩图29）。

2. 催芽室

为种子发芽提供最合适的环境条件的密闭空间称为催芽室（彩图30）。它安装有可自动控制种子发芽所需的温度、湿度、光照等的设备，催芽室的温度由自动调温器控制，湿度由喷雾系统来保持，光照由低压荧光灯来控制。催芽室的大小可根据种苗生产规模来配置。

3. 育苗温室

种苗生长发育的绝大多数时间是在育苗温室里度过的。种子完成催芽后，即转入育苗温室中，直至炼苗、起苗、包装后进入种苗运输环节。因此，育苗温室是幼苗绿化、生长发育和炼苗的主要场所，是工厂化育苗的主要生产车间，育苗温室应满足种苗生长发育所需要的温度、湿度、光照、水、肥等条件。育苗温室除了具有完善的环境条件控制、肥水控制、苗床等设备外，有条件的还应有嫁接机、秧苗分离机等设备。

4. 控制室

现代种苗生产中，温室环境、生产过程、发芽环境都是由各种各样的仪器、设施、设备控制的，所有这些仪器、设施、设备都在控制室内进行调控、管理。

5. 其他辅助设施

其他辅助设施主要包括办公室、包装运输区和仓库等。

（1）办公室　办公室可以是单独的，也可以放在准备房里对生产和销售人员进行管理。严格地说，播种及其准备工作、种苗的包装等都应该在准备房内完成。

（2）包装运输区　在出圃前必须先经过整理和检验后再进行包装，包装结束后再将种苗运到客户手中，包装运输区应离主出入口较近，以方便种苗的出圃和运输。根据需要可配置种苗分离机和包装用具。

（3）仓库　仓库主要用来存放各类生产资料和生产用具，如各类基质、育苗容器、包装材料、肥料、农药和温室损耗材料等。

（二）其他育苗形式的生产车间及其设备

① 工厂化容器育苗的生产车间除了育苗温室外，还需要制钵车间、播种车间等（见项目三）。

② 工厂化组培育苗的生产车间包括综合配制车间、接种车间、组培苗培养车间等（见项目四）。

③ 营养器官育苗一般除了育苗温室外，再有一个材料处理车间就可以了。

知识点三 工厂化育苗资材

一、工厂化育苗基质

传统农业是以土壤为栽培基质，现代园艺和工厂化穴盘育苗使用的大多是无土基质。可被作为育苗基质的物质很多，如草炭、细沙、蛭石、珍珠岩、椰糠、锯木屑、秸秆、谷壳、碎树皮、树叶、水苔草等。工厂化育苗最常用的无土基质是草炭、蛭石和珍珠岩。

（一）无土基质在育苗中的作用

（1）支撑植物 固体基质能保证植物在生长时不会沉埋和倾倒。

（2）保持水分 好的基质吸持水分能力强，能够保证在灌溉间隙不会因植物失水而受害。

（3）透气 基质的空隙存在氧气，可以供给植物根系呼吸作用所需要的氧气。

（4）缓冲作用 良好的基质有一定的缓冲作用，可以使植物具有稳定的生长环境，即当外来物质或植物本身的新陈代谢过程产生一些有害物质危害根系时，基质的缓冲作用会将这些危害消除。

（二）无土基质的类型

无土基质的分类没有统一的标准，分类方法较多，常见的主要有以下几种。

① 按基质的组成成分可分为有机基质和无机基质两类。例如，沙、岩棉、蛭石和珍珠岩等都是无机物质，称为无机基质。而树皮、泥炭、蔗渣、椰壳是由有机残体组成的，称有机基质。

② 按基质的性质可分为惰性基质和活性基质两类。惰性基质是指本身不能提供养分，仅起支持作用，如沙、岩棉、石砾等。活性基质是指基质本身可以为植物提供一定的营养成分或具有阳离子代换量，如泥炭、蛭石等。

③ 按基质使用时组分不同可分为单一基质和混合基质。单一基质是指以一种基质为生长基质的，如沙。混合基质是指由两种或两种以上的基质按一定的比例混合制成的基质。生产商为了克服单一基质可能造成的容量过轻、过重、通气不良或持水不够等弊病，常将几种基质混合，形成混合基质使用。

（三）无土基质的理化性质

1. 物理特性

对秧苗生长影响较大的物理特性主要有基质的容重、总孔隙度、持水量、大小空隙以及颗粒大小等。

（1）容重 指单位体积基质的质量，反映基质的疏松、紧实程度。容重过大，则基质过于紧实，透水、透气性相对较差，不利于植物根系的生长。容重过小，则基质过于疏松，透气性相对较好，有利于根系的生长，但不易固定植株，且水分管理很困难。

（2）总孔隙度　指基质中持水空隙和透气空隙的总和，以相当于基质体积的百分数来表示。总空隙度大的基质，它的空气和水分的容量就比较大，质量轻，疏松透气，有利于植物根系的生长。例如，蛭石的总空隙度为90%～95%。总孔隙度较小的基质比较重，水性差。因此，为了克服单一基质总孔隙度过大或过小的弊病，生产中常将几种基质混合起来使用。

（3）大小孔隙比　大孔隙是指基质中空气所能占据的空间，即通气孔隙或称自由孔隙；小孔隙是指基质中水分所能占据的空间，即持水孔隙。通气孔隙和持水孔隙之比即为大小孔隙比。大小孔隙比能够反映出基质中水、气之间的状况。如果大小孔隙比大，则空气容量大而持水量小，最理想的比是1∶1。

（4）颗粒大小　同一种基质如果颗粒太大，虽然透气性好，但相对持水力就较差，会增加浇水的频率；反之，颗粒太小，持水力增强，但透气性就会降低，根系生长不良。

2. 化学特性

（1）稳定性　指基质发生化学反应的难易程度。

（2）酸碱性　大多数植物喜欢微酸性的生长基质，基质过酸或者过碱都会影响植物营养的均衡及稳定。

（3）阳离子代换量　基质的阳离子代换量以100g基质代换吸收阳离子的毫摩尔数来表示。有些基质中阳离子代换量很低，有些却很高，会对基质中的营养液产生很大的影响。

（4）缓冲作用　基质的缓冲作用是指基质在加入酸碱物质后，基质本身具有的缓和酸碱变化的能力。总的来说，植物性基质都有缓冲能力，但大多数矿物性基质的缓冲能力都很弱。

（5）电导率（EC值）　基质的电导率反映基质中原来带有的可溶性盐的多少，直接影响营养液的平衡。EC值低，便于在使用过程中调配，不会对植物造成伤害。

（四）常用基质种类与性能

常见的基质见彩图31。

1. 泥炭

泥炭是一种特殊的半分解的水生或沼泽植物，世界各地都有分布。因形成泥炭的植物、分解程度、化学物质含量及酸化程度的不同，其物理、化学性质相差很大。根据形成植物的不同，一般可分为两类：一类是草炭，另一类是泥炭藓泥炭。形成草炭的植物为莎草或芦苇。由于莎草和芦苇都是较高等的维管植物，一旦死亡，维管束便失去吸水能力，通气量便明显下降，加上原生环境下草炭的pH在5.5左右，病菌易生长。虽然可以用作穴盘种苗生产，但很多方面不能满足穴盘种苗生产的要求，其各项指标与种苗生产基质的要求相差甚远。我国东北的泥炭即为这类。

形成加拿大泥炭的植物是泥炭藓，属于较原始的苔藓植物，其底部死亡形成泥炭的同时，植株的顶部还在继续生长。因此，泥炭藓是由死细胞（又称泥炭藓细胞）和活细胞组成的，活细胞部分包括含有叶绿素的和不含叶绿素的空腔细胞两种。空腔细胞含有水和空气，活体细胞连成网状，环围着泥炭藓细胞。泥炭藓的园艺价值主要是由于泥炭藓细胞独特的特征而产生的。泥炭藓中具有空腔的薄壁细胞具有吸收和传输水分的功能。泥炭藓还有一个重要的特征是它具有木质化的细胞壁，呈环状、螺旋状，这使得干燥后空腔细胞被空气充满的形状结构坍塌，而且非常坚固。因此，植物生长在泥炭藓中，只要保持泥炭藓水分合适，就能提供植物生长所需的理想的湿度和空气含量。泥炭藓细胞有水孔，通过水孔，水可以进入细胞，并从那儿被输送到植株的各个部分。这一特征进一步增强了泥炭藓的持水性。加拿大泥炭即我们通常所说的泥炭，是一种目前可以获得的、理想的栽培基质材料。

2. 蛭石

蛭石是一种叶片状的矿物，外表类似云母，是一种惰性矿物质。经高温处理后，内部的水分被迅速蒸发，使原蛭石精矿膨胀 8～20 倍。膨胀蛭石具有较好的物理特性，包括防火性、绝热性、附着性、抗裂性、抗碎性、抗震性、无菌性及对液体的吸附性。一般情况下，用于园艺的是较粗的膨胀蛭石，因其通气性和保水性均优于细的蛭石。种苗生产用的蛭石片径最好在 3～5mm，是一种较为理想的育苗基质。但蛭石不耐压力，特别是在高温的时候，因施压会把其有孔的物理性能破坏，生产中通常是按一定比例混入泥炭中使用。

3. 珍珠岩

珍珠岩是火山岩浆的硅化合物，把矿石用机械法打碎并筛选，再放入火炉内加热到1000℃，在这种温度下原来有的一点水分变成了蒸汽，矿石变成多孔的小颗粒，比蛭石要轻得多，颜色为白色。珍珠岩较轻，通气良好，无营养成分，质地均一，不分解，无化学缓冲能力，阳离子代换量较低，pH 在 7～7.5，对化学和蒸汽消毒都很稳定。珍珠岩内含有钠、铝和少量的可溶性氟，可能会伤害某些植物。因其在高温下形成，同蛭石一样，它没有任何病菌。一般 2～4mm 的珍珠岩适合在园艺生产和种苗生产上使用。但由于珍珠岩容重过轻，浇水后常会浮于基质表面，造成基质分层，以致于上部过干、下部过湿，如基质中珍珠岩比例过大，会使植株根系的生长环境过于疏松，植株根系不能与基质紧密贴合，导致植株偏软，使成品苗换盆成活率下降。

4. 炭化稻壳

炭化稻壳是将稻米加工的副产品稻壳经加温炭化而成的一种基质。它容重小，质地轻，孔隙度大，透气性、保水性好，作为育苗基质时不易发生过干过湿现象。因制作过程经过高温，炭化稻壳不带病菌，且含有植物所需的多种营养成分，如钾元素含量丰富，用于育苗时，基本可以满足幼苗对钾元素的需要。由于炭化稻壳为碱性，使用前和使用过程中需注意基质的 pH 值变化，防止 pH 值太高对苗木造成不良影响。

5. 锯末

锯末是森林和木材加工业的副产品。锯末资源丰富，各种树木的锯末屑化学成分差异很大，如碳、戊聚糖、纤维、木质素、树脂含量等。部分有毒树种的锯末不宜作为无土栽培基质。锯末质轻，吸水力、保水力较强，多与其他基质混合使用。通常锯末的树脂、单宁和松节油等有害物质含量较高，且 C/N 高，在使用前必须沤肥。

6. 水苔草

水苔草具有良好的保水、透气性能，而且具有质地轻等特殊作用，非常适合某些花卉、果树的扦插育苗，非常适合根系要求透气性良好的植株幼苗生长，如兰花幼苗。

7. 树皮

树皮的特点是质量轻，保水力大，有机质含量高，碳氮比（C/N）高，pH 值一般在 4.2～4.5。一般来说，松树皮的碳氮比一般为 135∶1，针叶树树皮的 C/N 为 150～300。其中，落叶松树皮的 C/N 高达 494。全碳 54.3%，全氮 0.11%。树皮除含有木材的纤维素、半纤维素、木质素及其他微量元素等成分之外，还相对地富含石炭酸、单宁等对植物生长有害的物质以及高分子树脂，具有抗菌性、抗蚁性强，不易被水浸透与腐烂等特征，使用前一般都要进行降脂处理。

8. 岩棉

岩棉是当今世界上广泛应用于无土栽培的一种基质。它是利用灰绿石、石灰石和焦炭按一定比例混合后在高温下制作而成的，整个过程完全消毒，不含病菌和其他有机物。岩棉的物理性质良好，质地轻，孔隙度大，透气性好，持水性略差。未用过的新岩棉 pH 值较高，一般在 7.0 以上，使用前需加以处理，可在灌水时加入少量的酸处理 1～2 天，使 pH 值下降。在目前的无土栽培育苗中，用岩棉作为基质栽培的占很大比重。

9. 泡沫塑料

泡沫塑料是一种人工合成基质，主要有尿甲醛、聚甲基甲酸酯、聚苯乙酸等。泡沫塑料容重小，质地轻，孔隙度大，吸水力强，作基质时一般不单独使用，必须用容重较大的颗粒如沙、石砾等来增加质量，否则植株难以固定。

10. 沙

沙是无土栽培中应用最早的一种基质。其来源广泛，价格低廉，取材方便。不同来源的沙组成成分差异很大，一般二氧化硅含量在 50%以上。沙没有阳离子代换量，容重大，持水力差。应用时需选用适宜的粒径大小，太粗会造成基质持水不良，植株易缺水；太细会导致沙中淌水。一般较理想的沙粒径组成为：<0.01mm 的占 1%，0.01～0.12mm 的占 2%，0.1～0.3mm 的占 15%，0.3～0.6mm 的占 25%，0.6～1.2mm 的占 20%，1.2～2.4mm 的占 26%，2.4～4.7mm 的占 10%，>4.7mm 的占 1%。选用沙作为无土栽培基质时，应确保其中不含有毒基质。如石灰性地区的沙含较多的石灰质，使用时需注意；海边的沙含较多的氯化钠，使用前需要用清水清洗干净。此外，由于沙的容重大，给搬运、消毒造成不便，在生产上的应用日趋减少。由于沙的比热小，基质升温快，在扦插育苗中用得较多。

二、育苗容器

园艺植物种苗生产中常采用的育苗容器有育苗盘、穴盘、育苗钵等。

1. 育苗盘

育苗盘也叫催芽盘，多由塑料制成，也可用木板自行制作。用育苗盘育苗有很多优点，如对水分、温度、光照容易调节，便于种苗储藏、运输等。

2. 穴盘

穴盘（彩图 32）是用塑料制成的蜂窝状的由同样规格的小孔组成的育苗容器。盘的大小及每盘上的穴洞数目不等。一般规格为 50～800 穴/盘。穴盘能保持幼苗根系的完整性，节约生产时间，提高生产的机械化程度，便于蔬菜、花卉及部分果树等种苗的大规模工厂化生产。

3. 育苗钵

育苗钵是指培育小苗用的钵状容器，规格很多。按制作材料不同可划分为两类：一类是塑料育苗钵，由聚氯乙烯和聚乙烯制成，多为黑色，个别为其他颜色；另一类为有机质育苗钵，是以泥炭为主要原料制作的，还可用牛粪、锯末、黄泥土或草浆制作。有机质育苗钵质地疏松透气、透水，装满水后能在底部无孔的情况下 40～60min 内全部渗出。由于钵体会在土壤中迅速降解，不影响根系生长，移植时育苗钵可与种苗同时栽入土中，不会伤根，无缓苗期，成苗率高，生长快（详见项目三的任务二）。

三、肥料与农药

1. 肥料

植物不同时期的生长发育需要不同种类配比、不同数量的营养成分，这些营养可以用几种无机化合物按一定的比例配制成一定浓度的营养液，再给植物幼苗喷施。如硝酸钙镁、硝酸钾钙、硝酸钾镁、硝酸钙、硝酸钠、硝酸镁、硝酸钾、硫酸铵、亚硝酸钠、氯化铵、磷酸盐等。

一些国内外公司针对植物不同生长发育阶段研发出不同成分配比的速效肥，常见的有花多多、奥绿、花宝等。

2. 农药

主要是防治苗木患病的药物，如杀虫剂、杀菌剂。此外，还有调节植物生长发育的植物激素和植物生长调节剂，如生根粉、矮壮素等。

【项目实践】　园艺植物工厂化育苗设施与资材调查

一、学习目标

了解园艺植物工厂化育苗设施类型及其配套设备；能够识别各种育苗基质并掌握它们的理化特性；能够了解各种育苗容器、肥料、农药及其喷施器具的特点和作用。

二、场地与形式

校内育苗工厂或校外工厂化育苗企业或生产基地，实地调查与操作。

三、材料与用具

育苗工厂设施设备，育苗基质，育苗容器，各种肥料与农药。

四、工作过程

1. 育苗生产设施与设备调查：通过老师或工厂技术人员的指导，了解塑料大棚、日光温室、现代化连栋温室各种育苗设施的结构和功能特点；分组练习操作各种环境控制设备、认识各种生产设备。

2. 认识各种育苗基质，检测草炭、蛭石、珍珠岩的容重、大小孔隙度、电导率等理化指标。

3. 认知穴盘、育苗盘、育苗钵等各种育苗容器及其使用特点。

4. 了解和认知工厂化育苗常用的肥料和农药种类及适用对象。

5. 完成实训报告。

【项目考核】

考核项目	考核点		检测标准	配分	得分	备注
园艺植物工厂化育苗状况调查	知识要点考核(80分)	育苗设施、设备	掌握三种常用育苗设施(日光温室、塑料大棚和现代化温室)的构造、使用特点；熟练操作全部环境控制设备；能够认识各种生产设备	30		
		育苗基质	能够认识各种育苗基质，了解它们各自的特点；能够熟练地测量基质的容重、孔隙度、pH值、电导率等理化指标	20		
		育苗容器	了解工厂化育苗常用的育苗容器及其特点和适用对象	15		
		肥料和农药	了解工厂化育苗常用的肥料和农药种类及其适用对象	15		
	素质考核(20分)	学习态度	认真查阅资料，认真实践操作，理论联系实际，善于记录、总结	10		
		团结协作	分工合作、团结互助，并起带头作用	10		

【项目测试与练习】

1. 用于工厂化育苗的设施有哪些类型？为什么说现代化连栋温室是工厂化育苗的首选设施？

2. 根据覆盖材质的不同，现代化连栋温室分为哪几种类型，各有何特点？

3. 现代化连栋温室里面的环境条件（温、光、水、气、肥）是通过哪些设备来控制的？是如何控制的？

4. 列举工厂化育苗常用的基质，说说它们各自的特点。

5. 请阐述工厂化育苗常用的育苗容器都有哪些，各有什么特点。

模块二　园艺植物工厂化育苗常用方法

项目三　工厂化播种育苗

知识目标

- 了解工厂化播种育苗的主要方法。
- 掌握工厂化育苗对种子的要求、采集与前处理方法。
- 掌握工厂化育苗对育苗基质的要求和处理方法。

技能目标

- 能够综合运用所学理论知识和技能，独立从事工厂化播种育苗的生产与管理。

播种育苗即有性繁殖法育苗，就是利用雌雄受粉相交而结成种子来繁殖后代的育苗方法。通过播种繁殖培育的苗木叫实生苗。工厂化播种育苗是园艺植物工厂化育苗最常见、最重要的一种育苗方式。目前，许多蔬菜、花卉、果树植物的种苗都是通过播种育苗方式培育的。工厂化播种育苗主要包括穴盘育苗、容器育苗、岩棉育苗、水培育苗四种育苗方式，其中穴盘育苗是工厂化育苗最主要的育苗方法之一。大多数企业主要采用工厂化穴盘育苗法或容器育苗法育苗，少数企业用水培或岩棉育苗。

任务一　工厂化穴盘育苗

【任务提出】

现有一批一串红、矮牵牛、金鱼草等草花植物种子，还有一批黄瓜、番茄等蔬菜种子，如何快速高效育苗，以满足社会需求？

【任务分析】

对于生命周期较短的一、二年生花卉、部分宿根花卉及大部分蔬菜作物的大规模育苗，最有效、最快捷的途径是穴盘育苗，但需要先进配套的设施设备及管理技术，可周年生产。

【相关知识】

一、工厂化穴盘育苗的概述

（一）穴盘育苗的概念

穴盘育苗是现代园艺植物集约化育苗的主要方式之一，是以草炭、蛭石等轻质材料为育苗基质，使用穴盘为容器，采用保护设施等措施，在设施内人工控制的环境条件下，采用精量播种、一次成苗、批量生产的一种快速、优质、高效、稳定的育苗方式。穴盘育苗还可与现代温室技术、无土栽培技术、机械自动化技术、微机管理技术相配套，实现园艺植物工厂化、规模化、专业化、商品化育苗。

（二）穴盘育苗的特点

以穴盘为育苗容器，利用无土基质代替传统的营养土，在人工控制的环境条件下，采用精量播种、一次成苗、批量生产。可根据育苗目的和经济条件，建造多种形式和规格的育苗设施，采取相应的技术方案和手段进行秧苗生产。穴盘育苗还具有较强的自主性和灵活性，既可以小规模也可以大规模进行育苗。在小规模培育自用苗时，最显著的优点是有自主性，可以随意选择自己需要的品种，尤其是培育和保护自己独有的作物品种。该育苗方式适应范围广泛，可播种不同的种类（蔬菜、花卉）和生产不同规格的种苗；秧苗整齐一致，质量好，秧苗根系与基质紧密缠绕，定植后无缓苗期，适宜蔬菜、花卉和经济作物的专业化和规模化育苗。除此之外，穴盘育苗与传统育苗相比还具有以下优点。

（1）节省能源　与传统的营养钵育苗相比较，育苗效率可由每平方米100株提高至500～1000株。北方地区冬季利用温室育苗，可提高育苗设施的利用率，节约能源70%以上，劳动力成本可降低90%，显著降低了育苗成本。

（2）节省种子　穴盘育苗实行每穴1粒，成苗率高，较常规育苗方式可节省种子用量，降低用种成本。尤其是对由国外引进的价格昂贵的蔬菜种子，可显著地降低生产成本。

（3）省力省工，提高工作效率　各种手动及自动播种机配套使用，便于集中管理，提高工作效率。常规育苗人均管理2.5万株，穴盘育苗人均管理20万～40万株，大幅度提高了育苗生产效率。穴盘育苗采用轻基质，定植时每株苗只有35～50g重，而常规育苗每个土坨平均重500～700g，每定植1亩蔬菜（平均4000株）相当于搬走2000～3000kg土，定植1亩地穴盘苗只相当于常规育苗工作量的1/10。

（4）秧苗质量高　穴盘育苗采用科学方法配制基质，实施环境控制技术、施肥灌溉技术等的标准化管理，一次成苗。育出的幼苗生长整齐一致，幼苗根系发达并与基质紧密黏着，定植时不伤根系，容易成活，缓苗快，秧苗的素质和商品性得到提高，同时缩短成苗苗龄，根系活力强，为高产栽培奠定了基础。

（5）适于长距离运输　穴盘育苗采用轻型基质进行育苗，成苗后幼苗的质量轻，适合长距离运输，对于实现种苗的集约化生产、规模化经营十分有利。

（6）适合机械化移栽　国外已经开发出与不同的穴盘规格相适应的机械化移栽机，实现了从种苗生产到田间移栽的全过程机械化。

（7）有利于优良新品种的推广　由于穴盘育苗采用规模化生产方式育苗，有利于从正规渠道引进优良品种，减少假冒伪劣种子的泛滥危害，因而可加快优良新品种的示范推广。

当然，工厂化穴盘育苗也存在一些不足，如育苗所需的育苗设施和设备的初期投入较大，对种子的质量要求更高，种苗生产者需要掌握相关的育苗技术等。

二、育苗种子相关知识

（一）种子形态结构

种子是由受精胚珠发育而成的，一般包括胚、胚乳和外部的种皮三部分（图 3-1）。

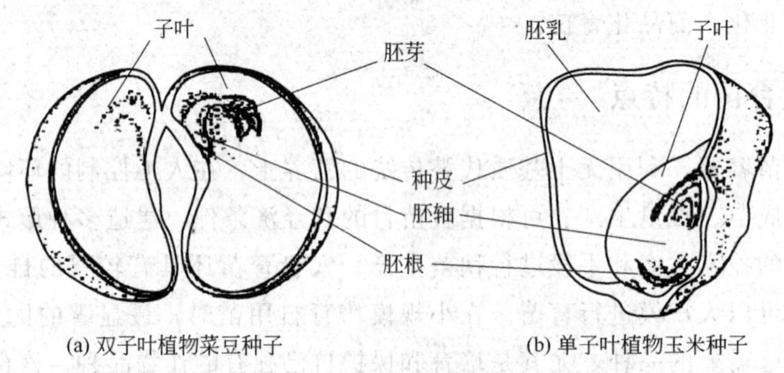

图 3-1　种子纵切面形态结构示意图

胚由受精的合子发育而来。合子是胚的第一个细胞，它第一次分裂后成为两个细胞，其中近珠孔的一个细胞经分裂形成珠柄，另一个细胞经多次分裂形成胚体，胚体再进一步分裂，分化出子叶、胚芽和胚根，逐渐形成具有一定形态结构的胚，这就是植物的原始体。

被子植物的胚乳由极核受精后发育而成，它是供给胚发育所需养分的储藏组织。有些植物种子的胚乳在形成过程中被胚根吸收而消失，养分则储藏于胚的子叶内。所以有些植物没有胚乳而子叶肥大，如豆科植物的种子。有些植物的种子非常细小，以至于种子发育不完善，如兰科植物的种子，只有种皮和包裹在其里面的胚，没有胚乳，是无胚乳种子。

种皮是由珠被发育而成的，起保护作用。成熟种子的种皮，外层常为厚壁组织，内层常为薄壁组织，中间的各层往往分化为纤维细胞、石细胞或薄壁细胞等。有些植物有假种皮，如荔枝、龙眼果实中可食用的肉质部分即为假种皮，它是由珠柄或胚座发育而成的，包于种皮之外；而在大多数被子植物中，当种子成熟时种皮为干种皮。有些植物的种皮外面还附生有棱、毛刺、网纹、蜡质、突起物等。

植物种子的形态特征主要包括种子的形状、大小、色彩、表面光洁度、种子表面特点等外部特征以及解剖结构特征，是鉴别植物种类、判断种子质量的主要依据。如茄果类蔬菜的种子均为肾形，茄子种皮光洁，辣椒种皮厚薄不匀，番茄种皮则附着银色茸毛；白菜和甘蓝种子的形状、大小、色泽相近，均为球形黄褐色小粒种子，但甘蓝种子球面双沟，白菜种子球面单沟等。常见蔬菜的种子形态见图 3-2。

植物种子的大小、质量差别很大，印度洋塞舌尔岛上的椰子树种子，直径约 50cm，最

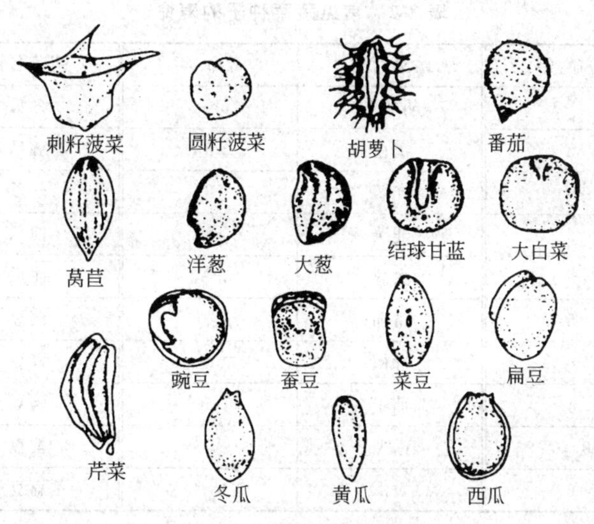

图 3-2　常见蔬菜种子形态

大的可重达 15kg；热带雨林中某些属于附生植物兰花的种子，能产生世界上最小的种子，细小的如同尘埃，其质量仅及一盎司的百万分之三十五。

（二）种子的寿命

植物种子的寿命是指在一定环境条件下种子保持发芽能力（生活力）的年数，又称发芽年限。种子寿命的长短，取决于本身的遗传特性，以及种子个体生理成熟度、种子的结构、化学成分等因素，同时也受储藏条件的影响。在自然情况下，不同园艺植物种子的寿命差异很大。见表 3-1 和表 3-2。

表 3-1　常见花卉种子的寿命

花卉名称	寿命/年	花卉名称	寿命/年	花卉名称	寿命/年
菊花	3～5	金盏菊	3～4	香石竹	4～5
蛇目菊	3～4	凤仙花	5～8	蒲包花	2～3
报春花	2～5	牵牛花	3	百合	1～3
万寿菊	4～5	鸢尾	2	茑萝	4～5
金莲花	2	长春花	2～3	一串红	1～2
美女樱	2～3	鸡冠花	4～5	矢车菊	2～5
三色堇	2～3	波斯菊	3～4	千日红	3～5
毛地黄	2～3	大丽花	5	大岩桐	2～3
花荽草	2～3	紫罗兰	4	麦秆菊	2～3
蕨　类	3～4	矮牵牛	3～5	薰衣草	2～3
天人菊	2～3	福禄考	1～2	耧斗菜	2
天竺葵	3	半枝莲	3～4	藏报春	2～3
彩叶草	5	百日草	2～3	含羞草	2～3
仙客来	2～3	藿香蓟	2～3	勿忘我	2～3
蜀葵	5	桂竹香	5	木樨草	3～4
金鱼草	3～5	瓜叶菊	3～4	宿根羽扇豆	5
雏菊	2～3	醉蝶花	2～3	观赏茄	4～5
翠菊	1～2	石竹	3～5	五色梅	1～2

表 3-2 常见蔬菜种子的寿命

蔬菜名称	寿命/年	蔬菜名称	寿命/年	蔬菜名称	寿命/年
大白菜	4～5	胡萝卜	5～6	冬瓜	4
结球甘蓝	5	莴苣	5	瓠瓜	2
球茎甘蓝	5	洋葱	2	丝瓜	5
花椰菜	5	韭菜	2	西瓜	5
芥菜	4～5	大葱	1～2	甜瓜	5
萝卜	5	番茄	4	菜豆	3
芜菁	3～4	辣椒	4	豇豆	5
根用芥菜	4	茄子	5	豌豆	3
菠菜	5～6	南瓜	5	蚕豆	3
芹菜	6	黄瓜	4～5	扁豆	3

（三）种子发芽条件

种子通过或完成休眠以后，在适宜的环境条件下即可发芽。主要环境条件包括温度、水分及气体，有些种子发芽还受光照的影响。

1. 温度

各种蔬菜种子的发芽，对温度都有一定的要求。喜温或耐热蔬菜，如茄果类、瓜类、豆类，最适宜的发芽温度为 25～30℃；较耐寒蔬菜，如白菜类、根菜类，最适宜的发芽温度为 15～25℃。有的蔬菜种子发芽则要求低温，如莴苣种子在 5～10℃低温下处理 1～2 天，然后播种，可迅速发芽，而在 25℃以上时，反而不易发芽。芹菜在 15℃恒温或 10～15℃的变温下，发芽反而比高温下的好。

2. 水分

园艺植物的种子在一定温度条件下吸收足量的水分才能发芽。种子吸水量的多少，与种子的化学组成有很大关系。一般而言，蛋白质含量高的种子，水分吸收量较多，吸收的速度也较快；以油脂和淀粉为主要成分的种子，水分吸收量较少，吸收速度也较慢。至于以淀粉为主要成分的种子，吸水量更少些，吸收的速度也更慢。如菜豆的吸水量为种子质量的 105%，黄瓜为 52%。但是，种子吸水并非愈多愈好，适于种子发芽的吸水量也有一定的限度，即有吸水的“适量”。当温度不适宜时，种子虽然也能吸水膨胀，但却不能发芽而导致烂种。

种子的吸水可分为初始阶段和完成阶段。初始阶段的吸水作用依靠种皮、珠孔等结构的机械吸水膨胀力，这一阶段的吸水量约占 1/2，吸水的快慢取决于水量和温度。完成阶段的吸水依靠胚的生理活动，吸水的快慢还受氧气供应的影响。生产上在播种前进行浸种催芽，浸种主要是满足初始阶段的要求，催芽则是完成阶段的措施。

3. 气体

一般来说，在供氧条件充足时，种子的呼吸作用旺盛，生理进程迅速，发芽较快，二氧化碳浓度高时则抑制发芽。但促进或抑制的程度因蔬菜种类而异。据试验，萝卜和芹菜对氧的需要量最大，黄瓜、葱、菜豆等对氧的需要量最小。对于二氧化碳的抑制作用，葱、白菜表现较为敏感，胡萝卜、萝卜、南瓜则较迟钝。莴苣、甘蓝的种子在二氧化碳浓度大幅度提高时反而促进发芽。

4. 光照

各种园艺植物种子播种后，只要温度、水分和气体条件适宜，一般都能发芽出苗。但实际上不同种类种子发芽对光照的反应是有差异的，可分为需光型、嫌光型和中光型三种类型。需光型种子在有光条件下发芽比黑暗条件下更好些，如莴苣、芹菜、胡萝卜等蔬菜种子；嫌光型种子在黑暗条件下发芽良好，在有光条件下发芽不良，如大多数茄果类、瓜类、葱蒜类的蔬菜种子；中光型种子发芽对光的反应不敏感，如藜科、豆科的部分种类及萝卜种子等。

另外，蔬菜种子萌发与光波也有关。如吸水后的莴苣种子萌发可被560～690nm的红光促进，而690～780nm的远红光则抑制其发芽。一些化学药品的处理也可代替光的作用。如用硝酸盐（0.2%硝酸钾）溶液处理，可代替一些需光种子的要求；赤霉素（100mg/L）处理可代替红光的作用。

（四）工厂化育苗种子的来源与品质要求

种子是有生命力的生产资料。生产所用的种子来源主要有自制采收和购买两条途径。目前，国际上一些著名的种苗公司逐步进入中国市场，通过国内经销商代理或合资、独资经营的方式提供最新、最具优良品质的新品种或F_1代杂交种。生产商通过购买优质园艺植物种子进行园艺植物生产是目前最为常用的途径。购买的种子只需进行播种前处理即可进行播种。

优良种子是园艺植物栽培成功的重要保证，优良种子应具有以下条件。

（1）品种纯正　品种纯正的种子是顺利进行园艺植物生产任务的基础和保证。植物种子形状各异，通过种子的形状可以确认品种，如弯月形（金盏菊、芹菜）、圆形（菠菜）、肾形（鸡冠花、茄果类蔬菜）、卵形（金鱼草）等。在种子采收、处理去杂、晾干、装袋储存整个过程中，要标明品种、处理方法、采收日期、储藏温度、储藏地点等，以确保品种正确无误。

（2）发育充实　优良的种子具有很高的饱满度，发育已完全成熟，播种后具有较高的发芽势和发芽率。这类种子常常籽粒大而饱满，含水量低，种子色泽深沉，种皮光亮。

（3）富有生活力　种子成熟后，随时间的推移，生活力逐日下降。新采收的种子比陈旧种子的发芽率及发芽势均高，所长出的幼苗多半生长强健。

植物种类不同，其种子寿命的长短差别也较大。有的花卉种子寿命较短，如翠菊、福禄考、一串红等，寿命年限1年左右，因此，种子采后尽快播种；而有的花卉种子寿命较长，如鸡冠花、凤仙花、万寿菊等，寿命年限4～5年，种子可存放较长时间。

（五）种子采收与储藏

对于常规园艺植物的种子则可以自行制种和采种。

1. 选择留种母株

要得到优质的园艺植物种子，一定要对留种植株进行选优。留种母株必须选择生长健壮，能充分体现品种特性而无病虫害的植株。要在始花期开始选择，以后要精细栽培管理。

大面积栽培，应选地势高燥、阳光充足、土壤肥沃、土质良好的圃地作留种地，并进行留种母株的专门培养，以保证种子粒大饱满。在种植时为了避免品种混杂，对一些近缘的异花授粉植物要隔离种植。还要对母株进行严格的检查、鉴定，及时淘汰劣变、混杂的植株。同时还要注意一些芽变植株，发现后立即标好标签，进行观察、记录，以便作为一个新品种收藏。

2. 采收

采收园艺植物的种子，一般应在其充分成熟后进行。采收时要考虑果实开裂方式、种子着生部位，以及种子发育顺序和成熟度。园艺植物种子很多都是陆续成熟的，采收宜分批进行。对于翅果、荚果、角果、蒴果等易于开裂的植物种类，为防止种子飞散，宜提早采收或事先套袋，使种子成熟后落入袋内。采收的时间应在晴天的早晨进行，以减少种子落失。而对种子成熟后不易散落的园艺植物种类，可以一次性采收，当整个植株全部成熟后，连株拔起，晾干后脱粒。

3. 种子储藏

种子采收后首先要进行整理。通常先晒干或阴干，脱粒后，放在通风阴凉处，使种子充分干燥，将含水量降到安全储藏范围内。晾晒时避免种子在阳光下暴晒，否则会使种子丧失发芽力。此后要去杂去壳，清除各种附着物。

种子处理好后即可储藏。种子储藏的原则是降低呼吸作用，减少养分消耗，保持活力，延长寿命。一般来说，干燥、密闭、低温的环境都可抑制呼吸作用，所以多数园艺植物种子适宜低温干藏。

4. 常见的园艺植物种子储藏方法

（1）自然干燥储藏法　主要适用于耐干燥的一、二年生草本园艺植物种子，经过阴干或晒干后装入纸袋中，放在通风干燥的室内储藏。

（2）干燥密封储藏法　将上述充分干燥的种子，装入瓶罐中密封起来储藏。

（3）低温干燥密封储藏法　将上述充分干燥密封的种子存放在1～5℃的低温环境中储藏，这样能很好地保持园艺植物种子的生活力。

（六）种子质量检测

种子质量检测包括种子真实性、品种纯度、净度、发芽力（生活力）、活力、千粒重、容重、种子水分和健康状况等。在种子质量分级标准中是以纯度、净度、发芽率和水分四项指标为主的。

1. 种子含水量测定

种子含水量是指种子所含水分质量与种子质量的百分比。它是种子安全储藏、运输及分级的指标之一。其计算式为：

种子含水量=(干燥前供检种子质量-干燥后供检种子质量)/干燥前供检种子质量×100%

2. 种子净度测定

种子净度又称种子纯度，指样本中属于本品种种子的质量百分数。其他品种或种类的种子、泥沙、花器残体及其他残屑等都属杂质。其计算式为：

种子净度=[供试样本总质量-(杂质质量+杂种子质量)]/供试样本总质量×100%

3. 种子饱满度测定

种子的饱满程度常用1000粒种子的质量（g）表示，称为种子的千粒重或绝对质量。它反映种子的繁育水平、收藏情况等，绝对质量越大，种子越饱满充实，播种效果就越好。它也是用来估算播种量的一个依据。

4. 种子发芽力测定

种子发芽力用发芽率和发芽势两个指标衡量，可用发芽试验测得。种子发芽率是在最适宜发芽的环境条件下，正常发芽的种子占供检种子总数的百分比，反映种子的生命力。其计算式为：

种子发芽率=发芽种子粒数/供试种子粒数×100%

发芽势是反映种子发芽速度和发芽整齐度的指标，指在规定时间内，供试种子中发芽种子的百分数。发芽势高说明种子萌发快，萌芽整齐。瓜类、豆类、白菜类、甘蓝类、莴苣、根菜类测定发芽势的时间为3～4天；葱、韭、菠菜、胡萝卜、芹菜、茄果类的时间为6～7天。发芽势用下式计算：

种子发芽势=规定天数内发芽种子粒数/供试种子粒数×100%

5. 种子生活力测定

种子生活力是指种子的发芽潜力或种胚具有的生命力。测定种子生活力的必要性在于快速估计种子样品尤其是休眠种子的生活力。有些植物的种子休眠期很长，需要在短时间内确定种子品质时，必须用快速的方法测定生活力。有时由于缺乏设备，或者经常是亟待了解种子发芽力而时间紧迫，不可能采用正规的发芽试验来测定发芽力，也必须通过测定生活力，借此预测种子的发芽能力。

种子生活力常用具有生命力的种子数占试验样品种子总数的百分率（即生活率）表示。测定生活力的方法常用化学试剂的溶液浸泡处理，根据种胚（和胚乳）的染色反应来判断种子生活力。主要的化学检验方法有四唑染色法、靛蓝染色法、碘-碘化钾染色法，目前最常用且列入国际种子检验规程的生活力测定方法是四唑染色法。

三、工厂化穴盘育苗的设施与器具

1. 设施设备

穴盘育苗的设施有塑料大棚、日光温室、现代化智能温室，最好选择现代化智能温室，因为后者具有完善的环境控制系统和生产系统（详见项目二）。工厂化育苗所必须配套的设备，主要包括湿度控制系统、自动喷雾增湿降温系统、喷药机和装播设备等。

2. 穴盘

穴盘（彩图 32）根据制造的材料分为聚苯泡沫穴盘（EPS 盘）和塑料穴盘（VET 盘）。聚苯泡沫穴盘的尺寸通常为 67.8cm×34.5cm，常用的规格有 128 穴和 200 穴，颜色为白色，大多用于蔬菜育苗。塑料穴盘的尺寸通常为 54cm×28cm，常用的规格有 288 穴、200 穴、128 穴、72 穴等，颜色为黑色，大多用于园艺植物育苗。穴孔多为倒金字塔形，上开口或圆或方，圆形的有利于后期脱盘移栽。较好的塑料穴盘孔穴间应有通气孔，能够降低穴盘表面的湿度，增大苗株间的通气量，减少病害的发生。使用过的穴盘在重新使用前要充分消毒，清洗晾干后方可使用。

【任务实施】

一、场地与形式

在校内实训基地或校外种苗生产企业。在企业技术人员或教师的指导下分小组进行实训。

二、任务准备

1. 材料准备

蔬菜、花卉、果树等园艺植物种子；草炭、蛭石、珍珠岩等育苗基质；有机和无机肥料。

2. 设备及工具准备

穴盘、精量播种机、催芽设备、育苗温室设备。

三、任务操作流程

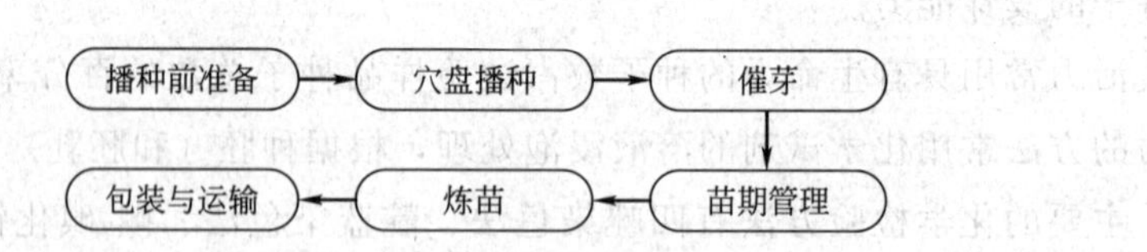

四、操作步骤

（一）播种前准备

1. 种子的准备

（1）种子分选　不论是选购的园艺植物种子，还是蔬菜种子，发芽率都是至关重要的因素。种子尽量选用优质种子，通过发芽试验达到 85%以上的种子方可进行播种。发芽的种子由于机械会损坏种芽，尽量不用。

（2）种子消毒　播种前应对种子进行处理，处理方法与传统育苗一致，如用温汤、磷酸三钠溶液、赤霉素溶液等浸泡，风干后待用；未包衣的大粒种子也可以用0.3%高锰酸钾溶液对纯净种子进行消毒30min，然后取出风干后待用。

2. 穴盘的准备

（1）选择穴盘　市场上穴盘的种类比较多，选择穴盘时要考虑所选用的穴盘与播种机、移苗机、补苗机等相配。

① 穴孔形状的选择。选择倒立金字塔形的方形或圆形穴盘，这种形状的穴孔更有利于苗的根系向深处发展，根系发生缠绕的情况也较少，穴孔中介质干化均匀一致，便于管理。

② 规格的选择。根据种苗培育时间、种苗根系成团特性、品种特性、客户要求确定使用穴盘或营养钵的规格。种苗根系成团性较好且移栽期在40天以内可用128穴穴盘；根系在短期内成团性差需2～3个月才能移栽的可选用60穴穴盘或8cm×12cm的营养钵。

③ 穴孔深度的选择。目前可以供选择的穴盘深度在4～5cm。穴孔越深，其进入的氧气量就越大，越有利于种苗生长。

④ 穴盘颜色的选择。穴盘的颜色会影响到根部的温度。聚苯泡沫穴盘的颜色总是白的，它不但保温性能很好，而且反光性也很好。硬质塑料穴盘一般为黑色、灰色和白色。多数种植者选择使用黑色盘，尤其是冬季和春季生产，黑色盘的吸光性好，光能转换成热能，对种苗根部的发育更有利。

部分穴盘在穴孔之间还留有通风孔，以利于小苗间的空气流通。这类盘的特点还有叶片会更干爽，疾病更少，介质干化更均匀。种苗在生长过程中即使在穴盘的中间位置，高度也会非常一致。

（2）穴盘消毒　把已用过的穴盘彻底清洗干净后，尤其是可能有矮壮素残留的穴盘，再放到表面消毒剂中进行消毒。可用触杀性杀菌剂如托布津、多菌灵等药液浸泡消毒，最后清洗干净、晾干备用。

注意：在对穴盘进行消毒时，一般不使用漂白剂，原因是部分塑料穴盘可以吸收漂白剂中的氯，并与聚苯乙烯反应，形成有毒的化合物，会影响到穴盘苗的发芽和生长。

3. 基质的准备

（1）基质选择　用于工厂化穴盘育苗采用的基质主要有泥炭土、蛭石、珍珠岩等。泥炭土也称草炭，是地底下多年自然风化的有机质，具有很好的持水性和透气性，富含有机质，而且具有较强的离子吸附性能，在基质中主要起持水、透气、保肥的作用；蛭石是工业保温材料，经高温烧结后粉碎，无病菌、害虫污染，且保水透气性好，含有效性钾（5%～8%），pH中性，作配合材料极佳。珍珠岩吸水性差，主要起透气作用。三种物质的适当配比，可以达到最佳的育苗效果。也可以根据不同地区的特点，调整配比的比例，如高湿多雨地区可适当增加珍珠岩的比例，干燥地区可以适当增加蛭石的比例，达到因地制宜的效果。一般的配比比例为草炭∶蛭石∶珍珠岩＝3∶1∶1。育苗工作者要学会通过感觉和观察来判断草炭的好坏；需对蛭石和珍珠岩的颗粒大小和粗细进行选择。

（2）基质处理　买来的优质泥炭土和蛭石等仍然含有杂物，如草根、泥团、石块、矿渣等，必须经过筛选、粉碎后才能使用。草炭最好经高温消毒后使用。各种基质和肥料要按一定比例进行混合搅拌，并在搅拌过程中喷上一定量的水，加水量原则上达到湿而不黏，用手抓能成团，一松手能散开。

4. 制贴标签

制贴标签是穴盘种苗生产中必不可少的环节。因为播种后很难用肉眼来准确、有效地判断是什么品种的种苗。通常使用的标签有不干胶标签和穴盘插牌标签两种。标签上必须标明详细的种苗种类、品种（系列和颜色）以及播种时间等。不干胶标签可直接粘贴在穴盘边框上，不易脱落，方便移位、包装和长距离运输。

5. 检查播种线各设备

检查播种线各装置的电源、部件是否正常，水路、气路是否通畅，然后开机检查运转情况，并检查紧急制动按钮是否工作。

放置穴盘试运行填土、打孔、覆盖、浇水装置。通过调节刮土板的高低来调整填土质量。

（二）播种

1. 穴盘填料、打孔

穴盘填料、打孔指的是将配制好的基质用人工或机械的方法填充到选择好的穴盘中并打穴孔，让基质略微下凹的过程。

（1）穴盘填料　为穴盘填充基质可以用手工操作，也可以用机械操作，视穴盘多少而定。不论采用什么方法，需注意以下几点。

① 填料前首先要将基质充分疏松、搅拌，同时将基质初步湿润。这不仅便于装盘、浇水，同时可避免太干的基质填料和浇水后填料不足的现象发生。

② 基质填充量要充足。注意穴盘的边角部位要装满压实，刮平表面。用手指在刚填好料的穴盘料面上轻轻按压时，不能出现手指一按料面就下陷很深的现象。需要盖种的，基质不能填得过满，以便留出足够的空间覆料。

③ 填料要均匀，否则会出现穴盘内的基质干湿不一致，造成种子发芽时间不一致及种苗生长不整齐的后果。

④ 防止同批基质在填料机中反复循环，以免基质颗粒大小出现明显差异。

⑤ 对穴孔中的基质略施镇压，但不要过度压实。这种镇压但不压结实的过程被称作是“枕头效应”，种子下落到枕头一样的软面上不会出现弹出现象，同时会增加基质的通气量。

（2）打孔　打孔的作用是让基质在穴孔内略微凹下，播种时可以让种子停在穴孔中间，并有足够的空间覆盖面料，浇水时种子不会被冲走。在没有专用打孔器时可用相同规格的穴盘底部作为压孔器。

2. 播种

这里所指的播种仅仅是指把种子播种至穴盘的孔穴内的过程。根据操作方式的不同，可分为人工播种、手持管式播种机播种、板式播种机播种和全自动播种机播种。

① 人工播种：选择一个高度适宜的工作台，将装满基质的穴盘置于工作台上，人为地将种子（最好是经过催芽的）一粒一粒地播于穴盘孔穴中。

② 手持管式播种机播种：将播种机置于工作台上，放好装满基质的穴盘，将种子放入种子槽，打开播种机开关，由操作者控制播种管理的工作。

③ 板式播种机播种：先准备好种子和装满基质的穴盘，播种时操作人员将种子手工撒播到带有吸附种子的小孔的播种板上，通过振动和适宜的摇晃，在真空吸附下，每个小孔会吸住种子。将多余的种子倒回盛放种子的容器或槽中。当所有的小孔都吸附上种子之后，将播种板放置到穴盘上，人工切断真空气源后，种子直接下落到穴盘中，一次操作即可完成一张穴盘的播种。

④ 全自动播种机播种：无论是针式还是滚筒式，都是流水作业，按播种机的说明书进行操作。根据种子发芽势、发芽率确定合理的播种量。作为工厂化穴盘育苗，播种应由精量播种机来完成，可以实现工厂化生产的标准化，并能提高工作效率。生产中根据种子的大小来确定播种的深度，大粒种子（如瓜类、美人蕉）一般播种深度为1cm左右；小粒种子（如四季海棠、矮牵牛、大岩桐）播种时只需打0.2～0.3cm的浅孔，将种子播下，不需覆盖。

3. 覆料

播种后，一般都需要覆盖面料，以满足种子发芽所需的环境条件，保证其正常萌发和出苗。一般可用粗蛭石或珍珠岩作覆盖材料，覆料的厚度应与种子粒径相当。

4. 淋水

在生产线上完成播种、覆料之后，便进行穴盘种苗生产过程中的第一次浇水——淋水。如果是采用播种流水线作业，则淋水是由机器自动完成的，水滴的大小、水流的速度可以控制，淋水非常均匀，有利于种苗的生产。如果是人工浇水，则要注意选择喷头流量的大小，太大会冲刷基质，甚至冲走种子；太小则浇水过慢，效率太低。

滚筒式育苗播种机生产线播种过程见彩图33。

(三) 催芽

穴盘从播种生产线出来后，应立即送到催芽室内上架（注：先经过催芽再手工播种的穴盘就不必再送催芽室）。催芽室内保证高湿高温环境，一般室温25～30℃，相对湿度95%以上，根据不同的品种略有不同。催芽时间3～5天，有50%左右的种子“露白”时即可出催芽室。

种子发芽除了种子本身要有很强的生活力外，还需要有适宜的温度、湿度、光照和空气。空气自然存在，通常不需要特殊供给。温度包括基质温度和空气温度，在保温条件较好的催芽室或温室中，通常用调节空气温度的方法同时达到调节基质温度的目的。湿度包括基质水分和空气湿度。催芽室内的条件可根据品种不同完全人为控制，操作比较方便。

凡有覆料的，大多数种子可能在第一阶段看不到发芽迹象，直到第二阶段胚芽出现在覆料上时，才会看到较明显的发芽迹象。如果是在催芽室中发芽，当有50%种苗的胚芽开始顶出基质时，就需移出催芽室，不要等全部胚芽都顶出基质再移出催芽室，因为这样可能导致部分幼苗徒长。

必须保持整个催芽室的基质温度稳定。不同种类和品种的种子，发芽所需的最佳温度会不同。基质温度过高会导致许多种类的种子发芽不好，基质温度过低也会大大降低种子发芽的速度和发芽率。

种子发芽，水分非常重要。水分过多可能会因不能获得足够的氧气而导致种子腐烂死亡，水分不够则会阻碍种子发芽的生理过程。种子发芽阶段，可用喷雾系统喷雾，使种子获得发芽所需的足够的水分和氧气。

根据光对种子萌发的影响，可分为中性种子、需光种子和嫌光种子。大多数种子为中性种子，在光照或黑暗下均能萌发，但光照会使基质温度升高，可能会加快种子的萌发速度。需光种子（又称喜光种子）是必须要有光照才能发芽的。嫌光种子在黑暗的环境下能更好地发芽，发芽时见光会受到抑制，如仙客来、长春花等。

此外，有些工厂化育苗的生产厂家在穴盘播种、覆土后，直接将穴盘转移至育苗温室的苗床上再浇水，然后直接利用育苗温室环境控制条件进行催芽。这样做的好处就是省略了往催芽室搬运穴盘的工序。

(四) 幼苗管理

在幼苗期，只有做好对种苗的环境调控、肥水管理、控制徒长及病虫害防治等方面的工作，才能培育出高质量的商品种苗。

1. 环境条件控制

环境条件控制包括基质环境控制和空气环境控制。基质环境控制主要是对基质中pH值、EC值、水分进行控制；空气环境控制主要是对各品种所需的光照、温度的控制。由于不同的育苗季节、不同的植物种类对环境条件的要求不一样，进行环境调控的侧重点和方法也有所不同。

(1) 光照　光照不足时常造成幼苗瘦弱、节间细长、徒长；而光照过强时也可能造成幼苗叶温过高、代谢过于旺盛，幼苗僵直、叶片变硬、老化早衰，有时甚至出现日光烧灼的现象。

(2) 温度　温度过低，抑制了体内代谢过程，生长缓慢或停止，形成僵苗；温度过高，代谢过于旺盛，生长过快，易造成徒长，植株表现为早衰的现象。

(3) 湿度　在棚室内空气湿度较大时，应及时通风，防止地面过湿，降低空气湿度；而在空气湿度较小时，可通过棚室内的喷雾来加湿。

(4) 水分　水分条件很大程度上影响苗的生长。水分不足，苗生长受阻，水分过多，出现沤根死苗。

通常采用外遮阳和内遮阳来遮挡过于强烈的太阳照射，以缓和由此而引起的温度升高，同时配置湿帘和风扇系统，降温效果会更好一些。外遮阳主要用于降低温室内的光照强度和温度等。内遮阳主要用于减少叶面光照强度，降低叶温，而对降低温室温度的作用不大。内遮阳设施也可用于保湿。

采用通风的方式来降低湿度，采用喷水和喷雾的方式来增加湿度。通风是降低湿度和温度的有效办法。采用顶、侧窗和顶、侧卷帘，可达到自然通风的目的。强制通风用大型通风机进行温室内外空气交换，也可以用温室内的循环流风机让温室内的空气流通，达到内部通风的目的。

2. 施肥管理

肥料种类与施肥量随着作物、基质、生长容器、植株大小的不同而有差异。栽培种类少，水肥管理较易。而种苗生产品种繁多、穴盘大小不一、生长期不同、生长基质不同，使水肥管理变得困难。肥料管理应注意3个因素：①肥料元素的含量；②肥料中各元素的平衡；③施肥量与植物生长的控制。

穴盘苗因孔穴中基质少，肥料种类、浇水及植株本身的吸收能力不同，加上基质本身的缓冲能力有限，容易使pH产生变化。所以在生产种苗时不能单独施用一种配方的肥料，否则会使某种养分过多、其他养分过少而造成植株体内营养不平衡。

3. 控制徒长

除了通过环境控制徒长外，可以用植物生长延缓剂来进行控制矮化，目前常用的植物生长延缓剂有多效唑、烯效唑、比久、矮壮素等，施用延缓剂前应了解各种延缓剂被植株吸收的部位以确定不同的施药方式，如多效唑、烯效唑可以被植株的根茎叶吸收，这类延缓剂施用时可以喷洒也可以灌根；比久只能被植株叶片吸收，在施用时只能喷洒。施用植物生长延缓剂的时间选在冷凉的气候环境下使用效果最好，一般要求在傍晚和早晨进行。使用植物生长延缓剂时对浓度的要求尤为重要，同一种延缓剂在不同园艺植物上的使用浓度都是不一样的，考虑到生产的安全性，必须先试验再使用。

4. 间苗和补苗

对一穴多苗进行间苗，对空穴进行移栽补苗，防止伤苗、窝根。

5. 病虫害防治

(1) 加强栽培管理 根据苗株生态习性合理控制温度、光照、水分、通风、肥分等环境因素，培育壮苗，增强苗株抗病虫侵害能力。

(2) 药物防治 猝倒病是整个苗期防治的关键，主要采取以下措施：基质消毒要彻底，在温室管理过程中要定期施用杀菌药液进行防治。虫害根据不同的季节出现的害虫选用适当的杀虫剂进行防治，如温室白粉虱是温室内四季均可发生的害虫，它为刺吸式口器，在防治时应选用内吸型药剂为好。

(3) 物理防治 在温室放置黄色的粘虫板或安装紫外线灯以诱杀。

(五) 炼苗

种苗出厂前应进行炼苗。在这个阶段，主要是为种苗的移栽或包装、运输作准备，应使种苗通过炼苗而能适应新的环境。炼苗时应加强光照和通风，对水肥进行适度的控制，控制幼苗高度，防止叶斑病的发生，叶面喷施钙镁肥料，使叶面浓绿，提高幼苗抗性。经过炼苗后的种苗能适应长途运输，并能提高种苗移植后的成活率。

在传统育苗情形下，当种苗长出3～6片真叶时，即可进行种苗移植，因为种苗生长的环境和移植后生长的环境非常一致，有时候还可能是同一块田地，所以炼苗就显得不是很重要。由于穴盘种苗生长的整个过程都是在温室环境下，这样的种苗又脆又嫩，不耐运输，如果直接移植到条件多变的自然环境中，则会因为种苗生长环境变化太大而无法适应，造成幼苗缓苗期长甚至死亡。因此，穴盘种苗在出圃前必须进行炼苗。

炼苗的基本方法是：逐渐加强通风频率，对水肥进行适度的控制，控制幼苗高度，防止病害发生，叶面喷施钙镁钾肥料，使叶面浓绿，提高幼苗抗性。通过1～2周的炼苗，让种苗逐渐适应长途运输和大田的自然生长环境，以达到炼苗的目的。夏季育苗，还要逐渐缩短遮阳时间，减低遮阳强度，让种苗适应强光照等自然条件。

优质成品穴盘苗的特征概括如下。

① 植株健壮，茎叶无黄斑、褐斑或黑色斑点，无病虫害。

② 植株颜色正常，一般呈深绿色。

③ 同品种同批次的穴盘苗高度不能相差10%。

④ 根系白净，无黑褐斑点，并且要充满整个穴孔，即不论何种大小的穴盘，苗的根部要把穴孔内的基质包满。

⑤ 苗的茎要粗壮，整个植株要硬，不能太软。

⑥ 一般种苗应有4～6片真叶。

（六）包装运输

种苗包装运输是种苗生产过程的最后一道程序，对种苗生产企业来说非常重要。如果不加注意，可能会出现很多无法挽回的损失。比如，原本优质的种苗，如果运输时间过长或运输中发生箱子颠倒等情况，到客户手中的种苗就可能出现干瘪、叶黄等不良现象，甚至分不出是什么品种等。

种苗的包装运输主要应注意以下一些问题。

（1）包装箱　种苗的包装一般采用纸箱包装。一个纸箱内，依据不同的设计，通常可放置4个或6个穴盘，采用纸板分层叠加，并在箱外标注“种苗专用箱”和品种。这样在运输过程中只要纸箱不被完全倒置，就不会对种苗产生很大的影响。应该注意的是，内隔层纸板应经过防潮处理，以免因潮湿软化而造成种苗的损失。

（2）种苗的装箱过程　装箱前，种苗的穴盘基质应保持合理的水分，不应过湿或过干，过湿会造成纸箱软化，过干则在运输过程中种苗会因失水而干枯。装箱前应看准纸箱的朝向，使种苗朝上，层层叠放后，用胶布封口，用打包带扎紧。

（3）种苗的运输　种苗数量大时，一般采用专用车运送。也可采用火车和汽车运输，但有一定的风险。特别是需要转运的情况下很容易出问题。

（4）到达后的处理　种苗送抵目的地后，应马上打开包装箱，把种苗分开平置于阴凉通风处，喷水护苗，以使种苗能很快地恢复过来。最好能尽早安排种植，使种苗快速恢复生长。

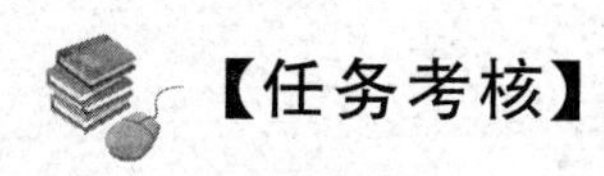

【任务考核】

工厂化穴盘育苗实训考核标准

考核项目	考核点		检测标准	配分	得分	备注
工厂化穴盘育苗	技能要点考核(80分)	穴盘育苗准备工作	基质、种子前处理工作准备充分	20		笔试结合过程考核
		播种、催芽工作	基质配制、装盘、播种、洒水等操作正确、迅速有序。催芽方法正确,效果良好	30		
		幼苗管理	苗期肥水管理、环境调控及时、合理	20		
		炼苗	炼苗方法正确、及时、合理	10		
	素质考核(20分)	学习态度	认真学习理论知识,积极参与实践操作,认真完成作业,善于记录、总结	10		
		团结协作	分工合作、团结互助,并起带头作用	10		

【拓展知识】　种子包衣技术

种子包衣技术是当前国内外一种先进、新型高效的种子处理技术，是采取机械或手工方法，按一定比例将含有杀虫剂、杀菌剂、复合肥料、微量元素、植物生长调节剂、缓释剂、吸水剂和成膜剂等多种成分的种衣剂均匀包覆在种子表面，形成一层光滑、牢固的药膜。种子包衣的作用主要表现在以下几个方面。

(1) 能有效防控作物苗期病虫害　包衣的种子能保证种子的正常吸水发芽和生长，药肥缓释、持效期长，对多种病虫害具有明显的防控效果，能确保苗全、苗齐、苗壮，整齐度好。

(2) 能促进幼苗生长　种衣剂含有一定数量的磷矿粉、碳酸钙等钙镁磷肥以及铁、铜、锌、硼、钼等微量元素，还加入了生长素、细胞分裂素等植物生长调节剂，有利于调节和促进幼苗的生长发育。

(3) 能增加农作物产量　种子包衣能起到保护幼苗生长的作用，促进作物生长，保证农作物增产增收。根据多点试验结果，包衣种子可以提高产量5%～20%。

(4) 可减少环境污染　种子包衣后可使用田间苗期施用农药方式，由开放式喷施改为隐蔽式喷施，一般播种40～50天内不需要喷施其他防治药剂，推迟了喷施农药的时间，减少了喷施次数，省工，省力，避免了喷施农药造成的空气污染，保护了天敌，调节了生防和化防的矛盾。

(5) 节省下种量及农药　种子包衣一次投入，降低、减少用种成本，凡采用种衣剂处理的成膜种子，均是经过加工精选的种子，净度高，整齐度好，可采用精量等距点播，亩播种量一般可减少1/3。

(6) 有利于机械化精良播种　对于籽粒小且不规则的种子，不适合机械精量播种，但经种子包衣丸粒化处理后，可使种子体积增大，大小均匀一致，成为圆球形，具有一定的强度，在运输、播种过程中不会轻易破碎，有利于机械化播种。

种子包衣的方法如下。

(1) 机械包衣 机械包衣是用专用的种子包衣机进行包衣。

(2) 人工包衣

① 转动成粒法：这种方法是将筛选过的种子直接放进一个倾斜的圆锅中，锅转动时，种子在锅内滚动，工作人员交替向种子上喷填料和黏结剂，使种子表面均匀地粘住填料。随着圆锅的滚动，丸粒不断加大，并形成光滑表面，这种方法设备简单，但效率低。

② 气流成粒法：通过气流作用，使种子在成粒筒中上升，处于飘浮状态，填料和黏结剂也随着气流喷入成粒筒内，粉粒便吸附在飘浮的种子颗粒表面。种子在气流的作用下不停地运动，并相互挤撞、摩擦，种子表面被黏附的填料粉剂压实并呈圆球状。这种方法效率高，但设备结构复杂，应用难度较大。

任务二 工厂化容器育苗

【任务提出】

某苗木生产公司要为一家园林绿化公司生产一批绿化苗木种苗，同时也要为某县的几家果农生产果树树苗，现在有这些绿化苗木和果树的种子，请问如何用这些种子快速、高效育苗？

【任务分析】

用播种繁殖的方法来工厂化繁育绿化苗木、木本花卉及果树等木本园艺植物种苗时，由于成苗周期长，种苗根系太大，一般不适合常规穴盘育苗，而是采用容器育苗的方式育苗。通过实施任务，不但要了解容器育苗的含义、应用对象、所需设施器具，而且还应熟练掌握工厂化容器育苗的方法和操作技能。

【相关知识】

一、容器育苗的概念及应用

1. 容器育苗的概念

容器育苗就是在装有营养土的容器里培育苗木。所培育出的苗木称为容器苗，在我国目前可分为播种容器苗和移植容器苗两大类别。

现代化容器育苗是指在人工创造的优良环境条件下，采用规范化技术措施以及机械化、自动化手段，快速而又稳定地成批生产优质苗木的一种育苗技术。其特点是专业化、大规模集中经营，整个操作规范化、程序化，并且具有很高的经济效益。大型专业化育苗程序一般包括基质配制、制作营养钵、播种或移苗、成苗等。

2. 容器育苗的应用

容器育苗具有育苗时间短，单位面积产量高，可以延长栽植季节，栽植成活率较高等优点。我国是容器育苗发展最早的国家之一。塑料工业的发展为制造容器和塑料大棚提供了材料，首先在北欧一些国家（瑞典、挪威、芬兰等）开始兴起了大规模容器育苗。我国从20世纪70年代开始应用温室和塑料大棚培育容器苗，容器的种类从塑料薄膜发展到硬质塑料杯、多杯式聚苯乙烯容器盘等，容器育苗的生产技术和工艺也不断发展，并进行了工厂化育苗生产。

二、育苗容器的种类

育苗容器直接关系到林木根系的走向和分布，对林木的生长发育有很大影响。在容器育苗生产过程中，应根据具体情况，如育苗树种、苗木规格、育苗期限及造林标准等，合理选择使用不同种类、性状、规格的容器。一般来说，育苗容器应满足两个方面的条件：一是容器本身特性优良，如制作材料来源广，成本低廉，加工容易，操作方便，材质轻，保水性好，有一定强度，装运不易破碎等；二是满足苗木的生物学要求，有利于苗木的生长发育。容器苗的培育和育苗容器的选择应协调一致。常见的容器根据育苗容器的制作材料、硬度和降解性的不同，可分别对容器进行分类。

（一）按容器制作材料分类

按制作材料不同，育苗容器大体上可分为塑料容器（塑料薄膜、硬塑料杯）、泥容器（营养砖、营养钵）、纸容器三大类（彩图34）。

1. 塑料容器

塑料容器（彩图35）由聚乙烯、聚丙烯、聚氯乙烯、聚苯乙烯等材料制作而成，按质地不同又可分为硬质型和薄膜型。培育苗木时如使用硬质型的容器，其容器苗移栽时一般将容器脱掉，将苗木与基质一起栽入土中，容器可多次使用；而薄膜型的容器底部或周围有孔口，根系可从孔口伸出。用这种容器培育的苗木，移栽时既可将容器脱掉，只将苗木与基质一起栽入土中，也可将容器连同基质、苗木一起栽入土中。

2. 泥容器

以泥炭、牛粪、苗圃土、塘泥等为主要原料加上腐熟的有机肥料和无机肥料配制而成，或者用土、秸秆、腐殖质、木屑、畜禽肥料等为原料制成的各型容器，称为泥容器，也称环保型育苗容器。如黄黏土杯是用黄黏土（70%）和营养土（30%）捣碎混合，加水搅拌均匀后，用压力机和模具等机械制成杯状体，晾干后使用。

3. 纸容器

以纸浆和合成纤维为原料，如以泥炭纤维和木质纸浆制作的育苗容器；以泥炭、蛭石和纸浆为原料加上肥料以精确比例混合而成的可分解育苗营养块；蜂窝式纸容器；以旧报纸制作的营养钵。纸容器制成后可折叠，便于储运，且容器在基质中可自行分解，移栽时可带容器定植，无需去杯或划袋，可提高育苗效率。

（二）按容器的硬度分类

1. 硬质容器

（1）硬质塑料容器　用硬质塑料制成，通常为六角形、方形或圆锥形，底部有排水孔的容器。例如，硬塑料杯，包括单杯式和联体多杯式；硬质塑料花盆和塑料营养钵；穴式育苗盘和平顶式育苗盘等。

（2）泥质容器　包括营养砖和营养钵。制作营养砖时，以壤土或轻黏土、有机肥和适量的无机肥为原料，加水搅拌成泥浆，在苗床上铺平成床，待泥浆适当干涸后进行切砖、打孔。一般的规格有6cm×6cm×12cm、8cm×8cm×15cm、10cm×10cm×20cm等几种。营养钵通常以具有一定黏性的土壤为主要原料添加适量的沙土和磷肥配制而成。一般的规格有3cm×5cm×7cm、5cm×5cm×6cm等。

2. 软质容器

（1）塑料薄膜容器　一般用厚度为0.02～0.06mm的无毒塑料薄膜加工制作而成，简称为营养袋或塑料袋。塑料薄膜容器又可分为有底容器和无底容器两种。为通气、排水，有底容器的下半部需打6～12个直径为0.4～0.6cm的小孔，小孔间距为2～3cm，无底容器又可分为单筒式和联筒式两种，其中联筒式便于机械化育苗。

（2）网袋容器　网袋容器是一种由可降解纤维材料配以轻型基质制成的新型育苗容器（彩图36），该容器是国内外发展较快的一种新式育苗容器。网袋容器装上轻型基质后呈圆筒状，实心无底，育苗时需要使用专用穴盘或托盘。网袋材料透气、透根，不妨碍根系生长、不窝根。育苗时通过空气修根能促使侧根产生并形成根团，容器内根系始终在透气环境下生长。移栽时，网袋容器不必脱掉，连同苗木一起栽入土壤中，根系不被触动，能促使苗木成活生长。

（三）按容器材料的可降解性分类

1. 可降解容器

可降解容器主要为用泥炭、稻草、纸张、黄泥、生物塑料等可降解材料制成的容器。定植时容器不必脱掉，可与苗木一起栽植入土，植物的根系能够穿透容器进入土壤当中，而容器在土壤中被微生物分解，或被水软化溶解，最终归田。

2. 不可降解容器

不可降解容器是由聚乙烯、聚丙烯、聚氯乙烯、聚苯乙烯等材料制作而成的容器，材料在土中无法被降解，植物的根系不能穿透容器（孔口除外），在定植时不宜将容器和苗木一起栽植到土中，需先去掉容器。不可降解容器的生产成本低，能反复使用，便于机械化批量生产，在国内外被广泛应用。

三、育苗容器的规格

为满足不同方式育苗的需要，育苗的容器有多种规格。根据容器育苗技术行业标准，育苗容器的规格有以下几种。

1. 圆筒状容器

该类容器的规格用装填基质后容器的直径×高度表示。如规格为6cm×15cm的容器，表示装填基质后，容器的直径为6cm，高度为15cm。

2. 长方体营养砖

其规格用营养砖的长×宽×高表示。如规格为5cm×5cm×10cm的营养砖，表示砖的横断面为5cm×5cm的正方形，高为10cm。

3. 圆台体营养钵

其规格用圆台体的上底直径×下底直径×高表示。如规格为3cm×5cm×7cm的营养钵，表示上底直径为3cm，下底直径为5cm，高为7cm。

4. 蜂窝状六角形容器

其规格用六角形外接圆直径×高度表示。如规格为5cm×10cm的该容器，表示六角形外接圆直径为5cm，高度为10cm。

育苗时，容器规格的选择取决于树种种类、育苗期限、苗木大小、绿化栽培成本、运输条件等多种因素，选择时要考虑容器的体积和相同体积不同的尺寸。大规格容器有助于促进苗木地径和单株生物量的增长，使苗木得到充分生长，但如使用的容器规格过大，会导致根系的密度减小，不利于根团的形成，且增加育苗成本，因此，选择合适体积的容器非常重要。此外，相同体积的育苗容器，其直径和高度可能有所不同，对育苗的效果也不尽相同。在一定的体积范围内，适当降低容器的高度，增大容器的直径，有助于促进苗木地径的生长。

四、容器育苗基质

容器育苗中一般不用天然土壤作基质，因为天然土的持水力、通气性和密度等各种物理因子不能很好地适应培养容器苗的要求，同时，用天然土作基质显得太重，增加运输成本。因此，基质的成分和配比是容器育苗成败的关键技术之一。基质的配制要因地制宜，就地取材，并应具备下列条件：配制材料来源广，成本低，具有一定的肥力；不沙不黏，有较好的保湿、通气、排水性能；具有苗木生长所需要的充足的营养物质；质量较轻，不带病原菌、杂草种子和有毒物质，酸碱度适当（一般pH为5～7）。

五、设施设备

1. 生产设施

最好的设施是现代化温室（详见项目二），但由于单个容器育苗多用于培育较大幼苗甚至大苗，与穴盘育苗相比，占地较大，且育苗周期一般较长，适宜地区可选择日光温室或塑料大棚（详见项目二），甚至选用露地生产等较为简易的设施，以利于降低生产成本。

2. 生产设备

① 种子处理、包衣车间。

② 基质混合和消毒设备。

③ 播种车间，包括自动送钵（盘）机，基质装钵（盘）、压穴、播种、覆土、喷水设备等。

④ 营养土块制作车间。

⑤ 自动控温、控湿装置，能够自动调控温湿度以及 CO_2 浓度等。

【任务实施】

子任务一　一般常规容器育苗操作

一、基质的配制和消毒

(一) 配制基质

常用的基质种类很多，主要有草炭、蛭石、岩棉、珍珠岩、炭化稻壳、炉渣、木屑、沙子等。这些基质可以单独使用，也可以按比例配成复合基质使用，一般复合基质育苗的效果更好。有些基质如草炭、炉渣、蛭石、炭化稻壳等本身含有一定量的大量及微量元素，可被幼苗吸收利用，但对苗期较长的作物，基质中的营养并不能完全满足幼苗生育的需要。因此，常常在配制基质时添加不同的肥料（如无机化肥、沼渣、沼液、消毒鸡粪等有机肥料），并在生长中、后期酌情追肥，平时只浇清水，操作方便。否则，就需浇灌适宜配方及浓度的营养液，其酸碱度调整到 5.5～6.8。

(二) 基质的消毒

许多基质在使用前或长期使用后可能会含有一些病菌及虫卵，导致作物发生病虫害。因此，大部分基质使用前或在每茬作物收获后下一次使用前，有必要进行消毒。常用的消毒方法有蒸汽消毒、化学药剂消毒和太阳能消毒三种。

1. 蒸汽消毒

一般在 70～90℃条件下，将基质密闭消毒 15～30min，即可杀死大多数细菌、真菌、害虫和草籽。

2. 化学药剂消毒

(1) 40%甲醛（福尔马林）　将 40%的甲醛原液稀释 50 倍，均匀喷透基质，然后用塑料薄膜覆盖密闭 24～48h。使用前须风干 2 周或暴晒 2 天以上，待药味完全消失后即可。

(2) 高锰酸钾　把 0.1%～0.5%的高锰酸钾溶液喷洒在固体基质上，并与基质混拌均匀，然后用塑料布包埋基质 20～30min，再用清水冲洗干净后即可装钵。

化学药剂消毒操作简便，成本较低，但消毒效果不如蒸汽消毒，且可能会为害操作人员的身体健康或植物的正常生长。

3. 太阳能消毒

于夏季高温季节，在环保设施内把基质堆成 20～25cm 高，长宽视具体情况而定，然后喷透基质，使其含水量超过 80%，覆盖塑料薄膜，暴晒 10～15 天。

二、基质的填装和置床

1. 填装基质

将配制好的基质填入经过消毒的容器内，可以手工装填，也可以机械装填，要边填边夯实。装填不宜过满，一般离容器口 1～2cm。现代化容器育苗，基质粉碎、装填、冲穴、播种、覆土、镇压等可一次性流水线完成。

2. 置床

先将苗床整平，然后把已盛好基质的容器排放在苗床上。一般苗床宽为 1～2m，长灵活制订。容器要竖直、紧靠、排放整齐、成行成列，容器间隙用细沙填充，苗床四周培基质或用塑料布围拢好，以防止容器侧倒。

三、播种和植苗

将经过精选、消毒和催芽的种子播入容器内，每容器播种粒数视种子发芽率高低、种子大小等而定，一般每个容器播 2～4 粒。播种时，基质以不干不湿为宜，若过干，提前 1～2 天淋水。把种子均匀地播在容器中央，一定要做到不重播、不漏播。播种后用黄心土、火烧土、细沙、泥炭和稻壳等覆盖，厚度一般不超过种子直径的 2 倍，并淋水。亦可直接在基质上挖浅穴播种，播后容器内覆盖基质。苗床上覆盖一层稻草或遮阳网。若空气温度低，干燥，最好在覆盖物上再盖塑料薄膜，待幼苗出土后再撤掉，亦可搭建拱棚。

四、苗期管理

在出苗期间应注意防治鸟、兽、病、虫等危害，大棚育苗要调节好室内温度，保持土壤湿润，分期分批撤除覆盖物，确保幼苗出土快、多、齐、壮。对缺苗容器应及时补播或芽苗移栽。在苗木出苗期间，应加强苗期管理工作，主要有以下几个方面。

1. 浇水

基质干燥时要及时浇水。在出苗期和幼苗期要勤灌薄灌，保持基质湿润；在幼苗生长稳定后，要减少灌水次数，加大灌水量，把基质浇透。灌溉方式最好使用细水流的喷壶式灌溉，尽量不要使用水流太急的水管喷灌，以免将容器中的种子和土冲出。

2. 间苗和补苗

间苗和补苗应在幼苗长出 2～4 片真叶时进行。每个容器保留一株健壮苗，其余的拔除。间苗和补苗同时进行，补苗时，可在间出的苗木中选健壮的，在缺苗的容器内种植。间苗和补苗前要浇一遍水，补苗后再浇一遍水。

3. 除草

除草要做到早除、勤除、尽除，不要等杂草长大、长多后再除。

4. 追肥

① 在幼苗期，若底肥不足，则要追肥。以追施氮肥和磷肥为主，要求勤施薄施，每隔2～4周追肥一次，浓度一般不超过0.3%，追肥后要及时淋水。

② 在速生期，追肥以氮肥为主，每隔4～6周追肥1次，浓度可适当大一些，追肥后要及时浇水。在苗木硬化期要停止追肥，以利于苗木在入冬前充分木质化。

五、容器苗出圃、运输与移植

1. 容器苗的出圃

由于容器苗的培育是在人为创造的环境下进行的，其生长的环境和自然条件下的环境有很大的不同，在苗木出圃前必须经过炼苗处理进行过渡，苗木才能适应外界环境，得到正常的生长。通过逐渐进行通风，降低温度和湿度，增加光照强度，逐步实现容器苗从人工环境向外界环境的过渡。容器苗一般在生长季节带叶栽植，为保证苗木的活力，容器苗的出圃、运输和移栽的各个环节应有序进行，无缝衔接。当需要异地栽植时，可用纸箱装苗，注意遮阴，防止强光和干热风引起水分过度损失，造成苗木抽干或高温烧苗，同时尽可能缩短苗木运输时间，以保证较高的移栽成活率。

容器苗起苗前，应浇足水分，使基质具有一定的含水量，防止基质松散。在起苗过程中，要注意保护容器，以防容器破碎。容器苗要轻拿轻放，不可用手拔苗，否则容易造成基质松动，根团受损，根系遭到破坏。对于穿透容器的根系，可以剪断，但不可硬拔，严禁用手提苗茎。

2. 容器苗的移植

达到出圃规格的容器苗，应尽早进行移植，一般在7月中旬之前移植较好。因为在生长季节进行移栽，苗木可以充分利用有利的生长时间，得到快速生长，这有利于苗木当年冬季越冬。而错过生长季节移栽的苗木，由于没有足够的生长时间，苗木木质化程度不高，给冬季越冬和防寒工作带来一定的困难。除了移植的季节，移植当天的天气状况和时段也非常重要。在阴天移植，有利于减少苗木水分散失，避免阳光照射造成苗木萎蔫；而在晴天移栽，以太阳落山后为好，苗木容易在夜间恢复活力。

子任务二　现代化容器育苗操作

一、基质自动配制系统

材料运到粉碎机粉碎、传送带提升到搅拌机中，加入调节剂、浸润剂和肥料等，从蒸汽发生器中产生的蒸汽对配料进行蒸汽消毒，配好的基质运到自动制钵机处压制成营养钵或暂时先储存备用。

二、自动制钵系统

自动制钵系统主要包括压碎装置、播种装置、传送装置。

① 粉碎机将所用材料粉碎。

② 搅拌机用来配合和搅拌基质，附有化肥供给和浇水装置。

③ 把配制好的基质传送到营养钵压制机和原料槽内。

④ 把压制好的基质传送到营养钵切削机。

将配好的基质冲压成为钵状或立方块状，再由传送带送出，同时带动播种机进行工作。真空播种机依靠气吸作用，能把种子一粒一粒地自动点播于营养钵中，而且能按预定程序掌握好播种深度。按上述能制多种规格的营养钵，每小时可制营养钵 5000～30000 个，播种后运送到温室培育。

三、自动装土机

将粉碎后的基质由传送带送到自动装土机，就会将基质按量装入购置的营养钵中。

装钵的速率因机械种类、型号、钵的大小而异。如直径 8cm 的营养钵一般每小时装 1 万个。装好基质的育苗钵就可送到播种机处播种，或运到其他地方供播种或移植。

四、移植系统

一般要进行移植的苗是将营养钵装在育苗盘中，待钵中苗长到可移植大小时，传送到移苗系统。移苗时，将培育幼苗的小营养钵或基质块自动放入相符合的较大营养钵或基质块中，不再覆土。移完后，载有营养钵的育苗盘再沿温室中的传送带送出，运输到其他温室。

【任务考核】

工厂化容器育苗实训考核标准

考核项目	考核点		检测标准	配分	得分	备注
工厂化穴盘育苗	技能要点考核(80分)	容器育苗准备工作	基质、种子前处理工作准备充分	20		笔试结合过程考核
		播种操作	基质配制、消毒、装钵、冲穴、播种、洒水等操作正确、迅速有序	30		
		幼苗管理	苗期肥水管理、环境调控及时、合理	20		
		炼苗	炼苗方法正确、及时、合理	10		
	素质考核（20分）	学习态度	认真学习理论知识，积极参与实践操作，认真完成作业，善于记录、总结	10		
		团结协作	分工合作、团结互助，并起带头作用	10		

【拓展知识一】 轻基质网袋容器育苗技术

采用工厂化轻基质网袋容器育苗是当今国内最先进的育苗方法，成本低，成活率高，可全年供苗造林。良种轻基质网袋容器育苗技术是目前我国替代裸根苗、塑料膜容器苗的最先进、最科学的方法。

工厂化轻基质网袋容器育苗解决了目前裸根苗靠季节自然条件造林的限制和裸根苗抵御自然灾害能力弱（如干旱等）、栽培易窝根等难题，同时解决了目前塑料膜容器苗窝根严重、根系少、苗木质量差、污染环境等问题。

轻基质网袋容器育苗有其独特的功能。

1. 形成容器根团，抗逆性好

容器圆柱状，外表是一层薄的、可降解或半降解的有一定结构的网孔状材料，内装有农林废弃物等加工的轻基质，网袋材料透气、透根、不阻碍根系生长、不窝根。育苗时通过空气修根能促生上百个侧根并形成大量根结，根多与轻基质交织在一起，形成有弹性的根团，容器内根系始终在透气环境下生长，耐干旱、抗瘠薄、抗逆性强。

2. 苗木根系生长自然舒展，成活率高

造林时容器不脱掉，直接插入土中，根系不被触动，在根结处容易爆发性生根，根系生长自然舒展，提高困难立地条件的成活生长。可以用于果树、花卉、园林绿化、蔬菜、经济作物等育苗，市场前景广阔。可通过我们联系轻基质网袋容器育苗厂委托育苗，成本低，成活率高，不受栽植时间限制。

【拓展知识二】 苗木双容器栽培技术

双容器栽培系统是普通苗圃生产和普通容器栽培的一种替代形式，是一种现代工厂化苗木栽培生产系统。通过把栽有苗木的容器放置于埋在地下的支持容器中，使基质栽培、滴灌施肥技术、覆盖保护集于一体。我国自20世纪80年代开始进行绿化苗木的容器育苗栽培，现已广泛应用在温室苗木生长中，但由于根系冻害、热害及水肥管理问题，绿化苗木露天容器栽培生产则受到限制。苗木双容器栽培是全新的现代苗圃生产系统，是传统苗木生产上的一次革命，将给传统的绿化苗木生产带来生机和活力。

自20世纪90年代以来，美国、加拿大等发达国家开始研究和推广双容器栽培方法，并逐步解决了普通容器栽培中的问题。双容器栽培越来越明显的优势也逐步为大多数苗木生产商所认识。研究表明，除极少数苗木品种不能用双容器栽培外，大多数苗木均可采用该系统生产，从而使生产率提高，成本降低。双容器栽培技术已成为美国、加拿大等发达国家21世纪苗木生产的发展趋势。与普通的苗圃生产和普通容器栽培相比，双容器栽培系统具有明显的优势。

1. 不受土壤条件的限制

双容器栽培系统采用的是无土栽培，用人工基质代替土壤，对生产场地的要求不严格，可以是盐碱地、风沙地、工矿废弃地或裸岩山坡地等，同时采用人工栽培基质，无土传病菌，可以满足出口和远距离运输的要求。因此，双容器栽培方法是盐碱土、废弃地、风沙地和其他不良土地最经济的一种高效利用方式。普通苗圃栽培，移苗时常带走大量的肥沃耕层熟土，不但增加运输费用，长期种植苗木对土壤的破坏性很大，直接影响土壤的持续生产能力。

2. 成苗速度快，出圃率高

双容器栽培系统采用无土基质栽培，人为创造苗木生长的最优环境，水分、养分及通气条件良好，苗木生长旺盛，同时，冬季可采用覆盖措施，苗木提早发芽，生长期加长，大大缩短生产周期，出圃率提高，苗木质量得以保证。研究结果表明，双容器栽培苗木的生长率比普通苗圃的生长率高30%～40%，生产周期缩短，出圃率提高。

3. 成活率高，无缓苗期，绿化见效快

普通苗圃中的苗木在移植过程中，无论是带土球还是裸根，都存在根部伤害问题，要保证较高的成活率，必须在适宜的季节栽植，大树移植成活率低。由于苗木根系受到伤害，缓苗需要较长的时间，绿化植树见效慢。双容器栽培系统中，苗木直接在容器内生长，根系限制在容器内，移栽过程中不对苗木根系产生破坏作用，因而栽后即开始生长，无缓苗期，植树绿化见效快。

4. 实现苗木周年供应，满足市场发展需求

今后市场发展趋势是要达到植树不分季节，实现苗木常年供应。因而，仅春季有苗木供应将影响产业的发展。双容器栽培是工厂化生产，苗木根系限于容器中，无论运输距离远近、何时移植，均不会对苗木根系造成影响，而且产品供应时间不受限制，也可不受植树季节限制，保证市场需求。

5. 可提高生产率，防止环境污染

采用基质无土栽培，实行滴灌、喷灌，自动化施肥，环境条件容易控制，机械化水平大大提高。试验表明，单位面积苗木生产数量比普通苗圃生产增加3～5倍。节约资源，占用土地面积少。比普通苗圃生产节水50%，节肥60%，减少了环境污染。成本降低，收入增加，生产率大大提高。

6. 除草工作少

在普通苗圃管理中，用工最多的是除草。双容器栽培采用基质栽培，基本不存在除草问题，生产管理费用大大降低。

7. 安全有效，抵御自然灾害能力强

加强双容器栽培系统，避免了普通容器栽培中冬季根系冻害、枯梢，夏季根部热害，并能抗风。同时，双容器栽培采取夏季遮阴，冬季覆盖，比普通容器栽培和苗圃生产能抵御更极端的低温和高温等自然灾害。由于双容器栽培采用无土基质，病虫害易于控制。

【拓展知识三】 岩棉育苗技术

1. 岩棉育苗的优点

① 岩棉具有良好的缓冲性能，可以为秧苗根系创造一个稳定的生长环境，受外界影响较小，便于规范化育苗。

② 岩棉育苗配以滴灌装置，能很好地解决水分、养分和氧气的平衡供应问题。

③ 岩棉质地均匀，栽培床中不同位置的营养液和氧气的供应状况相近，不会造成植株间的太大差异，利于秧苗整齐。

④ 岩棉育苗装置简易，不受地面是否平整等条件的影响。

⑤ 岩棉本身不传播病、虫、草害，可以减少土传病害的发生。

⑥ 岩棉经过消毒后可以连续使用，降低育苗成本，提高经济效益。

⑦ 营养液的供应次数可以大大减少，不受停电停水的限制，节省水、电。

2. 岩棉育苗的方法

岩棉块的形状和大小可根据作物种类而定（见图 3-3）。育苗用的岩棉块一般有以下几种规格，3cm×3cm×3cm、4cm×4cm×4cm、5cm×5cm×5cm、7.5cm×7.5cm×7.5cm、10cm×10cm×5cm 等。较大的岩棉块上面中央开有一个小方洞，用以嵌入一个小方块岩棉，小方洞的大小刚好与嵌入的小方块相吻合，称为"钵中钵"。大岩棉块除了上下两个面外，四周用黑色或乳白色不透光的塑料薄膜包裹，以防止水分蒸发、四周积盐和滋生藻类。

图 3-3 各种规格的育苗岩棉块

育苗时，首先选择适宜大小的育苗箱或育苗床，在底部铺一层塑料薄膜，防止营养液渗漏，然后将岩棉块平放其中，用清水浸泡 24h 后方可使用。播种前先在小岩棉块上面割一小缝或用镊子在岩棉上刺一小洞，嵌入已催芽的种子，每块 1～2 粒，播种宜浅不宜深，然后将岩棉块密集置于育苗箱或育苗床中。先用低浓度营养液浇湿，保持岩棉块湿润；出苗后，育苗箱或育苗床底部维持 0.5cm 厚度以下的液层，靠底部毛细管作用供水、供肥；幼苗第一片真叶出现时，将小岩棉块移入大育苗块中，然后排在一起，并随着幼苗的长大逐渐拉开间距，避免互相遮光。移入大育苗块后，营养液深可维持在 1cm 左右（图 3-4）。

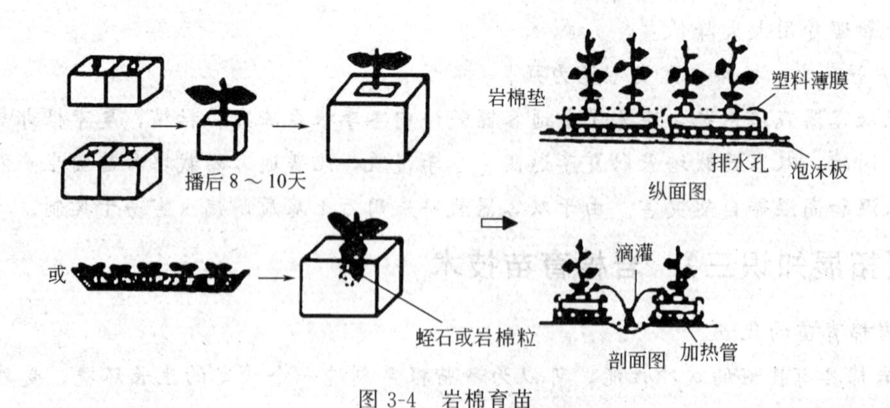

图 3-4 岩棉育苗

（郭世荣，2003）

另一种供液方法是将育苗块底部的营养液层用一层 2mm 厚的亲水无纺布代替，无纺布垫在育苗块底部 1cm 左右的一边，并通过滴灌向无纺布供液，利用无纺布的毛细管作用将营养液传送到岩棉块中（见图 3-5）。此法的效果比浇液法和浸液法为好。

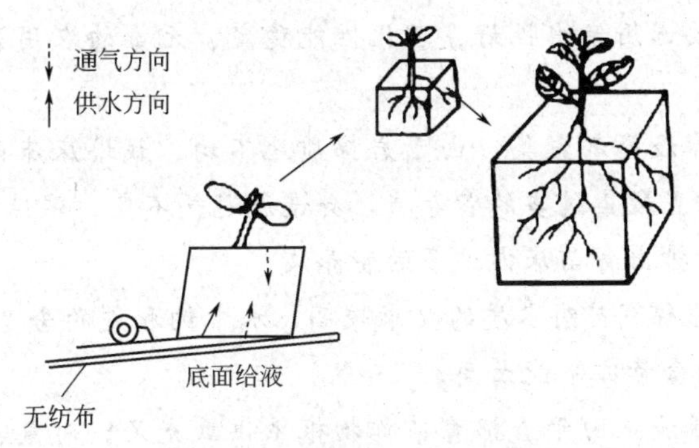

图 3-5　岩棉块育苗的供液

（王久兴等，2000）

第三种供液方式是把水或营养液蓄在育苗床内，苗床一般用塑料板或泡沫板围成槽状，长 10～20m，宽 1.2～1.5m，深 10cm 左右，床底平且不漏水，底部衬一层厚 0.2～0.5mm 的黑色聚乙烯塑料薄膜，保持薄层营养液厚度在 2cm 左右，通过营养液循环流动增加氧气含量。冬季育苗需要加温时，先在底部铺一层稻草或聚苯乙烯泡沫塑料作为隔热层，上面再盖 2cm 厚的沙层，在沙层中安放电热线，功率密度 70～80W/m^2，最后在其上设置育苗床。也有的将床底做成许多深 2mm 的小格子，育苗块排列其上，底部供液，多余的营养液则从一定间隔设置的小孔中排出（见图 3-6）。

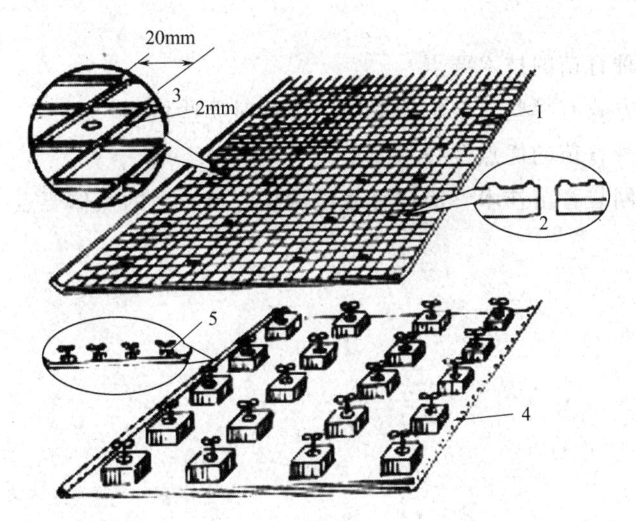

图 3-6　育苗床与育苗块供液系统

1—育苗床；2—排水孔；3—育苗床小格放大图；4,5—供液孔

（刘士哲，2001）

为了降低育苗成本，营养液供液可采用循环回收的方式。工厂化育苗过程中，营养液循环装置主要包括进液管、排液管、贮液池、水泵等。对于循环使用的营养液务必及时调整其浓度和酸碱度。

3. 岩棉育苗的技术要点

① 作物种类：适于岩棉育苗的作物种类较为广泛，主要用于茄果类、瓜类、豆类、叶

菜类蔬菜的播种育苗。

② 岩棉的选择：要选用亲水性好、理化性能稳定、无毒的农用岩棉，使用前最好先用清水浸泡24h以上。

③ 防止苗床中营养液局部聚集：由于岩棉质地不均、栽培床床面不平、供液量过大等原因，使育苗床局部位置聚集过多的营养液，会造成通气不良、碱性物质累积和作物根腐病的发生。因此，要及时排出育苗床内过多的营养液。

④ 水质的选择：岩棉育苗对水质的要求较高，水中钠和氯的含量最好小于1.5mmol/L，而且镁、锌、钙、铁的含量亦不能太高。

⑤ 选用适宜的营养液：由于岩棉育苗作物根系供氧充足，对氮、磷、钾的吸收能力增强，容易造成过多吸收，同时引起钙、镁过剩。因此，必须选择适宜的营养液配方，营养液pH应控制在5.0～6.0。

【项目测试与练习】

1. 穴盘育苗有何优点？
2. 工厂化穴盘播种育苗需要哪些设施和设备？
3. 为什么有些植物的种子可以不经过丸粒化处理即可通过播种机进行穴盘播种，而有些植物种子必须经过丸粒化处理才能通过播种机播种？
4. 种子包衣剂的成分是什么？如何对种子进行丸粒化处理？丸粒化后的种子对其生长发育有何影响？
5. 简述穴盘播种育苗的技术要点？
6. 容器育苗的方式有哪些？双容器育苗主要针对哪些植物？
7. 简述岩棉播种育苗的优点及技术要点。
8. 何为轻基质网袋育苗技术？简述轻基质网袋育苗技术的操作要点。

项目四　工厂化植物组织培养育苗

任务一　组培快繁育苗

知识目标

- 了解植物组织培养的类型特点及发展状况。
- 掌握植物组织培养的工作流程。

技能目标

- 能够综合运用所学的理论知识和技能，独立完成果树、花卉及蔬菜的组培快繁和无病毒培育。

【任务提出】

现在有一批非洲菊、蝴蝶兰、甘蓝等园艺植物，请用组织培养的方法快速繁殖育苗。

【任务分析】

要用组织培养的方法进行工厂化育苗，除要了解进行组培育苗的基本理论知识外，还应该了解进行组培育苗的设施、器具，熟练掌握组培快繁育苗的操作流程及操作技能。

【相关知识】

一、植物组织培养简介

植物组织培养在植物生物技术研究和农业生产上推广应用方面越来越受到人们的重视，已成为工厂化育苗技术重要的组成部分。如蝴蝶兰、大花蕙兰、香蕉、脱毒马铃薯、脱毒草莓等种苗的生产都是通过组织培养的手段来完成的。

1. 植物组织培养的含义

植物组织培养（又称为离体培养、植物克隆），简称组培，是将植物的离体材料（器官、组织、细胞、原生质体等）无菌培养，使其生长、分化、增殖，再生出完整植株或生产次生代谢物质的技术。凡是用于离体培养的原生质体、细胞、组织或器官等统称为外植体。

2. 植物组织培养的类型

① 根据培养层次不同，分为植株培养、器官培养、胚胎培养、愈伤组织培养、细胞培养、原生质体培养。

② 根据工程技术策略不同，分为组织与细胞培养（上述所有）、细胞融合、胚胎工程、染色体工程、细胞遗传工程。

③ 根据植物领域应用目的不同，分为植物快速繁殖培养技术、获得特殊倍性的组织培养技术、获得特殊杂种的组织培养技术、用于基因功能研究的组织培养技术。

3. 植物组织培养的特点

植物组织培养作为一种现代生物技术，之所以发展迅速，并广泛应用于生物学研究、单倍体育种和种苗的快速繁殖，主要是由于其具备以下特点。

（1）试验材料来源单一，无性系遗传特性一致　由于植物组织培养材料是细胞、组织、器官、小植株等，个体微小，均可来自同一个植物个体，遗传性状高度一致，培养中获得的各种水平的无性系（即克隆，clone）具有相同的遗传背景，极大地提高了试验的精度。

（2）成本低、效率高　组织培养实验微型化、精密化，管理集约精细，一个人可同时做多项试验，工作效率高。它与盆栽、田间栽培等相比，省去了中耕除草、施肥、灌溉、防治病虫害等劳动，节省人力、物力和土地。

（3）培养条件可以人为控制，误差小　植物组织培养是在一定的场所和环境下，人为提供一定的温度、光照、湿度、营养、激素等条件，利于高度集约化和高密度工厂化生产，也利于自动化控制生产。它是未来农业工厂化育苗的发展方向。

（4）生长快、周期短，繁殖率高，可重复性强　植物组织培养是根据不同植物不同外植体的不同要求而提供不同的培养基与培养条件，营养与环境条件优越且一致，外植体生长、分化快，可控程度高，重复性好。

（5）可连续运行、周年试验或生产，利于自动化控制　组织培养采用的植物材料完全是在人为提供的培养基和小气候环境条件下进行生长的，摆脱了大自然中四季、昼夜的变化以及灾害性气候的不利影响，且条件均一，对植物生长极为有利，便于稳定地进行周年培养生产，也利于自动化控制生产。

4. 植物组织培养的应用

（1）在植物育种上的应用　植物组织培养技术可以获得常规技术难以或无法获得的种质材料，缩短育种周期，提高育种效率。主要体现在：①快速获得特殊倍性材料：花药和花粉培养可获得单倍体，加倍后获得纯合材料，大大缩短育种周期；胚乳培养技术可获得三倍体，用于无核果实植物育种中。②克服远缘杂交不亲和：原生质体融合技术获得亲缘关系相差很远的两亲本间的细胞杂种，不仅克服远缘杂交不亲和，而且有可能创造新品种。③克服杂种胚早期夭折：远缘杂种胚和某些果树（柑橘、早熟桃）的胚常常早期夭折，利用幼胚培养技术可以克服。④导入外源基因：组织培养技术可以进行细胞器转移、基因转移、染色体转移等，实现外源基因的导入。⑤突变体筛选：细胞培养和原生质体培养中，常发生自发的遗传变异，是十分广泛的变异来源，同时，培养中人工诱变，变异频率大大提高，增加了突变体的筛选机会。⑥种质资源保存：组织培养技术保存植物种质，节约人力、物力和耕地，避免不可预测因素对种质资源造成损失。

(2) 种苗脱病毒与快速繁殖 植物病毒是引起无性繁殖作物品种退化的主要因素。病毒防治除抗病育种外，脱除种用材料所携带的病毒是目前最有效的途径。利用茎尖培养脱毒进行无病毒种苗的快速繁殖已广泛应用。利用组织培养技术使传统上繁殖系数很低的有性繁殖植物得以快速繁殖，大大提高了经济效益。

(3) 细胞培养生产有用次生产物 利用植物生产有用次生产物，能够节约大量耕地，保护生态环境，提高生产效率，生产医药原料其含量稳定性会更好，有利于中药植物医药事业的发展。目前通过细胞培养的植物种类已达100多种，所能鉴别的成分有300种。主要集中在价格高、栽培困难、产量低、需求大的药品上，除此之外还能生产其他次生代谢产物如香料、食品调味剂、染料和树胶。

(4) 植物种质资源的离体保存 种质资源是农业生产的基础，常规的植物种质资源保存方法耗资巨大，使得种质资源流失的情况时有发生。通过抑制生长或超低温储存的方法离体保存植物种质，可节约大量的人力、物力和土地，还可挽救那些濒危物种。如一个$0.28m^3$的普通冰箱可存放2000支试管苗，可容纳相同数量的苹果植株则需要近$6hm^2$土地。离体保存还可避免病虫害侵染和外界不利气候及其栽培因素的影响，可长期保存，有利于种质资源材料的远距离之间的交换。

(5) 人工种子 人工种子是模拟天然种子的基本构造，将植物组织培养中得到的体细胞胚，经过人工种皮包被后得到的体细胞种子。人工种子在自然条件下能够像天然种子一样正常生长，它可为某些珍稀物种的繁殖以及转基因植物、自交不亲和植物、远缘杂种的繁殖提供有效的手段。

总之，植物组织培养技术作为生物科学的一项重要技术，已经渗透到生物科学的各个领域，它为研究植物细胞、组织分化以及器官形态建成规律提供了实验条件，促进了植物遗传、生理生化、病理学的深入研究。随着科学技术的发展，组织培养技术的应用范围将日趋广泛，发挥越来越重要的作用。

二、植物组织培养的基础理论

1. 植物细胞全能性

植物细胞全能性是指植物体任何一个有完整细胞核的活细胞都具有该种植物的全套遗传信息和发育成完整植株的潜在能力。例如，一个受精卵通过细胞分裂和分化产生具有完整形态和结构机能的植株，这是受精卵具有该物种全部遗传信息的表现。同样，由合子分裂产生的体细胞也具备全能性。但在自然状态下，完整植株不同部位的特化细胞只表现出一定的形态与生理功能，构成植物体的组织或器官的一部分，是因为细胞在植物体内所处的位置及生理条件不同，其分化受到各方面的调控，某些基因受到控制或阻遏，致使其所具有的遗传信息得不到全部表达。

植物细胞的全能性是潜在的，要实现植物细胞的全能性，必须满足两个条件。首先，与完整植株分离，脱离完整植株的控制；其次，创造适于外植体的细胞生长和分化的环境条件。而组织培养正是利用植物的离体器官、组织、细胞或原生质体在无菌、适宜的人工培养

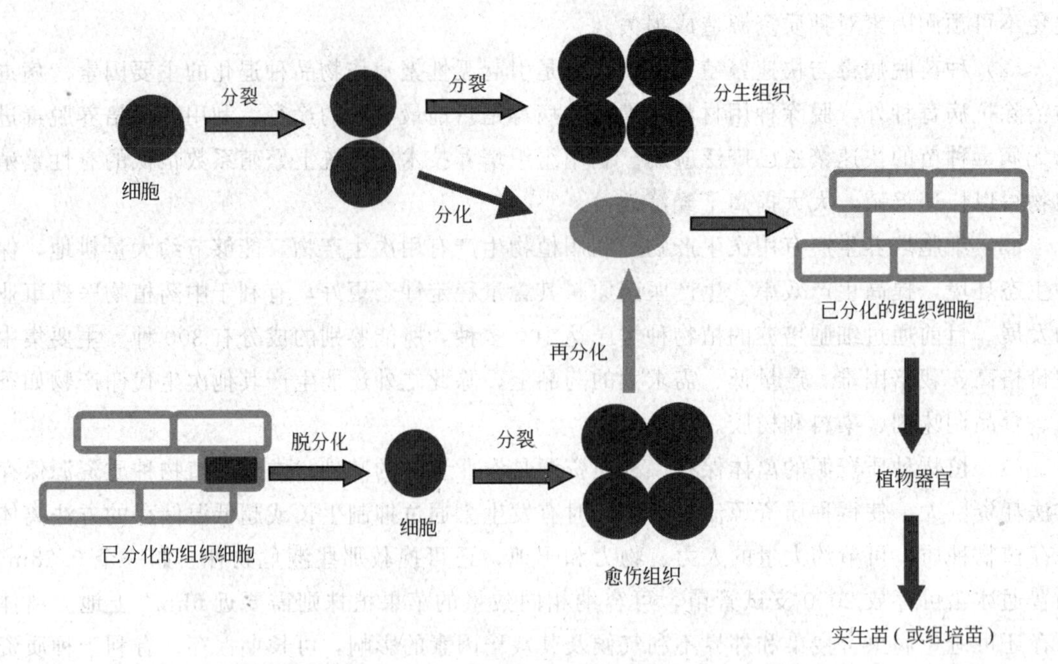

图 4-1　细胞正常分化与愈伤组织脱分化、再分化模式图

基和培养条件下培养，满足了细胞全能性表达的条件，才使得离体培养材料发育成完整植株。这种植株再生的过程即为植物细胞全能性表达的过程，一般经过脱分化和再分化两个阶段。所谓的脱分化或称去分化，是通过组织培养，使已失去分裂能力的成熟细胞转变为分生状态并形成未分化的愈伤组织的过程（图 4-1）。脱分化过程的难易与植物的种类、组织和细胞的状态有关。一般双子叶植物比单子叶植物和裸子植物容易；幼年的细胞和组织比成熟的细胞和组织容易；二倍体细胞比单倍体细胞容易。所谓再分化是指由脱分化的组织或细胞转变为各种不同的细胞类型，由无结构和特定功能的细胞团转变为有结构和特定功能的组织和器官，最终再生成完整植株的过程。切取的植物组织、器官或细胞在人工培养条件下促进细胞脱分化产生分生组织，这些分生组织进一步分化形成新的生长点，新的生长点在适宜的条件下形成根、茎、叶、顶芽或原球茎，最后形成小植株（见图 4-2）。在组培快繁中也可以不经过脱分化而是通过顶芽或腋芽的萌动分化成芽丛，经过继代繁殖后再剪取小芽，诱导生根，形成植株。

外植体 $\xrightarrow{\text{脱分化}}$ 愈伤组织 $\xrightarrow{\text{再分化}}$ 生长点 $\xrightarrow{\text{分化生长}}$ 根、茎、叶或胚状体、原球茎 $\longrightarrow$ 小植株

图 4-2　组织培养实现细胞全能性的大致过程

2. 根芽激素理论

在培养基的各成分中，植物激素是培养基的关键物质，是影响器官建成的主要因素。1955 年，Skoog 和 Miller 提出了有关植物激素控制器官形成的理论，即根芽激素理论：根和芽的分化由生长素和细胞分裂素的比值所决定，二者比值高时促进生根；比值低时促进茎芽的分化；比值适中则组织倾向于以一种无结构的方式生长。通过改变培养基中这两类激素的相对浓度可以控制器官的分化（图 4-3）。

大量的试验结果证明，根芽激素理论适用于多种植物，由于在不同植物组织中这些激素

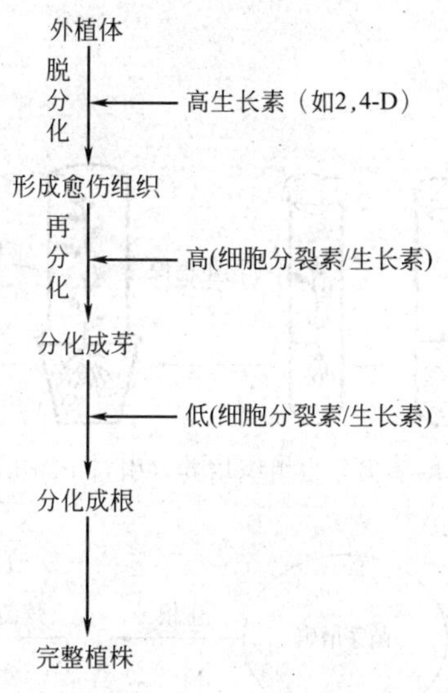

图 4-3 激素控制器官分化的模式图

的内源水平不同，器官发生的能力不同，导致不同组织来源的外植体可能在相同的培养条件下诱导再生不同的器官，或在不同的培养条件下诱导相同的器官发生。这就是激素的位置效应，因而对于某一具体的形态发生过程，它们所要求的外源激素的水平也会有所不同。

三、组培快繁类型

根据离体植物材料再分化的类型与成苗途径，组培快繁类型一般分为无菌短枝型、器官发生型、丛生芽增殖型、胚状体发生型、原球茎发生型等五种类型。所形成的植株称为再生植株，组培快繁类型也称为植株再生途径。

（一）无菌短枝型

将顶芽、侧芽、茎尖分生组织或带有芽的茎段接种到伸长（或生长）培养基上，进行伸长培养，逐渐形成一个微型的多枝多芽的小灌木丛状的结构（图 4-4）。继代培养时，将丛生芽苗反复切段转接，重复芽-苗增殖的培养，从而迅速获得较多嫩茎（在特殊情况下也会生出不定芽，形成芽丛）。这种增殖方式也称作“微型扦插”或“无菌短枝扦插”。将一部分嫩茎切段转移到生根培养基上，即可培养出完整的试管苗，该种培养方式能使无性系后代保持原品种特性。这种方法主要适用于顶端优势明显或枝条生长迅速，或对组培苗质量要求较高的一些木本植物和少数草本植物，如月季、枣树、葡萄、矮牵牛、茶花、菊花、香石竹等等种苗快繁中。在实践中应注意芽位的选取，一般以上部 3～4 节的茎段或顶芽为宜。详细内容见项目九。

（二）丛生芽增殖型

茎尖、带有腋芽的茎段或初代培养的芽，在适宜的培养基上诱导，可使芽不断萌发、生长，形成丛生芽。将丛生芽分割成单芽增殖，培养成新的丛生芽，如此重复芽生芽的过程，可实现快速、大量繁殖的目的。将长势强的单个嫩枝进行生根培养，培养成再生植株(图 4-5)。

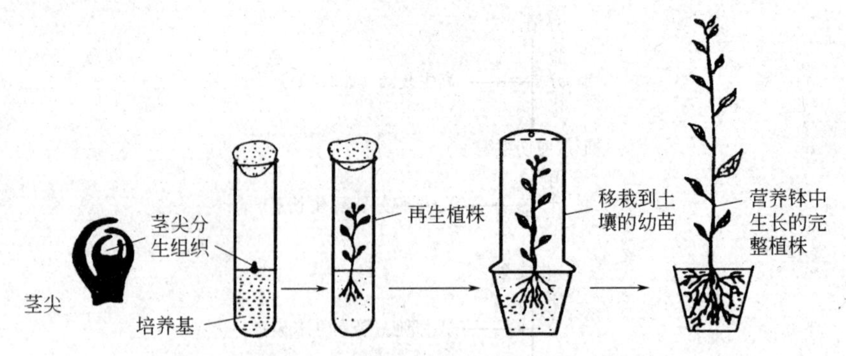

图 4-4　微茎尖分生组织培养（引自 Pierik，1989）

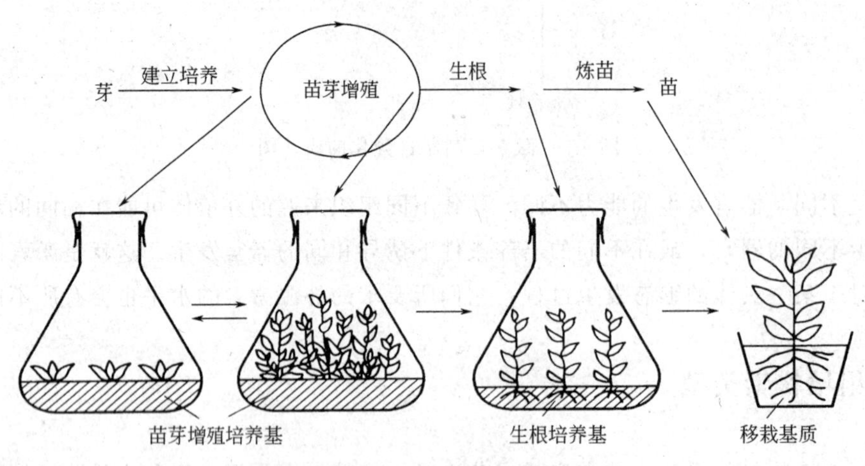

图 4-5　腋芽丛生法（引自刘进平，2005）

（三）器官发生型

外植体经诱导脱分化形成愈伤组织，再由愈伤组织细胞分化形成不定芽或丛生芽的途径也称为愈伤组织再生途径。有些植物能够直接从外植体表面产生不定芽，如矮牵牛、福禄考、悬钩子、百合、银杏、柏科和松科等的一些植物。

1. 愈伤组织的形成

几乎所有植物材料经离体培养都有诱导产生愈伤组织的潜在能力，并且能够在一定的条件下分化成芽、根、胚状体等。通常，诱导外植体形成典型的愈伤组织，大致要经历三个时期：启动期、分裂期和分化期。启动期又称诱导期，是指细胞准备进行分裂的时期。启动期的长短，因植物种类、外植体的生理状态和外部因素而异。如菊芋的诱导期为 1 天，胡萝卜需要几天时间。用于接种的外植体细胞，通常都是处在静止状态的成熟细胞，在一些刺激因素（如增加空气中 O_2 浓度、受到机械损伤等）和激素的诱导下，其合成代谢活动加强，迅速进行蛋白质与核酸的合成，分裂前的细胞呼吸作用增强，多聚核糖体、RNA 和蛋白质含量显著增加，分裂有关的酶活力增强，这些变化为下一步的细胞分裂提供充足的物质基础。诱导启动的因素主要是外源激素，最常用的有 2，4-二氯苯氧乙酸（2，4-D）、萘乙酸（NAA）、吲哚乙酸（IAA）和细胞分裂素等。其中，2，4-D 在诱导细胞分裂过程中，效果最明显。分裂期是指外植体细胞经过诱导后脱分化，不断分裂、增生子细胞的过程。处于分裂期的愈伤组织具有细胞分裂快，结构疏松，缺少有组织的结构，颜色浅或呈透明状等特征。愈伤组织的增殖生长发生在不与琼脂接触的表面，在经过一段时间的生长后，愈伤组织常呈不规则的馒头状。如果把分裂期的愈伤组织及时转移到新鲜的培养基上，则愈伤组织可以长期保持旺盛的分裂生长能力。分化期是指停止分裂的细胞发生生理代谢变化而形成不同形态和功能的细胞的过程。若分裂期的愈伤组织在原培养基上长期培养，细胞将不可避免地进入分化期，产生新的结构。分化期愈伤组织的特点是：细胞分裂的部位由愈伤组织表面转向愈伤组织内部；形成了分生组织瘤状结构和维管组织；出现了各种类型的细胞；出现一定的形态特征等。生长旺盛的愈伤组织一般呈奶黄色或白色，有光泽，有的呈淡绿色或绿色；老化的愈伤组织多转变为黄色甚至褐色，活力大减。

2. 愈伤组织的生长与分化

外植体细胞经过启动、分裂和分化等一系列变化过程，形成了无序结构的愈伤组织。如果使其在原培养基上继续培养，就应解决由于其中营养不足或有毒代谢物的积累而导致愈伤组织块的停止生长，直至老化变黑死亡的问题。若要愈伤组织继续生长增殖，必须定期将它们切割成小块，接种到新鲜的原培养基上继代增殖，愈伤组织才可以长期保持旺盛生长。

旺盛生长的愈伤组织的质地存在显著差异，可分为松脆型和坚硬型两类，并且两者可以互相转化。当培养基中的生长素类浓度高时，可使愈伤组织块变松脆；相反，降低或除去生长素，愈伤组织则可以转变为坚实的小块。同一种类的愈伤组织，也可随外植体的部位及生长条件的差异而不同，即便是同一块愈伤组织，也会因各种因素的作用存在颜色和结构上的差异。

愈伤组织在转入分化培养基后会出现体细胞胚胎发生及营养器官的分化，出现哪种情况取决于植物种类、外植体的类型与生理状态，以及环境因子的影响。有时也会出现不分化的现象。

3. 愈伤组织的形态建成

分化期的愈伤组织虽然形成维管化组织和瘤状结构，但并无器官发生。只有满足某些条件，愈伤组织才能再分化出器官（根或芽）或胚状体，进而发育成苗或完整植株。愈伤组织的形态发生一般有三种方式：①先芽后根，这是最普遍的发生方式（彩图 37）；②先根后芽，但芽的分化难度比较大；③在愈伤组织块的不同部位上分化出根或芽，再通过维管组织的联系形成完整植株。通过在愈伤组织表面或内部形成胚状体，是愈伤组织形态发生的特殊方式。

4. 影响器官发生的主要因素

（1）外植体　理论上讲，所有的植物都有被诱导产生愈伤组织的潜力，但不同植物种类被诱导的难易程度大不相同。通常，苔藓、蕨类、裸子植物与被子植物相比，诱导比较困难；在同类植物中，草本植物比木本植物容易；在同一种植物中，幼嫩材料较老熟材料易于诱导和分化。通常同一种植物的不同器官或组织所形成的愈伤组织，无论在生理上或形态上，其差别均不大。但是对有些植物而言，却有明显差异。如油菜的花器比叶、根等易于分化成苗；水稻和小麦幼穗的苗分化频率比其他器官高。

（2）培养基　培养基的类型、组成、激素及其配比、物理性质等，都对愈伤组织诱导和分化不定芽产生一定影响。主要表现以下特点：一是高无机盐浓度对愈伤组织诱导和生长有利，无机盐浓度较高的 MS、B_5 等基本培养基均可用于愈伤组织的诱导。二是生长素与细胞分裂素的浓度和配比是控制愈伤组织生长和分化的决定因素（见“根芽激素理论”）。通过改变激素的种类和浓度，可有效调节组织和器官的分化。一般高浓度的生长素和低浓度的细胞分裂素有利于愈伤组织的诱导和生长。在生长素类激素中，2,4-D 诱导愈伤组织的效果最好，但使用浓度过高，则会抑制不定芽的分化；Kt 和 BA 能广泛地诱导芽的形成，而 BA 比 Kt 的效力大。三是培养基中添加糖、维生素、肌醇和甘氨酸等有机成分，可以满足愈伤组织的生长和分化的营养要求，糖类物质还起到维持培养基渗透压的作用。四是液体培养基要比固体培养基好，在液体培养基中，愈伤组织易于生长和分化。

（3）培养环境　在离体培养条件下，光对器官的作用是一种诱导反应，而不是提供光合作用的能源，除一些植物愈伤组织培养需要暗环境之外，一般均需一定的光照条件，因为一定的光照对芽苗的形成、根的发生、枝的分化和胚状体的形成有促进作用。对一般植物而言，在（25±2）℃的恒温条件下都能较好地形成芽和根，而有些植物则需要在一定的昼夜温差下培养。温度高低对器官发生的数量和质量有一定的影响。

（四）胚状体发生型

胚状体类似于合子胚但又有所不同，其发育过程也经过了球形胚、心形胚、鱼雷形胚和子叶形胚阶段，形成类似胚胎的结构，最终发育成小苗，但它是由体细胞发生的。胚状体可以从愈伤组织表面或悬浮培养的细胞发生，也可从外植体表面已分化的细胞产生。它是植物离体无性繁殖最快的途径，也是人工种子和细胞工程常用的发生途径，但有的胚状体存在一定的变异，应经过试验和检测后才能在生产上大量应用。图 4-6 和图 4-7 分别显示了胡萝卜和石龙芮胚状体的形成和分化过程。

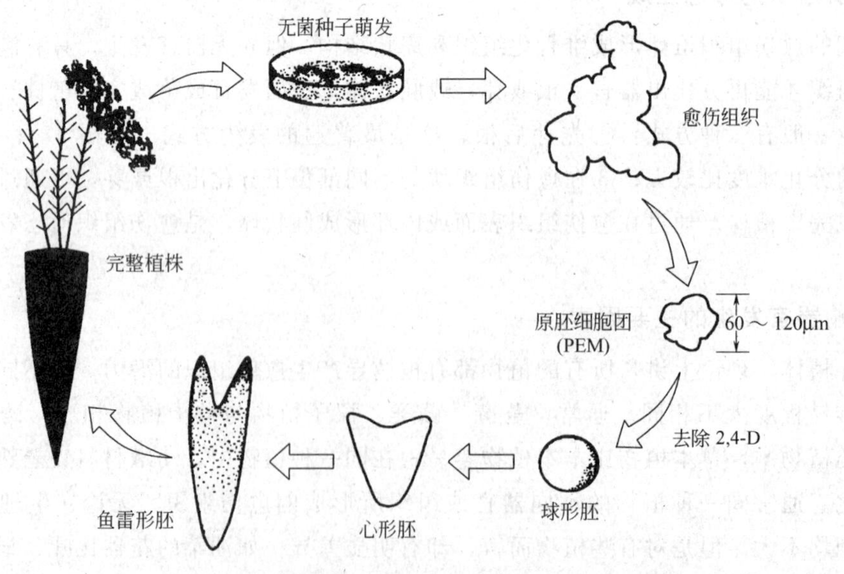

图 4-6　胡萝卜体细胞胚状体诱导和分化过程（引自肖尊安，2004）

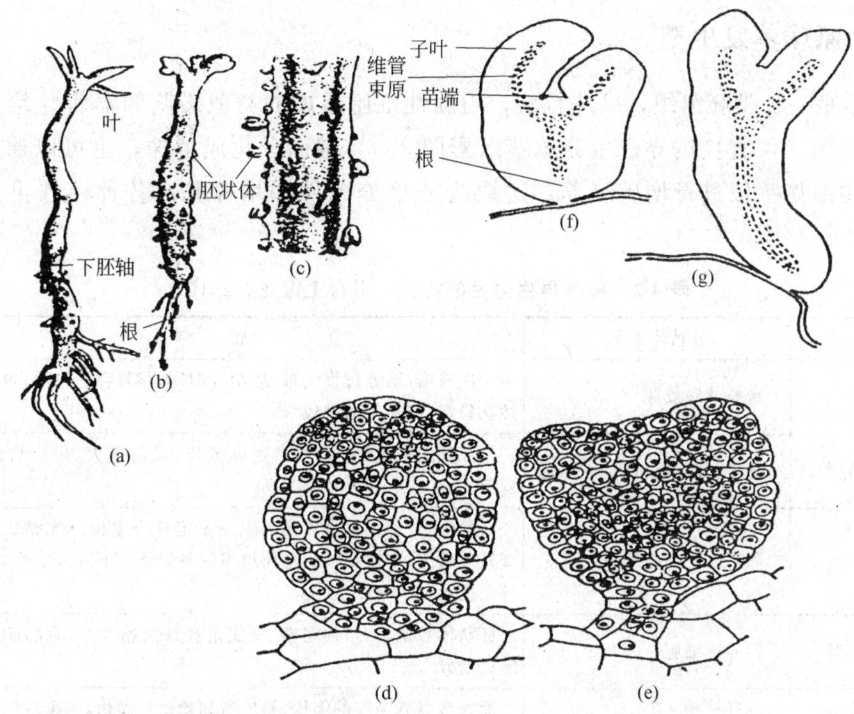

图 4-7　石龙芮胚状体的形成（引自利容千等，2004）

(a)～(c) 1 个月大的幼苗，球形（d），心形（e）和发育中的子叶期胚状体（f），(g)

由于胚状体发生和器官发生均可起源于愈伤组织或者直接来自于外植体，因此，这两种再生植株常常容易混淆。表 4-1 列出了这两种再生植株的主要区别。

表 4-1　胚状体苗与器官发生苗的区别（引自王振龙，2010）

胚状体苗	器官发生苗
1. 最初形成多来自单个细胞，双向极性，两个分生中心，较早分化出茎端和根端（方向相反）	1. 最初形成多来自多细胞，单向极性，单个分生中心
2. 胚状体维管组织与外植体维管组织不相连	2. 不定芽和不定根与愈伤组织的维管组织相连
3. 具有典型的胚胎形态发生过程	3. 无胚胎形态，分生中心直接分化器官
4. 形成的幼苗具有子叶	4. 不定芽的苗无子叶
5. 胚状体发育的苗，根和芽齐全，不经历诱导生根阶段	5. 一般先长芽后诱导生根，或先长根后长芽

影响胚状体发生的因素主要是培养基中的激素和含氮化合物。

① 植物激素。在愈伤组织的产生和增殖过程中，在 2,4-D 等生长素的作用下，有时会在愈伤组织的若干部位分化形成胚性细胞团，但只有降低或者完全去除培养基中的 2,4-D 等生长素（如金鱼草、矮牵牛）才能发育成胚状体。有些植物在只有细胞分裂素的培养基上也能诱导胚状体（如大麦、檀香）；大多数植物可在生长素与细胞分裂素组合的培养基上诱导出胚状体（如山茶、花叶芋）。

② 含氮化合物。除生长素外，培养基中还要求有一定量的含氮化合物。对胚状体的形成有作用的是铵根离子。如果愈伤组织是在含有 KNO_3 和 NH_4Cl 的培养基上建立起来的，无论分化培养基中是否含有 NH_4Cl，愈伤组织都能形成胚状体。另外，水解酪蛋白、谷氨酰胺和丙氨酸等对胚状体的发生有一定的作用。

（五）原球茎发生型

原球茎是一种类胚组织，呈珠粒状，由胚性细胞组成的类似嫩茎的器官。培养兰科植物的茎尖或侧芽可直接诱导产生原球茎（彩图38），继而分化成植株，也可以通过原球茎切割或针刺损伤手段进行增殖培养，这取决于培养条件和培养基。各种植株再生类型的特点见表4-2。

表4-2　植株再生途径的比较（引自王振龙，2010）

再生类型	外植体来源	特　点
①无菌短枝型	嫩枝节段或芽	一次成苗，培养过程简单，适用范围广，移栽容易成活，再生后代遗传性状稳定，但初期繁殖较慢
②丛生芽增殖型	茎尖、茎段或初代培养的芽	与无菌短枝型相似，繁殖速度较快，成苗量大，再生后代遗传性状稳定
③器官发生型	除芽外的离体组织	多数经历“外植体→愈伤组织→不定芽→生根→完整植株”的过程，繁殖系数高，多次继代后愈伤组织的再生能力下降或消失，再生后代易发生变异
④胚状体发生型	活的体细胞	胚状体数量多、结构完整、易成苗和繁殖速度快，有的胚状体存在一定的变异
⑤原球茎发生型	兰科植物茎尖	原球茎具有完整的结构，易成苗和繁殖速度快，再生后代变异概率小

四、提高组培苗遗传稳定性的措施

遗传稳定性问题，即保持原有物种特性的问题。虽然植物组织培养可获得大量形态、生理特性不变的植株，能够建立遗传性一致的无性系，但在培养过程中往往会发生变异。有些是有益变异，但更多的是不良变异，如观赏植物不开花、花小或花色不正，果树不结果、抗性下降或果小、产量低、品质差等，给生产造成很大损失。由此可见，保持试管苗遗传特性的稳定在生产上非常重要。

（一）影响组培苗遗传稳定性的因素

1. 基因型

基因型不同，发生变异的频率也不同。如在玉簪组培过程中，杂色叶培养的变异频率为43%，而绿色叶仅为1.2%；香龙血树愈伤组织培养再生植株全部发生变异；嵌合体植株培养后其变异更大，如金边虎皮掌经过组织培养后，往往变成普通虎皮掌；单倍体和多倍体变异大于二倍体。同一植株不同器官的外植体对无性系变异率也有影响，在菠萝组织培养中，来自幼果的再生植株几乎100%出现变异，而来自冠芽的再生植株的变异率只有7%，似乎表明从分化水平高的组织产生的无性系较从分化水平低的组织产生的无性系更容易出现变异。

2. 继代次数与继代时间

试管苗继代的次数与培养时间的长短直接影响遗传的稳定性，一般随继代次数和时间的增加，变异频率不断提高。香蕉继代5次、10次、20次的变异率分别为2.14%、4.2%、100%。因此，香蕉继代培养不能超过一年；蝴蝶兰连续培养4年后植株退化不开花，因此，原球茎应2年更换一次茎尖。研究表明，变异往往出现在由年龄渐老的培养物所再生的植株中，而由幼龄培养物再生的植株一般较少发生。另外，长期营养繁殖的植物变异率较高，有人认为这是由于在外植体的体细胞中已经积累着遗传变异。

3. 植株再生方式

植株再生方式不同，其遗传稳定性差异较大。离体器官的发生方式中，以茎尖、茎段等发生丛生芽方式繁殖不易发生变异或变异率极低；而通过愈伤组织分化不定芽获得的再生植株，变异频率较高；通过胚状体途径再生植株变异较少。

4. 外源激素

培养基中的外源激素是诱导体细胞无性系变异的重要原因之一。一般认为，较低浓度的外源激素能够有选择地刺激多倍体细胞的有丝分裂，而较高浓度的激素则能抑制多倍体细胞的有丝分裂。Kallack&Yarve kylg（1971）的研究指出，如果2,4-D的作用浓度为0.25mg/L，能够增加多倍体细胞的有丝分裂，减少二倍体细胞的有丝分裂，但若2,4-D的浓度为20mg/L时，则能促进二倍体细胞的分裂。在高浓度激素的作用下，细胞分裂和生长加快，不正常分裂频率增高，再生植株变异也增多。

（二）减少变异，提高遗传稳定性的措施

进行植物组培快繁时，尽量采用不易发生体细胞变异的分化途径，如采用茎尖培养、茎段培养、胚状体繁殖等方式都能有效地减少变异；缩短继代时间，限制继代次数，每隔一定的继代次数后，重新采用外植体进行培养；选取幼年的培养材料；采用适当的植物激素和较低的激素浓度，不要加入容易引起变异的化学药剂；定期对试管苗和移栽苗进行观察和检测，及时剔除生理、形态异常苗。

五、植物组织培养实验室及相关设备

开展植物组织培养工作需要一个比较合理实用的场所、一套适宜的设备和提供必要的实验环境条件，这是首先要考虑的。根据科学、高效、经济、方便、实用的原则，一个较为理想的组织培养实验室必须满足三个基本的需要，即实验准备（包括培养基配制、器皿洗涤、培养基和器皿灭菌等）、无菌操作和控制培养。此外，还可根据所从事的实验要求来考虑各种附加设施，使实验室更加完善。

（一）组培室的基本组成

植物组织培养是在无菌条件下培养离体植物材料。要满足无菌条件的要求，首先就要建立组培无菌空间。根据组织培养的目的、规模及设施设备的先进程度，将组培无菌空间分为

组培室、组培工厂和家庭组培室。目前科研院所和学校所建的组培设施多属于组培室，由以下六个分室构成。

1. 洗涤室

根据工作量的大小决定其大小，一般 $10m^2$ 左右。要求房间宽敞明亮，方便多人同时工作；配备电源、自来水和水槽（池），上下水道畅通；地面耐湿、防滑、排水良好，便于清洁（彩图 39）。

2. 配制室

面积一般为 $10 \sim 20m^2$。要求房间宽敞明亮、通风、干燥、清洁卫生，便于多人同时操作（彩图 40）；配备电源、自来水和水槽（池），上下水道畅通。有时可将配制室内部间隔为称量分室和配制分室。设计规模较小时，配制室可与洗涤室合并为准备室。

3. 灭菌室

面积一般为 $5 \sim 10m^2$。要求安全、通风、明亮；墙壁和地面防潮、耐高温；配备电源（或煤气加热装置）、水源、水槽（池），保证上下水道畅通、通风状况良好。生产规模较小时，可与洗涤室、配制室合并在一起，但灭菌锅的摆放位置要远离天平和冰箱，而且必须设置换气扇，以利于通风换气（彩图 41）。

4. 接种室

接种室的面积大小根据试验研究或生产的需要和环境控制的难易程度而定。在工作方便的前提下，宜小不宜大。接种室一般分为缓冲间（彩图 42）和一至多个小接种室（彩图 43）。缓冲间的面积一般设计为 $2 \sim 3m^2$。要求空间洁净，墙壁光滑平整，地面平坦无缝，并在缓冲间和接种室之间设置平滑门，以减少开关门时的空气扰动；空间安装 1～2 个紫外线灯，用于接种前的照射灭菌；配备电源、自来水和小洗手池，备有鞋架、拖鞋和衣帽挂钩，分别用于接种前洗手、摆放拖鞋和悬挂无菌服。有条件的话，也可设计成更衣间，通过平滑门与接种室隔开。小接种室面积不超过 $10m^2$ 即可，要求密闭、干爽、安静、清洁明亮；塑钢板、彩钢板或防菌漆的天花板、塑钢板或白瓷砖的墙面光滑平整，不易积染灰尘；水磨石或水泥地面平坦无缝，便于清洗和灭菌；配备电源和平滑门窗，要求门窗密封性好；在适当的位置吊装紫外线灯，保持环境无菌；空调控温，减少与外界空气对流。接种室与培养室通过传递窗相通。最好进出接种室的人流、物流分开设计。

5. 培养室

① 培养室的大小可根据生产规模和培养架的大小、数目及其附属设备而定。从充分利用空间、节能和均衡控制培养条件考虑，培养室面积不宜过大，一般以 $10 \sim 30m^2$ 为宜，最好设在向阳面或在建筑的朝阳面设计双层玻璃墙，或加大窗户，以利于接收更多的自然光线（彩图 44）。培养室外最好设有缓冲间或走廊。

② 能够控制光照和温度。通常根据培养过程中是否需光，设计成光培养室和暗培养室；材料的预培养、热处理脱毒或细胞培养、原生质体培养等在光照培养箱或人工气候箱内进

行。由光照时控器控制光照时间；利用空调机调控温度。培养室面积较小时，采用窗式或柜式的冷暖型空调；培养室面积较大时，最好采用中央空调，以保证培养室内各部位温度的相对均衡。

③ 保持环境整洁。要求天花板、墙壁光滑平整、绝热防火，最好用塑钢板、彩钢板或瓷砖装修；地面用水磨石或瓷砖铺设，平坦无缝，方便室内消毒，并有利于反光，提高室内亮度。

④ 摆放培养架，以立体培养为主。培养架要求使用方便、节能、充分利用空间和安全可靠。培养架一般设六层，高度 2m，最下一层距地面 0.2m，最上一层高度 1.7m，层间距为 30cm，架宽 0.6m，架长根据日光灯管（30～40W）的长度来决定，每个培养架层安装 2～3 个日光灯，多个培养架共用 1 个光照时控器。安装日光灯时最好选用电子整流器，以降低能耗。架材最好用带孔的新型角钢条，可使搁板位置上下随时调整。

⑤ 能够通风、降湿、散热。培养室的门窗密封性要好，有条件的可用玻璃砖代替窗户，并安装排气扇，以备在湿度高、空调出现故障时通风排气、散热。南方湿度高的地方可以考虑在培养室内安装除湿机。

⑥ 培养室内用电量大，应设置供电专线和相关设备，并且配电板置于培养室外，保证用电安全和方便控制。

此外，为适应液体培养的需要，在培养室内配备摇床和转床等设备，但要注意大型摇床应有坚实的底座固定，以免摇床移位或因振动大而影响培养室内其他材料的静置培养。

6. 观察室

观察室可大可小，但一般不宜过大，以能摆放仪器和操作方便为准。要求房间安静、通风、清洁、明亮、干燥，保证光学仪器不振动、不受潮、不污染、不受光直射。

(二) 设备与器械用品

植物组织培养技术含量高，操作复杂，除了需要建立组培无菌空间外，还需要一定的设备和器械用品作辅助，才能完成离体培养的全过程。经过调查了解，组培室配置的仪器设备、玻璃器皿与器械用品分别见表 4-3、表 4-4。

表 4-3　组培室的仪器设备

类别	仪器设备名称
洗涤设备	干燥箱，超声波清洗器，洗瓶机，工作台，药品柜，医用小平车等
培养基制备设备	普通冰箱，低温冰箱，电子天平（精确度 0.0001g），托盘天平，工作台，药品柜，医用小平车等
灭菌设备	高压灭菌锅，过滤灭菌装置，干热消毒柜，烘箱，微波炉，臭氧发生机等
接种设备	超净工作台，解剖镜，接种器具杀菌器，医用小平车等
培养设备	空调，加湿器、除湿机，人工气候箱，转床、振荡器，光照时控器，照度仪，换气扇，配电盘等
观察与生化鉴定设备	普通显微镜、解剖镜，低温冰箱，培养箱，切片机，水浴锅，低温高速离心机，电子分析天平，细胞计数器，PCR 仪、酶联免疫仪，电泳仪，图像拍摄处理设备，电脑，工作台等

表 4-4　组培室的玻璃器皿与器械用品

类别	玻璃器皿、器械用品名称
洗涤用品	洗液缸，水槽，工作台，搁架，试管刷，晾干架，周转筐（塑料或铁制），医用小平车等
培养基配制用品	试管（20mm×150mm，25mm×150mm，40mm×150mm），培养瓶（50～500mL 三角瓶、50mL PC 塑料瓶或果酱瓶、300～400mL 罐头瓶） 试剂瓶（100mL、250mL、500mL、1000mL 的棕色或白色试剂瓶），烧杯（100mL、150mL、250mL、500mL、1000mL 的玻璃或塑料刻度烧杯）、培养皿（ϕ6cm、ϕ9cm、ϕ12cm），移液管（0.5mL、1mL、2mL、5mL、10mL），移液枪（25μL～10mL），移液管架，注射器（25mL），吸管（14cm、18cm），滴瓶，量筒（50mL、100mL、500mL、1000mL），容量瓶（100mL、250mL、500mL、1000mL），分液漏斗 不锈钢桶或铝锅，周转筐，玻璃棒，记号笔，标签纸，蒸馏水瓶（桶），尼龙绳，聚丙烯塑料封口膜，棉塞，牛皮纸，纱布等
接种与灭菌用品	酒精灯，喷壶，紫外线灯（40W），钻孔器（T 形），接种工具架，不锈钢筛网，接种针和接种钩，手术剪（12cm、15cm、18cm），解剖刀（4 号刀柄，21～23 号刀片），手术镊（扁头镊子 20～25cm、钝头镊子 20～25cm、尖头镊子 16～25cm、枪形镊子 20～25cm 等），培养皿（ϕ6cm、ϕ9cm、ϕ12cm），无菌服，口罩，实验帽等
培养用品	培养瓶，光照培养架，荧光灯、LED 灯等
组织细胞观察与生化鉴定用具	载玻片、盖玻片，染色缸，滴瓶，烧杯，试管，玻璃试剂瓶等

（三）组培常用设备的使用

1. 超净工作台的使用

（1）构造与工作原理　超净工作台有水平风和垂直风、单人和双人之分，主要由三相电机、鼓风机、初过滤器和超过滤器、挡板、工作台面等几部分构成。通过电机带动，鼓风机将空气通过特制的微孔泡沫塑料片层叠合组成的“超级滤清器”后吹送出来，形成连续不断的无尘无菌的超净空气层流（除去了大于 0.3μm 的尘埃、真菌和幼苗孢子等），在工作台面制造无菌区，从而防止附近空气可能袭扰而引起的污染。一般设定 20～30m/min 的风速不会妨碍采用酒精灯对器械的灼烧灭菌。

（2）使用方法　①接通电源；②打开台内紫外线灯杀菌 30min；③30min 后关紫外线灯，打开风机 20min；④打开照明灯，准备接种。

（3）注意事项

① 新安装的或长期未使用的超净工作台，使用前必须对超净工作台和周围环境使用超净真空吸尘器或不产生纤维的工具进行认真的清洁工作。

② 工作台面上不要存放不必要的物品，以保持工作区内的洁净气流不受干扰。

③ 禁止在工作台面上记录，工作时应须尽量避免有明显扰乱气流的动作。

④ 定期（一般为 2 个月）用热球式风速仪测量工作区风速，如发现不符合技术要求，则可调大风机的供电电压。

2. 便携式压力灭菌锅的使用

（1）构造与工作原理　便携式压力灭菌锅由锅体、内锅、电热管、搁帘、锅盖、压力表、橡胶密封垫、放气阀、安全阀等构成。其工作原理是利用所产生的高压湿热水蒸气（温度为 121～123℃，压力为 0.10～0.15MPa）来达到杀灭细菌和真菌的目的。

（2）使用方法

① 加水装锅：打开锅盖，加入清水至超过锅底搁帘1cm左右，然后放上内锅，装入待灭菌物品，盖上锅盖，对角线拧紧螺栓。

② 通电升压，排冷空气：接通电源，使灭菌锅开始工作。当压力为0.05MPa时，打开放气阀，排放冷气，待指针回零后（根据具体情况，可反复2～3次排放冷气），关闭放气阀，使灭菌锅升温加压。

③ 保压：当压力达到0.10MPa时，开始计时，使锅内蒸汽压力保持0.10～0.15MPa的范围，维持15～30min的灭菌时间。

④ 降压排气：灭菌结束后断开电源，让锅内压力自然下降。当指针归零后打开放气阀，排放余气。

⑤ 出锅冷却：当压力表指针为零时，打开放气阀，手戴隔热手套，开锅取出灭菌物品。

（3）注意事项

① 装锅时严禁堵塞安全阀的出气孔，锅内必须留出空位，以保证水蒸气畅通。

② 采用耐热玻璃瓶灌装待灭菌液体，液体体积不超过容器体积的3/4，切勿使用未打孔的橡胶或软木瓶塞。

③ 灭菌结束后，不可久不放气，这样会引起培养基成分变化，以至培养基无法凝固。培养基灭菌结束后，也不能马上打开灭菌锅；待出锅后的培养基凝固后再转移。对高压灭菌后不变质的物品，如无菌水、栽培介质、接种用具，可以提高锅内压力，缩短灭菌时间，而对易引起化学成分变化的物体，则要严格控制灭菌温度和灭菌时间。防止灭菌时间过长带来培养基中的成分和pH等发生不利于离体材料培养的变化，灭菌温度不足则会造成灭菌不彻底，引起接种后大面积污染。

④ 委托专业人员或厂家定期检修压力表，如果压力表的指示不正确或不能回复零位，应及时更换新表。

⑤ 平时应保持设备清洁和干燥，橡胶密封垫使用日久会老化，应定期更换。

⑥ 安全阀应定期检查其可靠性，当工作压力超过0.165MPa时，需要更换合格的安全阀。

3. pH计（PHS-3C型）的使用

（1）仪器构造　精密pH计主要由控制与处理系统和电极两部分构成。在主体上有液晶显示屏、调节与控制按钮。

（2）使用方法

① 开机前准备：先将电极梗旋入电极插座，调节电极夹至适当位置，再将复合电极夹在电极夹上，拉下电极前端的电极套，用蒸馏水清洗电极，用滤纸吸干电极表面附着的水分。

② 开机：接通电源线，按下电源开关，设备预热30min后进行标定。

③ 标定：仪器使用前标定设备。如果仪器连续使用则每天要标定1次。标定方法如下。

a. 在测量电极插座处拔去短路插座，换上复合电极。

b. 将选择开关旋钮调到pH档，调节温度补偿旋钮，使旋钮白线对准溶液温度值，斜率调节旋钮顺时针旋到底（即调到100%位置）。

c. 将清洗过的电极插入pH 6.86的缓冲溶液，调节定位调节旋钮，使仪器显示读数与该缓冲溶液当时温度下的pH值一致（如用混合磷酸，定位温度为10℃时，pH选择6.92）。

d. 再将蒸馏水清洗过的电极插入pH 4.00（或pH 9.18）的标准溶液中，调节斜率旋钮，使仪器显示读数与该缓冲溶液当时温度下的pH值一致。

e. 重复c、d两步操作，直到不用再调节定位或斜率两个调节旋钮为止，标定完成。

④ 测量：当被测溶液与标定溶液的温度相同时，测量时先用蒸馏水清洗电极头部，再用被测溶液清洗1次，然后将电极浸入被测溶液中，用玻璃棒搅拌溶液，使溶液均匀，在显示屏上读出溶液的pH值。当被测溶液和标定溶液温度不相同时，在电极清洗后，先用温度计测出被测溶液的温度值，调节温度调节旋钮，使白线对准被测溶液的温度值，然后再测定溶液的pH值。

4. 电子分析天平的使用

（1）仪器构造　日本岛津进口电子分析天平主要由天平机体、称重舱、天平盘、键板（4个按键）、液晶显示屏等构成。

（2）使用方法

① 调平：天平放稳后，转动脚螺旋，使水平气泡在水平指示的红环内。

② 自检：在空载下，天平内部进行自检，显示屏上相继显示“CHE3→0，CAL4→0，CAL，END，CAL，OFF”。

③ 全显示：按“ON/OFF”键，液晶屏进入全显示态。

④ 这时再按“ON/OFF”键，液晶屏进入预热状态，有绿色指示灯显示。平时可放置在这个状态。当再启动“ON/OFF”键，又进入全显示状态。

⑤ 清零：按下“Tare”键，液晶屏显示“0.000”，进入待测状态。

⑥ 去皮重清零：将硫酸纸放在天平盘上，再按“Tare”键清零。

⑦ 称样品：将药品放在硫酸纸上，至液晶屏左侧稳定标志“→”出现，读数即为样品重量。小数点前为克（g）单位。如1.234即为1.234g。

（3）注意事项

① 天平为精密仪器，最好置于空气干燥、凉爽的房间内，严禁靠近磁性物体。

② 天平使用时双手、样品、容器及硫酸纸一定要洁净干燥，切勿将药品直接放到天平盘上；不要撞击天平所在台面，最好关闭附近的门窗，以防气流影响称重。也不要把水、金属弄到天平盘上。

③ 天平必须进入预热状态方可断电。

六、培养基及培养条件

培养基是离体植物材料生长分化的载体和介质。植物组织培养所需的各种营养物质主要从培养基中获得。

（一）培养基成分

培养基的主要成分包括水、无机盐、有机物、植物激素、培养物的支持材料五大类。

1. 水分

培养基中的主要成分是水，水是植物原生质体的组成成分，也是一切代谢过程的介质和溶剂。它是生命活动过程中不可缺少的物质。培养基中的水为外植体生长提供 O 和 H 两种元素。以科研为目的的水应采用去离子水、蒸馏水甚至重蒸水。如果以生产为目的，也可以使用水质好的自来水，以节约成本，但应注意水的硬度和酸碱度。

2. 无机盐

无机盐是植物生长发育所必需的化学元素。根据植物对无机盐需求量的多少，分为大量元素和微量元素。无论是大量元素还是微量元素，都是离体材料生长发育必需的基本营养成分，如果离体材料体内含量不足时就会产生缺素症。

（1）大量元素　大量元素有 N、P、K、Ca、Mg、S、Cl 等。在制备培养基时以 NO_3^- 态氮和 NH_4^+ 态氮两种形式供应，培养基中的磷以 PO_4^{3-} 的形式添加，常用的物质有 KH_2PO_4 或 NaH_2PO_4 等。K 与糖类合成、转移以及氮素代谢等有密切关系，常以 KCl、KNO_3 等盐类提供。

（2）微量元素　微量元素主要有 Fe、Zn、B、Mn、Cu、Mo、Co 等。虽然需求量很小，但也是必需的，浓度一般在 10^{-7}～10^{-5}mol/L，添加过多会产生毒害。微量元素大多是生物酶的辅酶或辅助因子，对调节物质代谢十分重要。

3. 有机化合物

（1）糖类　糖类提供外植体生长发育所需的碳源、能量，维持培养基一定的渗透压。其中，蔗糖是最常用的糖类，可支持许多植物材料良好生长。其使用浓度一般为 2%～5%，常用 3%，但在胚培养时可高达 15%，因为蔗糖对胚状体的发育起着重要的作用。在大规模生产时，可用食用白糖代替，以降低生产成本。

（2）维生素类　植物离体培养时不能合成足够的维生素，需要另加一至数种维生素才能维持正常生长。常用的维生素有维生素 B_1、维生素 B_6、维生素 PP、维生素 C 等，一般用量为 0.1～1.0mg/L。除叶酸需要少量氨水先溶化外，其他维生素均能溶于水。维生素 B_1 对愈伤组织的产生和生活力有重要作用；在低浓度的细胞分裂素下，特别需要添加维生素 B_1、维生素 B_6 才能促进根的生长；维生素 PP 与植物代谢和胚的发育有一定关系；维生素 C 有防止组织褐变的作用。

（3）肌醇　肌醇（环己六醇）能够促进糖类物质的相互转化，更好地发挥活性物质的作用，促进愈伤组织的生长、胚状体和芽的形成，对组织和细胞的繁殖、分化也有促进作用。但肌醇用量过多，则会加速外植体的褐化。肌醇使用浓度一般为 100mg/L。

（4）氨基酸　氨基酸是良好的有机氮源，可直接被细胞吸收利用，在培养基中含有无机氮的情况下更能发挥作用。常用的氨基酸有甘氨酸、谷氨酸、半胱氨酸以及多种氨基酸的混合物（如水解乳蛋白和水解酪蛋白）等。

（5）天然有机化合物　组织培养所用的天然有机复合物的成分比较复杂，大多含氨基酸、激素等一些活性物质，因而能明显促进细胞和组织的增殖与分化，并对一些难培养的材料有特殊作用。常用的天然有机复合物有椰乳、香蕉泥（汁）、番茄汁、苹果汁、马铃薯提取物和酵母提取液等。由于这些复合物营养非常丰富，所以培养基配制和接种时一定要十分小心，以免引起污染。

4. 植物激素

植物激素是培养基内添加的关键性物质，对植物组织培养起着决定性的作用。

（1）生长素类　常用的生长素类激素有吲哚乙酸（IAA）、吲哚丁酸（IBA）、萘乙酸（NAA）、2,4-二氯苯氧乙酸（2,4-D），其活性强弱为2,4-D>NAA>IBA>IAA，一般它们的活性比为：IAA∶NAA∶2,4-D=1∶10∶100。该类激素主要用于诱导愈伤组织形成，促进根的生长。此外，与细胞分裂素协同促进细胞分裂和伸长。此类激素中除了IAA不耐热和光，易受到植物体内酶的分解外，其他生长素激素对热和光均稳定。生长素类溶于酒精、丙酮等有机溶剂。在配制母液时多用95%酒精或稀NaOH溶液助溶。一般配成0.1～1.0mg/mL的母液储于冰箱中备用。

（2）细胞分裂素类　细胞分裂素是一类腺嘌呤的衍生物，常见的有6-苄氨基嘌呤（6-BA）、激动素（KT）、玉米素（ZT）、异戊烯腺嘌呤（2-ip）等。其活性强弱为2-ip>ZT>6-BA>KT。该类激素的主要作用为抑制顶端优势，促进侧芽的生长，当组织内细胞分裂素/生长素的比值高时，有利于诱导愈伤组织或器官分化出不定芽；促进细胞分裂与扩大，延缓衰老；抑制根的分化。因此，细胞分裂素多用于诱导不定芽分化和茎、苗的增殖。细胞分裂素对光、稀酸和热均稳定，但它的溶液常温保存时间延长会逐渐丧失活性。细胞分裂素能溶解于稀酸和稀碱中，在配制时常用稀盐酸助溶。有时购买的6-BA或其他细胞分裂素在稀酸中不能溶解，可用热蒸馏水助溶。通常配制成1mg/mL的母液，储藏在低温环境中。

（3）赤霉素　赤霉素能刺激不定胚发育成小植株，促进幼苗茎的伸长生长。赤霉素和生长素协同作用，对形成层的分化有影响，当生长素/赤霉素的比值高时有利于木质化，比值低时有利于韧皮化。另外，赤霉素还用于打破休眠，促进种子、块茎、鳞茎等提前萌发。一般在器官形成后，添加赤霉素可促进器官或胚状体的生长。赤霉素溶于酒精，配制时可用少量95%酒精助溶。它与IAA一样不耐热，需在低温条件下保存，使用时采用过滤灭菌法加入。如果采用高压湿热灭菌，将会有70%～100%的赤霉素失效。

（4）脱落酸（ABA）　ABA具有抑制细胞分裂和伸长、促进脱落和衰老、促进休眠和提高抗逆性等生理作用。研究表明，在植物组织培养中，ABA对体细胞胚的发生和发育具有重要作用，适量添加外源ABA可明显提高体细胞胚的发生频率和发育质量，抑制异常体细胞胚的发生。在多数植物的组织培养中，ABA可促进胚状体发育成熟而不萌发。ABA对部分植物组织培养中不定芽的分化也有一定的促进作用。由于ABA有促进休眠、抑制生长的作用，也常应用于植物培养物及种质资源的超低温保存。

（5）多胺（PA）　多胺主要包括腐胺（Put）、精胺（Spm）、亚精胺（Spd）及尸胺（Cad），有研究表明，多胺在调控部分植物外植体不定根、不定芽、花芽、体细胞胚的发生发育以及延缓原生质体衰老、促进原生质体分裂及细胞形成等方面均具有明显的效果。

(6) 多效唑　多效唑又名氯丁唑或 PP-33，是一种高效低毒的植物生长调节剂，也是近年来应用最普遍的植物生长延缓剂，兼有广谱内吸杀菌作用。多效唑（padobutrazol）一般具有控制矮化，促进分枝、分蘖，促进生根，促进成花和坐果，延缓衰老，提高叶绿素含量，增强植物抗逆性等生理效应。在组织培养中，主要用于试管苗的壮苗、生根，提高抗逆性及移栽成活率等方面。多效唑主要通过抑制赤霉素的生物合成发挥生理效应。

在植物组织培养中应用的其他生长物质还有油菜类内酯、茉莉酸、水杨酸等，特别是茉莉酸及其甲酯、水杨酸，对诱导试管鳞茎、球茎、块茎及根茎等变态器官的形成和生长有明显的促进作用。

5. 培养物的支持材料

① 琼脂是一种从海藻中提取的高分子糖类，溶解在热水中成为溶胶，冷却至 40℃时即凝固，成为凝胶。其本身并不提供任何营养，是固体培养时最好的固化剂。市售的琼脂有琼脂条和琼脂粉两种商品类型。前者价格便宜，但杂质较多，凝固力差，煮化时间长，用量较多；后者纯度高，凝固力强，煮化时间短，但价格略高。综合考虑以购买进口的大包装琼脂粉最经济。

② 玻璃纤维、滤纸桥等也可替代琼脂。其中，滤纸桥法（图 4-8）在解决生根难的问题上经常采用。其方法是将一张滤纸折叠成 M 形，放入液体培养基中，再将培养材料放在 M 形的中间凹陷处，这样培养物可通过滤纸的虹吸作用不断地从液体培养基中吸收营养和水分，又可保持有足够的氧气。

图 4-8　滤纸桥培养茎尖
（引自 Bbojwani 和 Razdan，1996）

6. 其他

(1) 活性炭　培养基中加入活性炭的目的主要是利用其吸附性，减少一些有害物质的不利影响，如能够吸附一些酚类物质，能够减轻组织的褐化（在兰花组培中作用效果明显）。此外，创造暗环境，有利于某些植物的生根。但是活性炭的吸附性没有选择性，既能吸附有害物质也能吸附有益物质，尤其是活性物质，因此使用时应慎重。此外，高浓度的活性炭会削弱琼脂的凝固能力。所以，添加活性炭要适当提高培养基中琼脂的用量。

(2) 抗生素　在培养基中添加抗生素的主要目的是防止外植体内生菌造成的污染。在表面灭菌达不到灭菌效果时，可考虑使用头孢唑啉钠、头孢曲松钠等抗生素类物质，其用量一般为 5～20mg/L。

(二) 培养基的种类与特点

1. 培养基的种类

根据态相不同，培养基分为固体培养基与液体培养基。固体培养基与液体培养基的主要区别在于培养基中是否添加了凝固剂；根据培养阶段不同，可分为初代培养基、继代培养基和生根培养基；根据培养进程和培养基的作用不同，分为诱导（启动）培养基、增殖（扩繁）培养基及壮苗生根培养基；根据其营养水平不同，分为基本培养基和完全培养基。基本培养基即平常所说的培养基，如 MS、White 培养基。完全培养基由基本培养基添加适宜的激素和有机附加物组成。对培养基的某些成分进行改良而成的培养基称为改良培养基。

2. 常用培养基的特点

虽然基本培养基有许多类型，但在组培试验和生产中应根据植物种类、培养部位和培养目的的不同而选用不同的基本培养基，因为不同的培养基具有不同的特点和适用范围。常用的基本培养基的配方及特点见表 4-5 和表 4-6。

表 4-5　几种常用的培养基配方

化合物名称	培养基含量/(mg/L)						
	MS	White	B_5	WPM	N_6	Knudson C	Nitsch
NH_4NO_3	1650						720
KNO_3	1900	80	2527.5	400			950
$(NH_4)_2SO_4$			134		2830	500	
$NaNO_3$					463		
KCl		65					
$CaCl_2 \cdot 2H_2O$	440		150	96	166		166
$Ca(NO_3)_2 \cdot 4H_2O$		300		556		1000	
$MgSO_4 \cdot 7H_2O$	370	720	246.5	370	185	250	185
K_2SO_4				900			
Na_2SO_4		200					
KH_2PO_4	170			170	400	250	68
K_2HPO_4							
$FeSO_4 \cdot 7H_2O$	27.8			27.8	27.8	25	27.85
Na_2-EDTA	37.3			37.3	37.3		37.75
Na_2-Fe-EDTA			28				
$Fe_2(SO_4)_3$		2.5					
$MnSO_4 \cdot H_2O$				22.3			
$MnSO_4 \cdot 4H_2O$	22.3	7	10		4.4	7.5	25
$ZnSO_4 \cdot 7H_2O$	8.6	3	2	8.6	1.5		10
$CoCl_2 \cdot 6H_2O$	0.025		0.025				0.025
$CuSO_4 \cdot 5H_2O$	0.025	0.03	0.025	0.025			
MoO_3							0.25
$Na_2MoO_4 \cdot 2H_2O$			0.25	0.25			
KI	0.83	0.75	0.75		0.8		10
H_3BO_3	6.2	1.5	3	6.2	1.6		
$NaH_2PO_4 \cdot H_2O$		16.5	150				
烟酸(维生素 PP)	0.5	0.5	1	0.5	0.5		
盐酸吡哆醇	0.5	0.1	1	0.5	0.5		
盐酸硫胺素	0.1	0.1	10	0.5	1		
肌醇	100		100	100			100
甘氨酸	2	3		2	2		
pH	5.8	5.6	5.5	5.8	5.8	5.8	6.0

表 4-6　常用基本培养基的比较（引自王振龙，2010）

基本培养基名称	培养基特点	主要适用范围
MS	无机盐和离子浓度较高，为较稳定的平衡溶液。其中钾盐、铵盐和硝酸盐含量较高	广泛用于植物的器官、花药、细胞和原生质体培养
B_5	含有较高的钾盐和盐酸硫胺素，但铵盐含量低，这可能对有些培养物的生长有抑制作用	南洋杉、葡萄等木本植物及豆科、十字花科植物的培养
White	无机盐含量较低，但提高了 $MgSO_4$ 的浓度和增加了硼	生根培养

续表

基本培养基名称	培养基特点	主要适用范围
N_6	成分较简单，但 KNO_3 和 $(NH_4)_2SO_4$ 含量高	小麦、水稻及其他植物的花药培养等
KM-8P	有机成分较复杂，包括所有的单糖和维生素	禾谷类和豆科植物的原生质体融合的培养
WPM	硝态氮和Ca、K含量高，不含碘和锰	木本植物的茎尖培养

【任务实施】

一、任务准备

（一）材料准备

1. 外植体种类

（1）带芽外植体　茎尖的顶芽、腋芽、根和根茎的萌芽等。茎尖是最常用的外植体，因为茎尖不仅生长速度快、繁殖率高，而且遗传稳定，还可以通过脱毒获得无病毒苗木。以茎尖为外植体是植物离体快繁以芽生芽的最好途径。

（2）胚　指自然状态和在试管中精卵受精后形成的各个时期的胚。其特点是带有极其幼嫩的分生组织细胞，非常适宜进行组织培养。

（3）分化的器官组织　嫩茎、嫩叶、鳞片、形成层、根、花瓣、花萼、珠心等，叶片和叶柄是常用的外植体。

（4）花粉及雌配子体中的单倍体细胞。

2. 外植体的选择

（1）再生能力强　一般而言，分化程度越高的细胞，脱分化越难，再生能力越弱。因此，在外植体的选择上，应该尽量选择未分化或分化程度较低的植物材料。

（2）遗传稳定性好　应选取不易变异的品种及该品种不易发生变异的组织或器官。

（3）来源丰富　建立一个高效而稳定的植物组织培养体系，需要反复试验，并要求结果具有可重复性。

（4）灭菌容易。

（5）外植体的大小　一般选择的外植体大小可以在0.5～1cm。外植体太大容易污染，过小不容易启动或启动后仅仅产生愈伤组织或容易褐化死亡。培养脱毒苗时，应选用较小的外植体，一般在0.2～0.5cm。

（二）工具准备

电子分析天平、托盘天平、磁力搅拌器、高压灭菌锅、电磁炉、烧杯、棕色细口瓶（1000mL 3个、500mL 2个、100mL 4个）、量筒100mL 1个、移液管（0.1mL、0.5mL、2mL、10mL各1支）、吸耳球1个、定容瓶1000mL 1支、小烧杯1支、三角瓶（100mL）40支、玻璃棒、封口膜及线绳若干、pH试纸等。

二、组培快繁育苗操作流程图

见图 4-9。

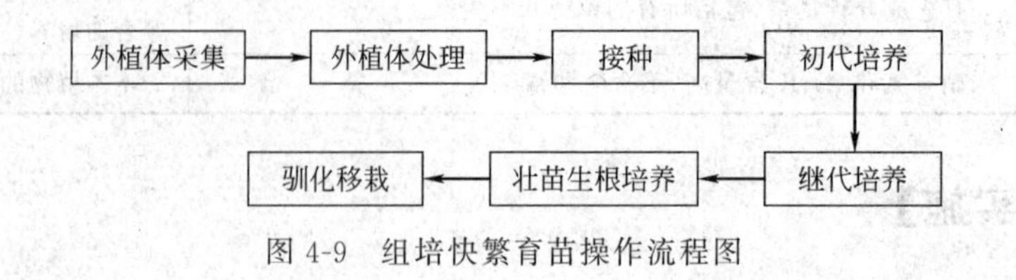

图 4-9 组培快繁育苗操作流程图

三、操作步骤

蝴蝶兰组培苗（克隆苗）生产过程见彩图 45。

(一) 培养基的制备

1. 培养基的配制

配制培养基有两种方法可以选择，一是购买培养基中的所有化学药品，按照需要自行配制；二是直接购买商品干粉培养基，如 MS、B_5 培养基。目前，国内实验室和一些组培企业多是自行配制培养基，以控制试验和生产成本。

（1）母液的配制　配制培养基是组织培养日常必做的工作之一。通常先将各种药品配制成浓缩一定倍数的母液（又称浓缩储备液）。提前配制培养基母液，不但节省配制时间，而且能够保证配制的准确性和快速移取，有效提高工作效率，也方便培养基的短期低温保藏。根据营养元素的类别与化学性质的不同，分别配成大量元素母液（浓缩 10～20 倍）、微量元素母液（浓缩 100～200 倍）、铁盐母液（浓缩 100～200 倍）、有机物母液（浓缩 50～200 倍，不含糖类化合物）和激素母液（0.5～1.0mg/mL），冷藏（2～4℃）于冰箱内备用。注意母液保存时间不要过长，大量元素母液最好 1 个月内用完。如发现母液有混浊或沉淀现象发生，则弃之勿用。

基本培养基母液的配制方法是根据配方要求分别计算各种母液的配制量，然后按照配制量及浓度扩大倍数分别配制各种母液。母液配制一般操作流程见图 4-10。铁盐母液配制简单，只是先将 Na_2-EDTA 和 $FeSO_4$ 分别溶解，然后将 Na_2-EDTA 溶液缓慢倒入 $FeSO_4$ 溶液中，充分搅拌并加热 5～10min，使二者充分螯合即可。

激素母液的配制方法是分别称取生长素类（IBA、NAA、2,4-D）、细胞分裂素类（KT、ZT、6-BA）和赤霉素（GA）各 50～100mg，然后将生长类激素用少量 0.1mol/L NaOH 或 95%酒精溶液溶解；将细胞分裂素用少量 0.1mol/L 的 HCl 溶液加热溶解；将赤霉素用 95%酒精溶解，然后用蒸馏水或去离子水分别定容至 100mL，摇匀即成 0.5～1mg/mL 的各种激素类母液。

母液配制时，一是要注意母液配制所需的水源为蒸馏水或去离子水；二是组培药品选用

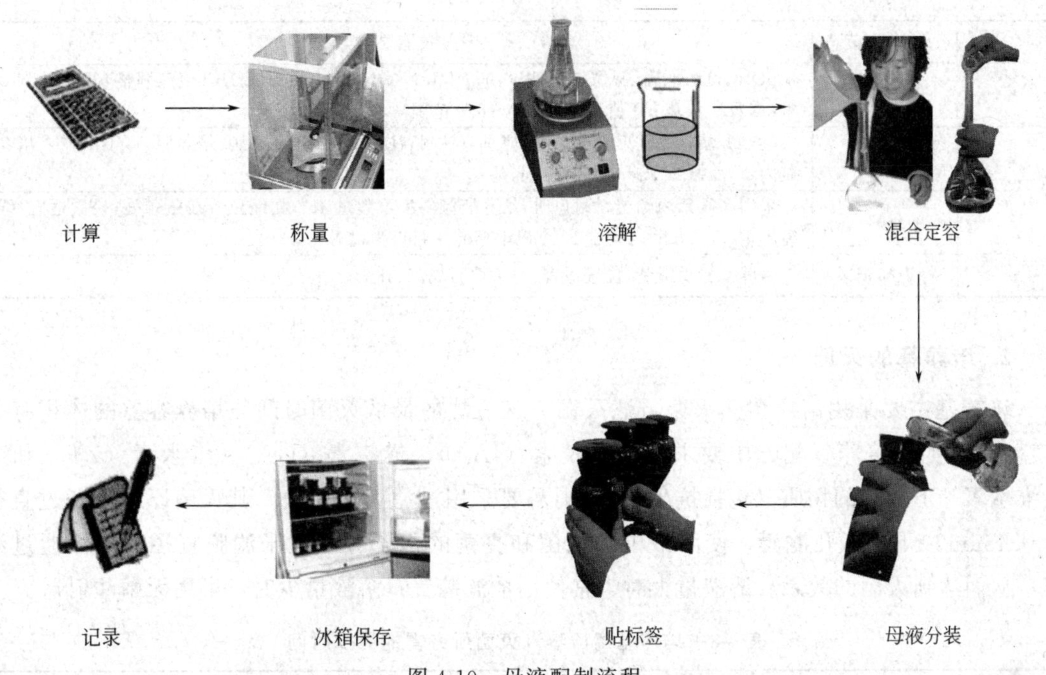

图 4-10　母液配制流程

分析纯或化学纯试剂；三是药品称量、定容要准确，标识要清晰，记录填写规范、全面；四是在配制大量元素母液时，注意母液浓度和组培药品的混合顺序，避免因母液浓度过高和大量元素溶液混合顺序不当而产生沉淀；五是注意激素母液浓度不能过高，否则容易产生结晶，影响配制精确度。

（2）培养基的配制　固体培养基的配制流程见图 4-11。培养基配制的操作要求见表 4-7。如果大量配制培养基时，可用白砂糖替代蔗糖，并且用自来水配制。

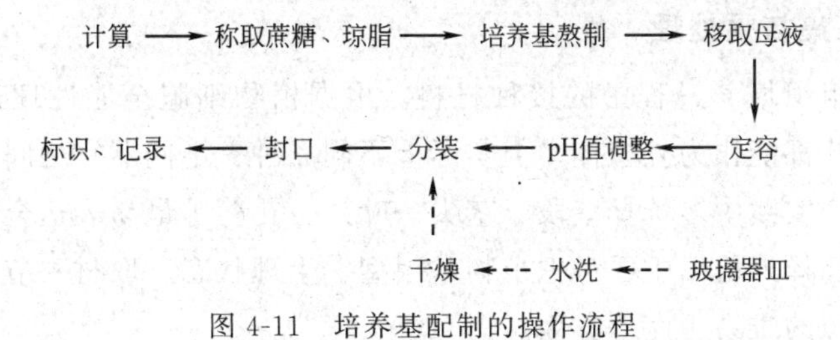

图 4-11　培养基配制的操作流程

表 4-7　培养基配制各技术环节的技能要求

序号	技术环节	技能要求
1	计算	培养基的配制量及母液移取量计算准确
2	称量	称量操作规范、熟练、准确
3	培养基熬制	先旺火迅速烧开，再用文火煮溶；熬制时不断搅拌以防煳锅；熬好的液体培养基澄清透明
4	移取母液	移液管与母液瓶一一对应；移取准确；一次性移取；不滴不漏；母液不能吸入吸耳球内。2min 内移完母液
5	定容	操作规范、迅速；液体培养基的凹面与刻度线卡齐

续表

序号	技术环节	技能要求
6	pH值调整	pH值检测准确，操作熟练；用0.1mol/L NaOH或0.1mol/L HCl溶液调整pH值达到要求（多数培养基pH值控制在5.8～6.0范围）
7	分装	趁热分装。用注射器分装时，应垂直注射；注射器头部不能触及培养瓶口，不能伸入培养瓶内；培养瓶口干净，无残留培养基
8	封口	采用高压聚丙烯塑料封口时，培养瓶倾斜度不超过45°；扎绳位置在瓶颈处，松紧适宜，线绳不重叠。1min内完成10个以上培养瓶封口为优秀
9	标识与记录	培养基标识清楚，位置适宜；记录填写规范、齐全

2. 培养基的灭菌

培养基主要采用高压湿热灭菌方法灭菌。该方法的最低灭菌时间与培养容器的体积有关（表4-8）。如果培养基配方中要求加入生长素（IAA）、赤霉素（GA）、玉米素（ZT）和某些维生素等不耐热的物质（包括抗生素），则需要采用过滤灭菌方法。其灭菌原理是通过直径为0.45μm以下的微孔滤膜，使溶液中的细菌和真菌的孢子等因大于滤膜直径而无法通过滤膜，从而达到灭菌的效果。溶液量大时，常使用抽滤装置；溶液量少时，可用无菌注射器。

表4-8 培养基高压蒸汽灭菌所必需的最少时间

容器的体积/mL	在121℃灭菌所需最少时间/min
20～50	15
75～150	20
250～500	25
1000	30

（二）初代诱导培养

1. 外植体的采集与预处理

外植体是植物组织培养过程中的接种材料。根据植物细胞全能性理论，任何器官、组织、细胞和原生质体都能作为外植体。但实际上不同品种、不同器官之间的分化能力存在较大差异。因此，生产实践中多选择茎段、茎尖、叶片、花药等最易表达全能性的部位作为组培快繁的外植体。选择外植体主要考虑植物基因型、生理状态、取材季节、取材部位、外植体大小、外植体来源的难易程度等方面。

为减少从室外直接取回的接种材料所带有的泥土和杂菌，减少接种后污染及促进接种材料的分化等，往往先对材料进行必要的预处理。组培实践中可以结合外植体的种类与特点采取不同的处理方法，见表4-9。

表4-9 外植体预处理的方法与效果

处理方式	具体做法	效果
喷杀虫剂、杀菌剂及套袋	提前选定枝条等取材部位，对取材部位喷施杀虫剂、杀菌剂，然后套上白色塑料袋，并用线绳扎住，待长出新枝条后再采样（图4-12）	降低污染率
室内盆栽	挖取小植株，剪除一些不必要的枝条后，改为盆栽，喷杀虫剂和杀菌剂，在室内或置于人工气候室内培养（图4-13）	降低污染率

续表

处理方式	具体做法	效果
黄化处理	提前选定枝条等取材部位，对取材部位喷施杀虫剂、杀菌剂，然后套上黑色塑料袋，并用线绳扎住，待长出新枝条后再采样	降低污染、褐化率
低温处理	将采回的外植体材料置于4℃ 1～7天	降低污染、褐化率

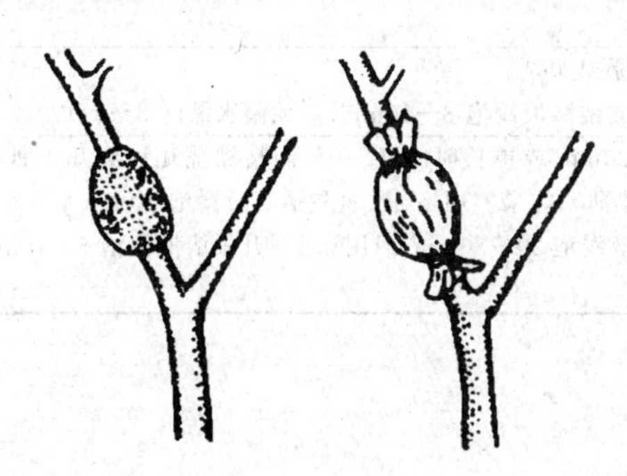

图 4-12　枝条套袋

图 4-13　印度橡皮树在人工气候室预培养

外植体表面灭菌前，预先进行必要的修整，以方便材料表面消毒灭菌和外植体剪切。当外植体表面灭菌后再进行二次修整，以达到外植体接种的规格要求。不同外植体的修整方法见表 4-10。

表 4-10　常用外植体的修整方法

外植体类型	修整方法
茎尖、茎段	剪或切除枝条上的叶片、叶柄及刺、卷须等附属物；软质枝条用软毛刷蘸肥皂水刷洗，硬质枝条用刀刮除枝条表面的蜡质、油质、茸毛等；枝条剪成带2～3个茎节的茎段，长4～5cm
叶片	叶片带油脂、蜡质、茸毛，可用毛笔蘸肥皂水刷洗；较大叶片可剪成若干带叶脉的叶块，大小以能放入冲洗用容器即可
果实、种子、胚乳	一般不用修整，直接冲洗消毒。对于种皮较硬的种子可去除种皮，预先用低浓度的盐酸浸泡或机械磨损

即使经过预处理的外植体表面仍附着大量的微生物，这是组织培养的一大障碍。因此，在接种前必须进行灭菌处理。外植体灭菌的原则是既要把材料表面上的各种微生物杀灭，同时又不能损伤或只轻微损伤组织材料而不影响其生长。目前使用的灭菌剂种类较多，实践中可根据具体情况从表 4-11 中选用 1～2 种灭菌剂。灭菌剂除了氯化汞可以短期储用外，其他应在使用前临时配制。外植体表面灭菌的操作流程与灭菌方法分别见图 4-14 和表 4-12。

表 4-11　组织培养常用灭菌剂的灭菌原理与实施效果的比较

灭菌剂	使用浓度	灭菌时间/min	去除的难易	效果	灭(抑)菌原理
酒精	70%～75%	0.5～2	易	好	使菌体蛋白质变性，使淀粉酶失去活性
过氧化氢	10%～12%	5～10	最易	好	分解中释放的初生态氧破坏菌体蛋白质
漂白粉	饱和溶液	5～30	易	很好	利用分解产生的氯气杀菌
次氯酸钙	9%～10%	同上	同上	同上	同上
次氯酸钠	0.7%～2%	同上	同上	同上	同上
氯化汞	0.1%～0.5%	3～10	较难	最好	使蛋白质变性，酶失活
抗生素	4～50mg/L	30～60	中	较好	抑制病原微生物的代谢

表 4-12 不同外植体的灭菌方法

外植体类型	灭菌方法
茎尖、茎段及叶片	①流水冲洗后用肥皂、洗衣粉或吐温洗涤；②70%酒精浸泡数秒；③根据材料老嫩和枝条的坚实程度，用2%～10%的次氯酸钠溶液（加或不加吐温-80）浸泡10～15min，或者用0.1%～0.2%的升汞消毒3～10min；④无菌水漂洗3～5次
花药	①70%酒精浸泡数秒；②无菌水冲洗2～3次；③饱和漂白粉滤液中浸泡10min；④无菌水漂洗2～3次
胚及胚乳	方法一：成熟或未成熟的种子消毒后剥离出胚或胚乳 方法二：①去除种皮后，用4%～8%的次氯酸钠溶液浸泡8～10min；②无菌水漂洗3～5次
果实及种子	①根据果实和种子清洁度，流水冲洗10～20min或更长时间；②70%酒精漂洗几秒到几十秒钟（取决于果实和种子的成熟度与果皮、种皮的厚薄）；③果实用2%次氯酸钠溶液浸泡10min后，无菌水冲洗2～3次；④种子用10%的次氯酸钠溶液浸泡20～30min，或用0.1%升汞溶液浸泡5～15min后，无菌水漂洗3～5次

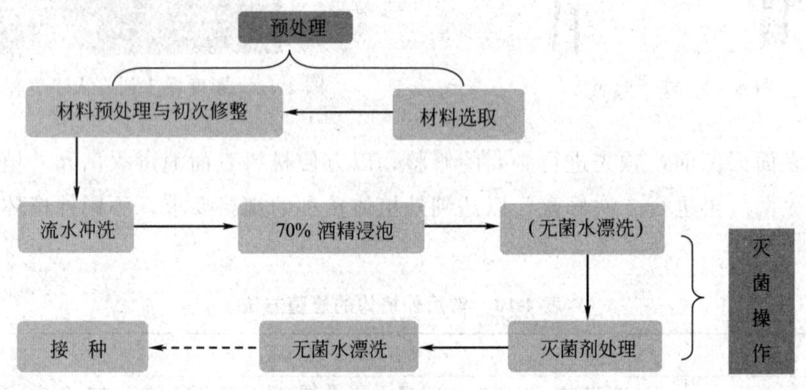

图 4-14 外植体表面灭菌处理流程图

2. 无菌操作

(1) 无菌操作规程

① 接种前4h接种室灭菌。

② 接种前20min打开紫外线灯。

③ 接种员洗手，在缓冲间换鞋、穿实验服。

④ 关闭紫外线灯，打开日光灯及风机，擦拭双手及台面。

⑤ 擦拭接种工具并反复灼烧，烘烤培养皿。

⑥ 按接种程序操作（图 4-15）。

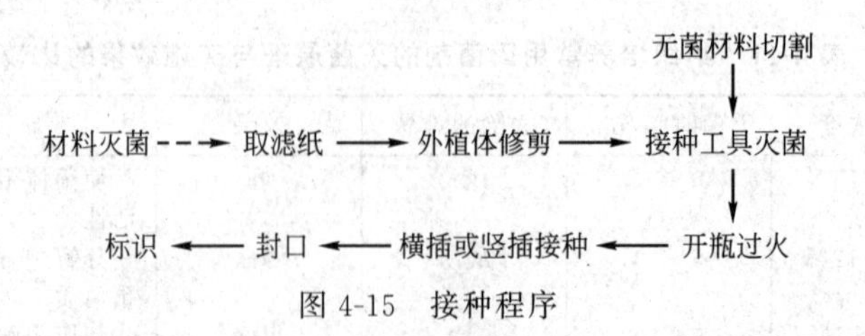

图 4-15 接种程序

⑦ 接种操作结束后做标识，清理台面，填写记录。

(2) 无菌操作要求

① 接种前的准备。接种前对接种室及超净台要进行彻底灭菌；接种用品准备齐全、摆

放合理；用70%酒精浸泡过的酒精棉球擦拭双手、台面，最好按一定的顺序和方向来操作；接种材料彻底灭菌（图4-16）。

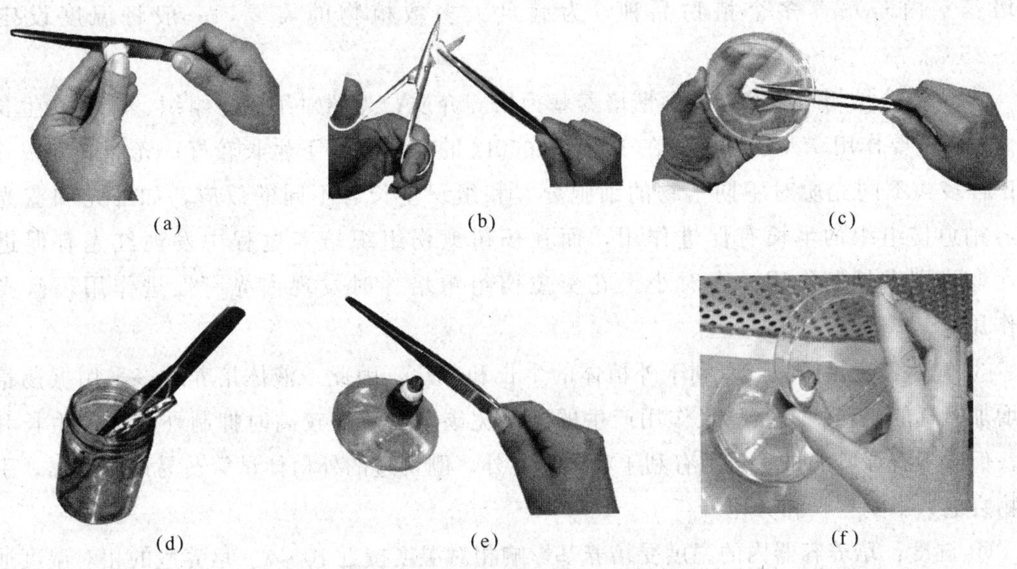

(a)　(b)　(c)　(d)　(e)　(f)

图4-16　培养皿及接种工具的消毒灭菌

(a)～(c) 涂抹消毒；(d) 浸泡消毒；(e)、(f) 灼烧灭菌

② 接种操作。外植体修剪符合接种的规格要求（如带节茎段1.0～1.5cm、要求节上1/3、节下2/3，叶片0.5cm×0.5cm，微茎尖0.2～0.5mm）；采取适宜的接种方法（见图4-17和图4-18）接种。

③ 接种后续工作。标识位置适宜、表达清楚（在培养容器的器壁上标明接种材料的名称缩写、接种日期）；彻底清理台面，填写接种记录。

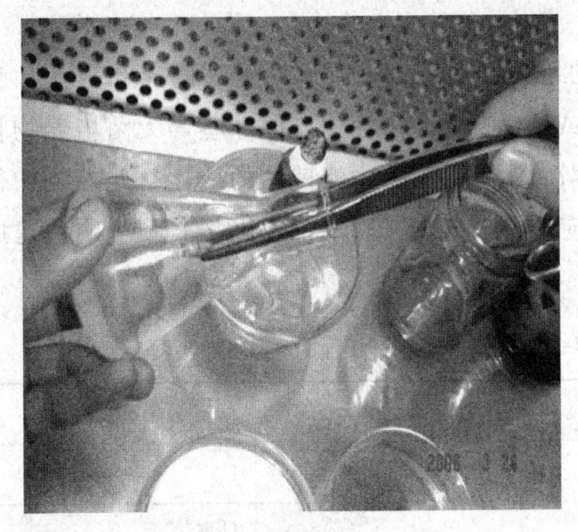

图4-17　横插法

图4-18　竖插法

3. 培养

(1) 培养条件　温度、光照、湿度、气体、培养基渗透压及pH等调控着植物材料的生长发育和分化。

① 温度：温度是影响外植体生长和分化的重要因素之一。不同种类的植物对温度的要求各异，如山葵的最适温度在18℃左右，而菠萝在28～30℃条件下长势良好；一个培养室内若培养多个植物品种，为满足大多数植物的需要，一般将温度设定为23～25℃。

② 光照：植物组织培养以含糖培养基为培养介质，光照对细胞、组织、器官的生长及分化发挥重要作用。大多数植物在3000～4000lx的光照强度下生长较好；光照时间以15～16h居多。不同光质对不同植物的细胞分裂和组织生长有不同的效应，如红光和蓝光对石刁柏愈伤组织的生长有促进作用，而在杨树愈伤组织培养过程中发现红光有促进作用而蓝光则有抑制作用；在对小天花葵愈伤组织培养时发现白光有促进作用，蓝光则无作用。

③ 气体：充足的氧气有利于外植体的生长和分化，因此，液体培养时多采用振荡培养以增加氧气的供应；植物呼吸作用产生的二氧化碳，当浓度较高时抑制外植体的生长和分化，但对于有绿叶的试管苗则有利于壮苗。此外，刚切过的外植体试管苗易产生乙烯，引起植物衰老，影响生长和分化。

④ 湿度：培养容器内的湿度受培养基影响相对湿度接近100%。培养室的相对湿度通常控制在70%～80%，过高易引起霉菌滋生，导致试管苗污染，过低影响培养容器内的水分蒸发，从而影响容器内的湿度。

⑤ 培养基的渗透压：培养材料通过渗透压从培养基中吸取营养，植物细胞的渗透压与培养基渗透压相等或略低时，细胞才能吸收到营养。培养基中的蔗糖和无机盐影响到渗透压的变化，多数植物适宜的糖浓度为2%～6%。

⑥ pH：pH直接影响培养材料对养分的吸收，从而影响芽的生长和增殖。不同植物对pH的要求不同，大多数植物在pH 5.5～6.5能正常生长和分化，培养基pH通常调节到5.6～6.0，能满足大多数植物培养的需要。

（2）初代培养　经过灭菌的外植体在适宜的培养条件下经过4～6周的诱导和分化，获得的愈伤组织、不定芽（丛生芽）、无菌短枝（或称茎梢）、胚状体或原球茎等无菌培养物将由初代培养阶段过渡到增殖培养阶段。初代培养阶段应密切关注外植体的变化。此外，初代培养阶段常出现一些异常问题，针对这些问题应采取应对措施，保证组培体系的顺利建成（表4-13和表4-14）。

表4-13　初代培养的组培苗观察内容

观察项目	观察内容	观察方法
外植体颜色	接种后外植体颜色是否变白、黄等	目视
外植体形态	外植体伤口处是否膨大、皱缩、凸起等	目视
污染率	污染的外植体总数/接种总数×100%，反映灭菌效果	目视
外植体成活率	成活的外植体总数/接种总数×100%	目视
愈伤组织诱导	愈伤组织形成时间；长势；长相：颜色、形态、质地、大小、位置；组织细胞有无变异；诱导率	目视；照相；显微镜观察；计算

表 4-14　初始培养阶段的常见问题与调控措施

常见问题	产生原因	调控措施
培养物长期培养几乎无反应	基本培养基不适宜，生长素不当或用量不足，温度不适宜	更换基本培养基或调整培养基成分，尤其是调整盐离子浓度，增加生长素用量，试用 2,4-D，调整培养温度
培养物呈水渍状、变色、坏死、茎断面附近干枯	表面杀菌剂过量，消毒时间过长，外植体选用不当(部位或时期)	调换其他杀菌剂或降低浓度，缩短消毒时间，试用其他部位，生长初期取材
愈伤组织过于致密、平滑或突起，粗厚，生长缓慢	细胞分裂素用量过多，糖浓度过高，生长素过量	减少细胞分裂素用量，调整细胞分裂素与生长素比例，降低糖浓度
愈伤组织生长过旺、疏松，后期水浸状	激素过量，温度偏高，无机盐含量不当	减少激素用量，适当降低培养温度，调整无机盐(尤其是铵盐)含量，适当提高琼脂用量，增加培养基硬度
侧芽不萌发，皮层过于膨大，皮孔长出愈伤组织	枝条过嫩，生长素、细胞分裂素用量过多	减少激素用量，采用较老化枝条
培养基和材料变褐	产生原因及调控措施参考本节内容	

（三）继代增殖培养

通过初代培养所获得的不定芽、茎梢、胚状体或原球茎等无菌材料被称为中间繁殖体。中间繁殖体由于数量有限，需要将其切割、分离后转移到新的培养基中培养增殖，这个过程称为增殖培养（也称继代培养）。该阶段是植物快繁的重要环节，其目的是增加中间繁殖体的数量，最后能达到边繁殖边生根的目的。因此，该阶段应着重观察组培苗的增殖系数、生长状态及变异情况（表 4-15、表 4-16）。

表 4-15　增殖培养阶段组培苗观察

观察项目	观察内容	观察方法
不定芽的分化	不定芽开始分化时间；分化率和增殖率、增殖系数	目视；照相；显微镜观察；计算
不定芽的生长	长势；长相：数量、颜色、形态、大小、位置、苗高；组织细胞有无变异	目视；照相；显微镜观察；计算

表 4-16　增殖培养阶段的常见问题与调控措施

常见问题	产生原因	调控措施
苗分化数量少，速度慢，分枝少，个别苗生长细高	细胞分裂素用量不足，温度偏高，光照不足	增加细胞分裂素用量，适当降低温度，改善光照，改单芽继代为团块(丛芽)继代
苗分化过多，生长慢，有畸形苗，节间极短，苗丛密集，微型化	细胞分裂素用量过多，温度不适宜	减少或停用细胞分裂素一段时间，调节温度
分化率低，畸形，培养时间长时苗再次愈伤组织化	生长素用量偏高，温度偏高	减少生长素用量，适当降温
叶增厚变脆	生长素用量偏高，或兼有细胞分裂素用量偏高	适当减少激素用量，避免叶片接触培养基。
幼苗淡绿，部分失绿	无机盐含量不足，pH 值不适宜，铁、锰、镁等缺少或比例失调，光照、温度不适	针对营养元素亏缺情况调整培养基，调好 pH 值，调控温度、光照

续表

常见问题	产生原因	调控措施
幼苗生长无力、发黄、落叶，有黄叶、死苗夹于丛生芽苗中	瓶内气体状况恶化，pH值变化过大，久不转接导致糖已耗尽，营养元素亏缺失调，温度不适，激素配比不当	及时转接，降低接种密度，调整激素配比和营养元素浓度，改善瓶内气体状况，控制温度
再生苗的叶缘、叶面偶有不定芽的分化	细胞分裂素用量偏高，或表明该种植物不适于该种再生方式	适当减少细胞分裂素用量，或分阶段地利用这一再生方式
丛生苗过于细弱，不适于生根或移栽	细胞分裂素浓度过高或赤霉素使用不当，温度过高，光照短，光强不足，久不转移，生长空间窄	减少细胞分裂素用量，不用赤霉素，延长光照时间，增强光照，及时转接，降低接种密度，更换封瓶纸的种类

(四) 壮苗生根培养

通过增殖培养形成的大量无根芽苗，需要进一步诱导生根。试管芽苗生根的好坏是移栽成活的关键，因此，在生根培养阶段应着重观察生根时间、生根数量、根的色泽等指标，见表4-17。一般来说，草本植物比木本植物易生根，而且在生根阶段也常见不生根及根部畸形等问题，见表4-18。

表4-17　生根培养阶段的组培苗观察

观察项目	观察内容	观察方法
生根率	反映生根效果，生根率＝生根苗数/生根培养总苗数×100%	目视；计算
根的长势	发根时间、根生长量、根发达程度等	目视；照相；显微镜观察；计算
长相	根长、根数、根粗、根色、位置等	目视；照相；显微镜观察；计算

表4-18　生根阶段的常见问题与调控措施

常见问题	产生原因	调控措施
培养物久不生根，基部切口没有适宜的愈伤组织	生长素种类、用量不适宜；生根部位通气不良；生根程序不当；pH值不适，无机盐浓度及配比不当	改进培养程序，选用适宜的生长素或增加生长素用量，适当降低无机盐浓度，改用滤纸桥液体培养生根等
愈伤组织生长过快、过大，根茎部肿胀或畸形，几条根并联或愈合	生长素种类不适，用量过高，或伴有细胞分裂素用量过高，生根诱导培养程序不对	调换生长素种类或几种生长素配合使用，降低使用浓度，附加维生素B_2或PG等，减少愈伤组织，改变生根培养程序等

(五) 组培苗驯化和移栽

试管苗驯化移栽是植物组织培养的重要环节，这个环节做不好，组织培养就会前功尽弃。试管苗与实生苗在生长环境及形态结构和功能上存在较大差异（表4-19、表4-20），因此，必须经过适应外界环境的驯化阶段来提高试管苗移栽的成活率。

表4-19　试管苗与实生苗生态环境的比较

生境	光照	温度	相对湿度	养分	气体	菌态
试管苗	弱，易调控	适宜且恒定	高湿	丰富	光下CO_2低，有害气体含量高	无菌
实生苗	强，波动大	波动性大	较低，波动大	较贫瘠	各种气体成分较恒定	有菌

表 4-20　试管苗与实生苗在形态结构与功能上的差异

幼苗类型	叶片及其功能	根系及其功能
试管苗	角质层薄，水孔多，气孔的生理活性差，保水能力差；叶绿体的光合性能差	根系不发达，吸水能力差
实生苗	角质层较厚，水孔少，气孔的生理活性强；叶绿体的光合性能好	根系发达，吸水能力强

当试管苗经过3～7天的驯化后，便可进行移栽，但移栽前应做好各项准备工作（表4-21）。

表 4-21　试管苗移栽前的准备工作

准备工作	工作内容
确定移栽时期	移栽时期最好选择该种植物的自然出苗季节，这样容易成活，又能保证及时开花，如菊花宜在春末夏初移栽，不但移栽成活率高，且能当年开花
移栽设施	移栽容器；搭建拱棚等
移栽基质	提前3天进行基质混配、消毒

（六）温室幼苗管理

移栽后试管苗成活率的高低，除与苗自身素质有一定关系外，移栽后的管理是否得当也对试管苗的成活率产生非常重要的影响。移栽后常出现成活率低等问题，为提高成活率常需采取一些措施（表4-22）。

表 4-22　移栽成活率低的常见原因与应对措施

常见问题	产生原因	调控措施
组培苗质量差	培养基不适宜，试管苗细长、黄化，根系发育不良，试管苗老化	培育高质量组培苗；及时出瓶，尽快移栽
环境条件不适	基质湿度过大、环境温度过高或过低	改善环境条件
管理不精细	管理人员责任心差	采取配套的管理措施，加强过渡苗的肥水管理和病虫害防治

【任务考核】

考核项目	考核点		检测标准	配分	得分	备注
组培快繁育苗	技能要点考核（60分）	培养基的配制与灭菌技术	各阶段培养基成分合理，制备方法正确、熟练	10		
		外植体选择与预处理技术	材料选取恰当；预处理方法正确、熟练	5		
		无菌操作技术	材料消毒及初代、继代、生根培养时材料切割、接种等操作方法准确、熟练	20		
		培养条件管控技术	培养条件管控合理	5		
		组培苗驯化移栽技术	方法正确、熟练	10		
		温室幼苗管理	日常管理正确、及时	10		
	素质考核（20分）	工作态度	认真学习基本理论，认真操作、记录总结	10		
		团结协作	分工合作、团结互助，并起带头作用	10		
	成果考核（20分）	组培苗质量	所培育出来的组培苗大小适中、健康、符合市场标准	20		

【拓展知识】 组培快繁过程中常出现的问题及解决方法

一、褐变苗的识别与防治方法

褐变（又称褐化）是指培养材料向培养基释放褐色物质，致使培养基逐渐变褐（彩图46），培养材料也随之变褐甚至死亡的现象。一般来说，木本植物比草本植物易褐变，能够准确识别褐变并分析褐变原因才能有效地预防褐变的发生（表4-23）。

表4-23 褐变的识别及防治措施

褐变苗的识别	褐变原因	防治措施
早期培养材料伤口处有褐色物质渗出，将培养基变成褐色；后期材料变褐死亡	植物种类和品种；外植体的生理状态、取材季节与部位：老熟组织较幼嫩组织易褐变，夏季取材比冬春季取材易发生褐变；培养基成分：高无机盐浓度、高细胞分裂素水平易发生褐变；材料长期不转移、外植体过小伤口过大易发生褐变	尽量冬春季节采集幼嫩的外植体，最好进行20～40天的遮光处理或暗培养；使用抗氧化剂如维生素C、聚乙烯吡咯烷酮、半胱氨酸、硫代硫酸钠、柠檬酸、活性炭等；降低无机盐或细胞分裂素的水平，加快继代转瓶速度；减少外植体的受损面积，且创伤面尽量平整

二、试管苗玻璃化识别与防治方法

当植物材料不断地进行离体繁殖时，有些培养物的嫩茎、叶片往往会呈半透明水渍状，是组培苗生理失调的症状之一（彩图47）。玻璃化苗大大降低组培苗的增殖系数，对生产造成较大影响。准确识别玻璃化并分析玻璃化原因才能有效控制玻璃化的发生（表4-24）。

表4-24 玻璃化苗的识别与防治措施

玻璃化苗的识别	玻璃化原因	防治措施
玻璃化苗矮小肿胀，失绿，叶、嫩梢呈水晶透明或半透明；叶色浅，叶片皱缩并纵向卷曲，脆弱易碎；组织发育不全或畸形；试管苗生长缓慢，分化能力降低	植物种类和品种 植物激素：①培养基中一次加入细胞分裂素过多；②细胞分裂素与生长素的比例失调，植物吸收过多的细胞分裂素；③细胞分裂素经多次继代培养引起的累加效应 培养基成分：①培养基中无机离子的种类、浓度及其比例不适宜；②含氮量过高，特别是铵态氮过高 琼脂与蔗糖的浓度过低 温度和光照：温度过高过低或忽高忽低都容易诱发玻璃化苗 培养瓶内通气不畅	选用玻璃化轻或无玻璃化的植物材料 选择合适的激素种类与浓度，适当降低培养基中细胞分裂素和赤霉素的浓度 适当增加琼脂的浓度；适当提高培养基中蔗糖的含量或加入渗透剂；使用透气性好的封口材料；适当提高培养基中无机盐的含量，减少铵态氮而提高硝态氮的用量；在培养基中适当添加活性炭、间苯三酚、根皮苷、聚乙烯醇（PVA）；适当延长光照时间或增加自然光照，提高光强；适当控制培养瓶的温度；发现培养材料有玻璃化倾向时，应立即将未玻璃化的苗转入生根培养基上诱导生根，只要生根就不会再玻璃化了

三、污染识别与防治方法

污染是指在组织培养过程中，由于细菌、真菌等微生物的侵染，在培养基的表面滋生大量菌斑，造成培养材料不能生长和发育的现象（彩图48，彩图49）。污染是植物组织培养最常见和首要解决的问题。常见污染源及识别见表4-25。通过污染原因的分析采取有效的措施，将污染率控制到最低水平（表4-26）。

表 4-25　污染源及识别要点

污染源	出现时间	识别要点
细菌	接种后1～2天	菌落呈黏液状，颜色多为白色，与培养基表面界限清楚
真菌	接种后3～10天	菌落多为黑色、绿色、白色的绒毛状、棉絮状，与培养基和培养物的界限不清

表 4-26　污染原因及防治措施

污染原因	防治措施
外植体灭菌不彻底	做好接种材料的室外采集工作；接种前在室内或无菌条件下对材料进行预培养；外植体严格灭菌；外植体修剪时防止交叉污染
操作时人为带入	严守无菌操作规程，防止操作时带入
培养基及接种工具灭菌不彻底	培养基和接种器具彻底灭菌；严格按照培养基配制要求分装、封口。培养基分装时，液体培养基不能溅留到培养瓶口；封口膜不能破损；封口时线绳位置适当，松紧适宜；保证灭菌时间、灭菌温度，同时彻底排净高压灭菌锅内的冷空气；接种工具、工作服、口罩、帽子等在使用前彻底灭菌，在接种过程中，接种用器具要经常灼烧灭菌
环境不清洁	保持环境清洁：培养室和接种室定期用消毒剂熏蒸、紫外线灯照射或臭氧灭菌；及时捡出污染的组培材料，定期对培养室消毒；定期清洗或更换超净台过滤器，并进行带菌试验；经常用涂抹或喷雾方式清洁超净工作台；严格控制人员频繁出入培养室

四、其他问题

组织培养过程中除了污染、褐变和玻璃化三大技术难题之外，还有黄化、变异、瘦弱或徒长、材料死亡、增殖率低下或过盛等问题。这些问题产生的原因及预防措施见表4-27。

表 4-27　植物组织培养常见的问题与解决措施

常见问题	产生原因	解决措施
材料死亡	外植体灭菌过度；材料污染；培养基不适宜或配制有问题；培养环境恶化	灭菌温度和时间适宜；注意环境和个人卫生；严格操作；选用合适的培养基；改善培养环境，及时转移和分瓶；加强组培苗的过渡管理
黄化	培养基中Fe含量不足；矿物营养不均衡；激素配比不当；糖用量不足，长期不转移；培养环境通气不良；瓶内乙烯量高；光照不足；培养温度不适	正确添加培养基的各种成分；调节培养基组成和pH；降低培养温度，增加光照和透气性；减少或不用抗生素类物质
变异和畸形	激素浓度和选用的种类不当；环境恶化和不适	选不易发生变异的基因型材料；尽量使用“芽生芽”的方式；降低CTK浓度；调整生长素与CTK的比例；改善环境条件
增殖率低下或过盛	与品种特性有关；与激素浓度和配比有关	进行一定范围的激素对比试验，根据长势确定配方，并及时调整；交替使用两种培养基；考虑品种的田间表现和特性，优化培养环境
组培苗瘦弱或徒长	CTK浓度过高；过多的不定芽未及时转移和分切；温度过高；通气不良；光照不足；培养基水分过多	适当增加培养基硬度；加速转瓶；降低接种量；提高光强，延长光照时间；减少CTK用量；选择透气性好的封口膜；降低环境温度

任务二　培育无病毒苗

知识目标

- 了解病毒对植物的危害的严重性。
- 掌握植物脱毒及脱毒苗鉴定的原理、方法和工作流程。
- 掌握脱毒苗的保存和繁殖方法。

技能目标

- 能够综合运用所学理论知识和技能，独立完成果树、花卉及蔬菜等园艺植物无病毒苗培育。

【任务提出】

据报道，有三家分别生产蝴蝶兰、马铃薯、苹果的企业，这三家企业的共同特点是产品严重退化，表现在：蝴蝶兰花朵小，植株小，植株生长势、花朵颜色的优良性状减退；马铃薯和苹果也表现出品质差、果小、产量低、植株长势减弱等症状。请问如何对它们进行提纯复壮？

【任务分析】

这是典型的由于病毒侵害而导致植株生长衰退的问题，只有对这些退化植株进行脱毒处理，培育出无病毒苗，才能使它们的长势、品质、产量等优良性状得以恢复。我们不仅要懂得病毒植株的严重危害，还应了解培育无病毒苗的意义、原理，熟练掌握培育无病毒苗的操作技能及无病毒苗的鉴定技能。

【相关知识】

1. 培育无病毒苗的意义

植物的病毒病严重影响花卉、蔬菜、果树等植物的正常生长，造成产量和品质降低，且目前尚无有效的药物将其治愈，受病毒侵染的植物便终身带毒，植物脱毒技术是解决病毒病的有效方法。采用热处理方法和微茎尖培养等方法可以有效地脱除病毒。脱毒后的植物恢复原有性状，生长旺盛，产量和品质均大幅度得到提高。

2. 培育无病毒苗的原理

目前脱除植物体内病毒的途径主要有两种：一是热处理脱毒，二是茎尖培养脱毒。

热处理也称温热疗法，是应用最早和最普遍的一种脱除病毒的方法。热处理脱毒是利用病毒和寄主植物对高温忍耐性的差异，将植株置于高于正常环境的温度（35～40℃）中，使植株体内的病毒全部或部分钝化，而寄主植物基本不受到伤害，从而达到脱毒的目的。

茎尖培养也称分生组织培养。茎尖是植物顶端的原生分生组织，细胞分裂旺盛，生命力强。被病毒感染植株的病毒在体内分布不均匀，病毒的数量因植株部位及年龄而异，成熟的组织和器官中病毒含量较高，越靠近茎顶端区域的病毒含量越低，而生长点0.1～1mm的区域几乎不含或病毒含量很少。在无菌条件下将0.2～0.5mm的茎尖分生组织切割下来进行培养，可以获得无病毒植株。茎尖组织培养脱毒效果好，后代遗传性状稳定，是目前常用的培育脱毒苗的方法。

知识窗：

脱毒中茎尖培养与快繁中茎尖培养的区别

同样是茎尖培养，但脱毒中茎尖培养与快繁中茎尖培养却有很大区别。从外植体材料看，脱毒中茎尖只有0.2～0.5mm，而快繁中茎尖通常在0.5～2cm；从培养难易程度看，微茎尖培养受培养条件、培养基种类及培养基中激素浓度等影响，培养难度较大，而普通茎尖培养较易获得再生植株；从培养目的看，微茎尖培养的最终目的是获得无毒苗，而普通茎尖培养的最终目的是获得快繁种苗。

【任务实施】

一、任务准备

1. 材料准备

选取生长健壮、已发芽、长势较好、无病害植株的茎作为外植体。

2. 工具准备

解剖镜、解剖针、解剖刀、培养皿、PCR仪，酶联免疫仪、电子显微镜。

二、无病毒苗培育的技术流程

见图4-19。

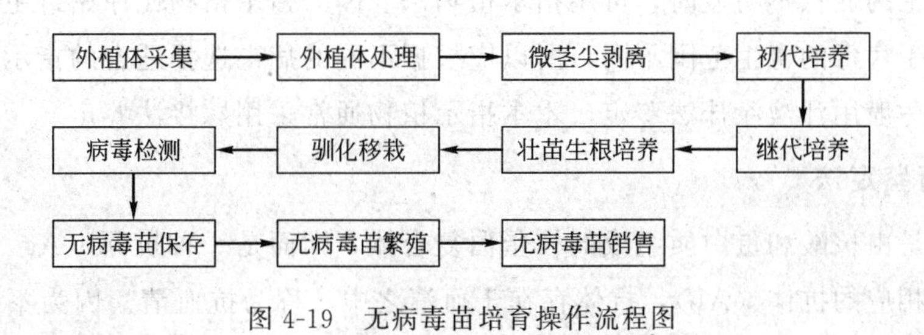

图4-19　无病毒苗培育操作流程图

三、任务操作步骤

（一）无病毒苗培育方法

1. 微茎尖培养脱毒

茎尖培养脱毒通常包括五个步骤：培养基的选择与制备；待脱毒材料的处理；茎尖的剥离、接种与培养；诱导芽分化及小植株增殖；诱导生根和移栽。茎尖培养脱毒的程序与常规组培程序基本相同，其成功的关键在于寻找合适的培养基，尤其是分化增殖和生根培养基。应根据所培养的植物种类和品种及不同的培养阶段，调整培养基的种类及植物生长调节剂的种类及用量。

2. 热处理脱毒

热处理常用温汤浸渍、热空气处理两种方法。

（1）温汤浸渍法　将植物材料放在50～55℃的温水中浸渍数分钟至数小时，使病毒钝化或失去活性。方法简便易行，但易导致植物组织受伤。处理时应严格控制温度和处理时间。该方法适合休眠器官尤其是种子的脱毒处理。

（2）热空气处理法　将植物材料置于35～40℃的热空气中暴露一段时间，使病毒钝化或病毒的增殖速度和扩散速度赶不上植物的生长速度而达到脱除病毒的目的。热空气处理法是植物脱毒中最常用的方法。

（二）无病毒苗鉴定技术

经脱毒处理的植株是否真正的脱除病毒，还必须经过鉴定才能确定。脱毒苗鉴定的方法有直接观察法、指示植物法、抗血清鉴定等检测方法。

1. 直接观察法

病毒侵入植物体内后，植物会表现出变色、坏死、萎蔫、畸形等相应的症状。因此，通过观察植株有无病毒感染所表现出的可见症状，判断脱毒是否成功。但是，寄主植株感染病毒后通常需要较长的时间才出现症状，而且有的病毒感染植物后表现出的症状不明显。因此，该方法的准确性不高。

2. 指示植物法

当原始寄主的症状不明显时，可用指示植物法。因为指示植物比原始寄主植物更容易表现出症状。由于病毒的寄生范围不同，所以应根据不同的病毒选择适合的指示植物。对于草本指示植物，一般用汁液涂抹法鉴定，木本指示植物通常采用嫁接法鉴定。

3. 抗血清鉴定法

植物病毒是由核酸和蛋白质组成的核蛋白复合体，因而是一种抗原（Ag），注射到动物体内后会产生相应的抗体（Ab），抗体存在于血清之中，称为抗血清。因为不同病毒会产生特异性不同的抗血清，所以用特定病毒的抗血清来鉴定该种病毒具有高度专一性，且在几分钟至几小时内即可完成，方法简便。

4. 其他鉴定方法

随着生物科学技术的迅猛发展，免疫学、分子生物学和电子显微镜等先进的理化技术应用到植物无病毒苗的鉴定，极大地推动了病毒检测技术的改进与发展。

（三）无病毒苗的保存和繁殖

1. 脱毒苗的保存

脱毒后的试管苗，经检测无特定病毒后，需对部分脱毒苗进行保存，以防止其再次受到病毒的侵染。脱毒苗保存常用的方法有隔离保存和离体保存两种。所谓隔离保存，就是通过切断病毒的传播途径来保存脱毒苗的方法，病毒通常通过昆虫传播，据统计，全世界传播病毒的昆虫约有465种，主要为同翅目的蚜科（如蚜虫）和叶蝉科（如叶蝉）的昆虫，将脱毒苗种植在隔离网（35～60目尼龙网）室中，防止昆虫进入隔离室传播病毒，从而达到保存的目的。隔离保存的方法，不仅占地面积大，而且需要花费大量的人力、物力、财力。若将离体培育的茎尖或试管苗保存在1～9℃低温、低光照下培养，材料生长非常缓慢，只需半年或一年更换一次培养基，不仅节约了占地面积，也降低了生产成本。

2. 脱毒苗的繁殖

为满足生产的实际需要，还要对脱毒苗进行田间繁殖。田间繁殖是将脱毒的原原种苗在隔离或防虫网室内扩繁即为原种苗，原种苗可进一步的扩大繁殖，供生产上利用。田间繁殖的方法，应根据植物各自的特性选择适宜的繁殖方法，如甘薯采用剪秧扦插法，草莓采用匍匐茎繁殖法，马铃薯采用茎节扩繁及微型薯诱导等繁殖方法。

【任务考核】

考核项目	考核点			检测标准	配分	得分	备注
无病毒苗培育	技能要点考核（60分）	脱毒操作	材料预处理	对材料变温处理及接种前的预处理方法正确、熟练	10		
			无菌操作技术	材料消毒及微茎尖的剥离、材料扩繁等操作方法准确、熟练	20		
			培养条件管控技术	培养条件管控合理	5		
		无病毒苗鉴定		选择方法正确、操作熟练	15		
		无病毒苗保存和繁殖		方法正确、操作熟练	10		
	素质考核（20分）	工作态度		认真学习基本理论，认真操作、记录总结	10		
		团结协作		分工合作、团结互助，并起带头作用	10		
	成果考核（20分）	脱毒苗培养效果		仅脱毒苗培养成功	10		
				无病毒苗鉴定成功	10		

【项目测试与练习】

一、填空题

1. 植物组织培养按对象可分为________培养、________培养、________培养、________培养和________培养。

2. 植物组织培养的特点是________、________、________。

3. 植物组织培养的发展可分为________阶段、________阶段和________阶段。

4. 利用组织培养进行种苗快速繁殖的途径主要有________途径、________途径和________途径。

5. 植物细胞的全能性是指________________________________。

6. 热处理脱毒包括________处理和________处理。

7. 微茎尖培养脱毒与茎尖的长度有直接关系，一般要求其长度在________mm之间。因此，要借助于________才能完成。

8. 病毒植物的鉴定方法有________、________、________和________。

9. 植物病毒是由蛋白质和核酸组成的核蛋白，因而是一种较好的抗原，给动物注射后会产生________，它存在于血清之中称________。

二、简答题

1. 按照外植体的不同，植物组织培养可以分成几类？

2. 植物组织培养的原理是什么？

3. 植物组织培养有哪些特点？

4. 植物组织培养技术在农业生产中有哪些应用？

5. 利用植物组织培养进行种苗快速繁殖的手段有哪些？

三、综合应用题

1. 怎样对菊花进行组培快繁？

2. 怎样培育香石竹无病毒苗？

3. 矮牵牛怎样用茎段进行组培繁殖？

项目五　工厂化营养器官育苗

- 熟悉营养器官繁殖育苗的概念、方法与各自的特点。
- 认识不同营养器官繁殖育苗的应用范围和实践意义。
- 理解营养繁殖育苗的技术要点和提高成活率的关键措施。

技能目标

- 学会嫁接繁殖、扦插繁殖、分生繁殖等主要营养器官繁殖育苗的操作技术和苗期管理技术。

营养器官育苗也称无性繁殖，是指用植物营养器官根、茎、叶或其一部分繁殖成新植株的方法。它是利用植物细胞的再生能力、分生能力以及与另一株植株嫁接共生的亲和力而进行的育苗。由营养繁殖培育出来的植株称为营养繁殖苗或无性繁殖苗。

目前，名优花卉、果树、绿化树种以及日渐流行的彩叶树等普遍采用营养繁殖的方式进行育苗，如红掌、君子兰、兰花、仙客来、葡萄、樱桃、苹果、金叶水杉等。对于不能正常结籽的花卉，营养繁殖也是其唯一的繁殖方式。

营养繁殖主要包括扦插、嫁接、分生、压条和组织培养等方法，下面逐一加以阐述。

任务一　工厂化扦插育苗

【任务提出】

某乡镇的几个个体户急需少量紫背天葵、虎皮兰和葡萄幼苗，但单位的生产基地只有一批紫背天葵和葡萄植株。请问你用什么方法，在较短的时间内可培育出能够满足农户需要的紫背天葵幼苗和葡萄苗木？

【任务分析】

这三种植物扦插都较易生根，因此，可以通过扦插的方法育苗。应首先了解扦插繁殖的含义、原理、特点以及适用对象，其次要掌握扦插繁殖育苗所需的条件和方法，熟悉扦插繁殖的操作技能。

【相关知识】

一、扦插繁殖育苗概述

1. 含义和类型

扦插育苗是园艺植物无性繁殖育苗的方式之一，是指通过剪取一段植株营养器官，插入疏松润湿的土壤或其他基质中，使其生根成活，再生为新植株的过程。扦插所用的一段营养体称为插条（插穗）。根据所采摘插穗营养属性的不同，扦插可分为枝插、叶插和根插等。

2. 原理

扦插成活的原理主要是基于植物营养器官具有再生能力，可发生不定芽和不定根，从而形成新植株。当根、茎、叶脱离母体时，植物的再生能力就会充分表现出来，从根上长出茎叶，从茎上长出根，从叶上长出茎和根等。当枝条脱离母体后，枝条内的形成层、次生韧皮部和髓部都能形成不定根的原始体而发育成不定根。用根作插条，由根的皮层薄壁细胞长出不定芽而长成独立植株。利用植物的再生功能，把枝条等剪下插入扦插基质中，在基部能长出根，上部发出新芽，形成完整的植株。

3. 优点

与种子繁殖相比，扦插繁殖有以下几个方面的优势。

① 扦插繁殖的新株，能够完全保留母体植株的所有优势，而种子繁殖则新苗易退化。例如，种植葡萄为了防止退化，都是采用扦插繁殖的方法。

② 扦插繁殖的新株成长得快，葡萄苗从扦插到结果要比种子繁殖快 3～4 年。

③ 有些不适合种子繁殖的作物，只能扦插繁殖。

④ 节省种子。

二、扦插繁殖育苗的时期

一般来说，植物一年四季都可以扦插，以春、秋两季为好，此时的自然环境比较适宜。通常每一树种都有它最适宜的扦插时期，同一树种在不同地区、不同气候环境，扦插时间和扦插技术也不尽相同。

1. 春季扦插

春季利用已度过自然休眠期的一年生枝条进行扦插，其枝条的营养物质丰富，插穗发芽较快，但生根较慢。要提高枝条的扦插成活率，扦插前应对插穗进行催根处理，使插穗先发根后萌芽，或生根萌芽同步进行。

2. 夏季扦插

夏季利用半木质化新梢带叶扦插，但由于夏季气温高、蒸腾快、新梢易失水而萎蔫死亡，因而夏季扦插要求降温、保湿，以维持插穗水分平衡。扦插地应遮阴和喷雾。

3. 秋季扦插

秋季利用已停止生长的当年生木质化枝进行扦插，其枝条发育充实、芽体饱满、糖类含量较高，抑制物质还没有完全产生，最适期是在尚未落叶、生长结束前一个月进行扦插，插穗易形成愈伤组织及不定根，利于安全越冬。

4. 冬季扦插

冬季利用打破休眠的休眠枝可直接在露地进行扦插，一般南方常绿树种常在冬季扦插，北方冬季扦插则可在温室内进行（彩图 50）。

三、影响扦插生根的内外因素

不同植物其生物学特性不同，扦插成活的情况也不同，有易有难，即使是同一种植物，由于品种不同，扦插生根的情况也有所不同。这除与植物的遗传特性有关之外，也与插条的选取、温度、湿度、土壤等环境因素有关。

(一) 影响插穗成活的内部因素

1. 植物的遗传特性

植物扦插生根的难易与植物的遗传特性有关，不同的植物遗传特性不同，因此，插条生根的能力有较大的差异。极易生根的植物有葡萄、木槿、常春藤、南天竹、紫穗槐、连翘、番茄、月季等；较易生根的植物有毛白杨、枫、茶花、竹子、悬铃木、五加、杜鹃、罗汉柏、樱桃、石榴、无花果、柑橘、夹竹桃、野蔷薇、女贞、绣线菊、金缕梅、珍珠梅、花椒、石楠等；较难生根的植物有君迁子、赤杨、苦楝、臭椿、挪威云杉等；极难生根的植物有核桃、板栗、柿树、马尾松等。同一种植物不同品种的枝插发根难易程度也不同。例如，葡萄极易生根，但美洲葡萄中的杰西卡和爱地朗发根却较难。

2. 插穗的年龄

插穗的年龄包括所采枝条的母树年龄和所采枝条本身的年龄。

插穗的生根能力是随着母树年龄的增长而降低的，在一般情况下，母树年龄越大，植物插穗生根就越困难，而母树年龄越小则生根越容易。由于树木新陈代谢作用的强弱是随着发育阶段变老而减弱的，其生活力和适应性也逐渐降低。相反，幼龄母树的幼嫩枝条，其皮层分生组织的生命活动能力很强，所采下的枝条扦插成活率高。所以，在选条时应采自年幼的母树，特别是对许多难以生根的树种，应选用 1～2 年生实生苗上的枝条，扦插效果最好。例如，湖北省潜江林业研究所对水杉不同母树年龄一年生枝条进行了扦插试验，其插穗生根率：一年生为 92%，二年生为 66%，三年生为 61%，四年生为 42%，五年生为 34%。母树年龄增大，插穗生根率降低。母树随着年龄的增加而插穗生根能力下降的原因，除了生活力衰退外，也与生根所必需的物质减少，而阻碍生根的物质增多有关，如在赤松、黑松、扁柏、落叶松、柳杉等树种扦插中，发现有生根阻碍物质或单宁类物质。随着年龄的增加，母树的营养条件可能变差，特别是在采穗圃中，由于反复采条，地力衰竭，母体的枝条内营养不足，也会影响插穗的生根能力。

插穗本身的年龄对扦插成活主要有两个方面的影响：一是枝条的再生能力。扦插较困难的植物以一年生枝的再生能力为最强，枝条年龄愈大，再生能力愈弱，生根率愈低。二是枝条的营养状况。营养物质受枝条粗细影响，枝条粗，营养物质较充分，枝条细，营养物质含量少。多数植物以一年生枝条扦插育苗为好，再生能力强，生长快。二年生以上的枝条极少能单独进行扦插育苗，因其本身芽量很少。但有些一年生枝条比较细弱、体内营养物质含量少的，为保证营养物质充足，插穗可以带一部分二、三年生的枝条。

3. 枝条的着生部位及发育状况

有些树种树冠上的枝条生根率低，而树根和干基部萌发的枝条生根率高。因为母树根颈部位的一年生萌蘖条其发育阶段最年幼，再生能力强，又因萌蘖条生长的部位靠近根系，得到了较多的营养物质，具有较高的可塑性，扦插后易于成活。干基萌发枝生根率虽高，但来源少。所以，作插穗的枝条用采穗圃的枝条比较理想。如无采穗圃，可用插条苗、留根苗和插根苗的苗干，其中以留根苗和插根苗的苗子为更好。

针叶树母树主干上的枝条生根力强，侧枝尤其是多次分枝的侧枝生根力弱，若从树冠上采条，则从树冠下部光照较弱的部位采条较好。在生产实践中，有些树种带一部分二年生枝，即采用“带踵扦插法”或“带马蹄扦插法”常可以提高成活率。

硬枝插穗的枝条，必须发育充实、粗壮、充分木质化、无病虫害。

4. 枝条的不同部位

同一枝条的不同部位根原基数量和储存营养物质的数量不同，其插穗生根率、成活率和苗木生长量都有明显的差异。但具体哪一部位好，还要考虑植物的生根类型、枝条的成熟度等。一般来说，常绿树种中上部枝条较好，这主要是中上部枝条生长健壮，代谢旺盛，营养充足，且中上部新生枝光合作用也强，对生根有利。落叶树种硬枝扦插中下部枝条较好，因中下部枝条发育充实，储藏养分多，为生根提供了有利因素。若落叶树种嫩枝扦插，则中上部枝条较好，由于幼嫩的枝条中上部内源生长素含量高，而且细胞分生能力旺盛，对生根有利，如毛白杨嫩枝扦插，梢部最好。

5. 插穗的粗细与长短

插穗的粗细与长短对于成活率、苗木生长也有一定的影响。对于绝大多数树种来讲，长插条根原基数量多，储藏的营养多，有利于插条生根。插穗长短的确定要以树种生根快慢和土壤水分条件为依据，一般落叶树硬枝插穗 10～25cm，常绿树种 10～35cm。随着扦插技术的提高，扦插逐渐向短插穗方向发展，有的甚至一叶一芽扦插，如茶树、葡萄采用 3～5cm 的短枝扦插，效果很好。

对不同粗细的插穗而言，粗插穗所含的营养物质多，对生根有利。插穗的适宜粗细因树种而异，多数针叶树种的直径为 0.3～1cm，阔叶树种的直径为 0.5～2cm。

在生产实践中，应根据需要和可能，采用适当长度和粗细的插穗，合理利用枝条，应掌握“粗枝短截，细枝长留”的原则。

6. 插穗的叶和芽

插穗上的芽是形成茎、干的基础，芽和叶能供给插穗生根所必需的营养物质和生长激素、维生素等，对生根有利。尤其是对嫩枝扦插及针叶树种、常绿树种的扦插更为重要。插穗留叶多少要根据具体情况而定，一般留2～4片叶。若有喷雾装置，定时保湿，则可留较多的叶片，以加速生根。

(二) 影响扦插生根的外界因素

1. 湿度

插条在生根前失水干枯是扦插失败的主要原因之一。因为新根尚未生成，无法顺利供给水分，而插条的枝段和叶片因蒸腾作用却不断失水，因此，要尽可能保持较高的空气湿度，以减少插条和苗床的水分消耗。尤其是嫩枝扦插，高湿可减少叶面水分蒸腾，使叶片不致萎蔫。苗床湿度要适宜，一般维持土壤最大持水量的60%～80%为宜。

利用自动控制的间歇性喷雾装置，可维持空气中高湿度而使叶面保持一层水膜，降低叶面温度。其他如遮阴、覆盖塑料薄膜等方法，也能维持一定的空气湿度。

2. 温度

一般树种扦插时，白天气温达到21～25℃，夜间15℃，就能满足生根需要。在土温10～12℃的条件下可以萌芽，但生根则要求土温18～25℃，或略高于平均气温3～5℃。如果土温偏低，或气温高于土温，扦插虽能萌芽但不能生根，由于先长枝叶大量消耗营养，反而会抑制根系发生，导致死亡。在我国北方，春季气温高于土温，扦插时要采取措施提高土壤温度，使插条先发根，如用火炕加热或马粪酿热。有条件的还可用电热温床，以提供最适的温度。南方早春土温回升快于气温，要掌握时期抓紧扦插。

3. 光照

光对根系的发生有抑制作用，因此，必须使枝条基部埋于土中避光，才可刺激生根。同时，扦插后适当遮阴，可以减少圃地水分蒸发和插条水分蒸腾，使插条保持水分平衡。但遮阴过度，又会影响土壤温度。带叶嫩枝扦插需要有适当的光照，以利于光合作用制造养分，促进生根，但仍要避免日光直射。

4. 氧气

扦插生根需要氧气。插床中水分、温度、氧气三者是相互依存、相互制约的。土壤中水分多，会引起土壤温度降低，并挤出土壤中的空气，造成缺氧，不利于插条愈合生根，也易导致插条腐烂。插条在形成根原体时需要的氧较少，而生长时需氧较多。土壤中一般以含15%以上的氧气且保持适当的水分为宜。

5. 生根基质

理想的生根基质要求通水、透气性良好，pH适宜，可提供营养元素，既能保持适当的湿度，又能在浇水或大雨后不积水，而且不带有害的细菌和真菌。一般可用素沙、泥炭土或二者的混合物以及蛭石等。

沙的透气性好，排水佳，易吸热，材料易得，但持水力太弱，必须多次灌水，故常与土壤混合使用。

泥炭土含有大量未腐烂的腐殖质，通常带酸性，质地轻松，有团粒结构，保水力强，但含水量太高，通气差，吸热力也不如沙，故常与沙混合使用。

蛭石呈黄褐色，片状，酸度不大，具韧性，吸水力强，通气良好，保温能力高，是目前一种较好的扦插基质。

应根据植物种类不同的要求选择最适基质。有些基质（如蛭石、珍珠岩）在反复使用过程中往往容易破碎，粉末增多，不利于透气，须进行更换或补充进新的基质。使用基质时，还应注意及时消毒，避免使用过的基质携带病菌造成插穗感染。可以采取药物消毒的方式，如用0.5%的福尔马林或高锰酸钾溶液浸泡等；也可用太阳能消毒、蒸汽消毒等。在进行露地大面积扦插时，要大批量更换扦插土是不现实的，故通常使用排水良好的沙质壤土。

四、促进扦插生根成活的方法

（一）机械处理

1. 剥皮

对木栓组织比较发达的枝条（如葡萄），或较难发根的木本园艺植物的品种，扦插前可将表皮木栓层剥去（勿伤韧皮部），以促进发根。剥皮后能增加插穗皮部的吸水能力，幼根也容易长出。

2. 纵伤

用利刀或手锯在插条基部一二节的节间处刻画五六道纵切口，深达木质部，可促进节部和茎部断口周围发根。

3. 环剥

在取插条之前15～20天对母株上准备采用的枝条基部剥去宽1.5cm左右的一圈树皮，在其环剥口长出愈伤组织而又未完全愈合时，即可剪下进行扦插。

（二）黄化处理

对不易生根的枝条在其生长初期用黑纸、黑布或黑色塑料薄膜包扎基部，能使叶绿素消失，组织黄化，皮层增厚，薄壁细胞增多，生长素积累，有利于根原体的分化和生根。

（三）洗脱处理

洗脱处理一般有温水处理、流水处理、酒精处理等。洗脱处理不仅能降低枝条内抑制物质的含量，同时还能增加枝条内水分的含量。

1. 温水洗脱处理

将插穗下端放入30～35℃的温水中浸泡几小时或更长时间（具体时间因树种而异）。例如，某些针叶树枝如松树、落叶松、云杉等浸泡2h，既可起脱脂作用，又有利于切口愈合与生根。

2. 流水洗脱处理

将插条放入流动的水中，浸泡数小时，具体时间也因植物不同而异。此法对一些易溶解的抑制物质作用较好，浸泡时间多数在 24h 以上，也有的可达 72h，甚至更长。

3. 酒精洗脱处理

用酒精处理也可有效降低插穗中难溶的抑制物质，大大提高生根率。一般使用浓度为 1%～3%，或者用 1%的酒精和 1%的乙醚混合液，浸泡时间 6h 左右，如杜鹃类。

(四) 加温催根处理

人为地提高插穗下端生根部位的温度，降低上端发芽部位的温度，使插穗先发根后发芽。常用的催根方法有阳畦催根和电热温床催根。

1. 阳畦催根

春季露地扦插前 1 个月，在背风向阳处先建阳畦，阳畦北面搭好风障。畦走向以东西为好，宽 1.4m、深 60cm 左右为宜，畦长依据插条数量而定。阳畦底部铺 15～20cm 厚的湿细沙，然后将插条成捆倒置于其上，再覆细沙、盖膜，利用早春气温上升快、土温较低的特点进行催根。此法催根所需插条长度较长，以保持萌芽和生根部位有一定的距离，并维持一定的温差。如插条短或葡萄单芽扦插时效果欠佳。插条置于阳畦后，应经常检查温湿度，畦温高于 30℃时应喷水降温，一般 20 天左右即可出现根原体。待多数插条出现根原体后，及时扦插。因根原体很脆嫩，怕风怕晒，应先整好地，随取随插。

2. 电热温床催根

在温室或温床内，地面先铺 10cm 厚的细沙，上放塑料薄膜，膜上再覆细土 5cm，其上布电热线并设控温仪，最后在电热线上铺 4～5cm 厚的河沙，将插条正置其上，间隙塞沙，温度保持在 20～25℃。

(五) 药物处理

应用人工合成的各种植物生长调节剂对插穗进行扦插前处理，不仅生根率、生根数和根的粗度、长度都有显著提高，而且苗木生根期缩短，生根整齐。常用的植物生长调节剂有吲哚丁酸（IBA）、吲哚乙酸（IAA）、萘乙酸（NAA）、2,4-D、2,4,5-TP 等，使用方法有涂粉、液剂浸渍等。

1. 涂粉法

将 1g 生长激素类物质与 1000g 滑石粉（黏土）混合均匀拌成粉剂。使用时，先将插穗基部 2cm 用水蘸湿，再插入粉末中，使插穗基部切口黏附粉末即可扦插。

2. 液剂浸渍

配成水溶液（不溶于水的，先用酒精配成原液，再用水稀释），分高浓度（500～1000mg/L）和低浓度（20～200mg/L）两种。低浓度溶液浸泡插条 6～24h，高浓度溶液快蘸 2～10s。草本植物所需浓度可再低些，一般为 5～10mg/L，浸泡 2～24h。

此外，ABT 生根粉是多种生长调节剂的混合物，为一种高效、广谱性促根剂，可应用于多种园艺植物的扦插促根。1g 生根粉能处理 4000～6000 根插条，可供选用的型号有1 号、2 号和 3 号生根粉。

1 号生根粉用于促进难生根植物插条不定根的诱导，如金茶花、玉兰、苹果、山葡萄、山楂、海棠、枣、梨、李、银杏等。

2 号生根粉用于一般花卉、果树及营林苗木的繁育，如月季、茶花、葡萄、石榴等。

3 号生根粉用于苗木移栽时根系的恢复和提高成活率。

此外，维生素 B_1 和维生素 C 对某些植物种类的插条生根有促进作用；硼可促进插条生根，与植物生长调节剂合用效果显著，如 IBA 50mg/L 加硼 10～200mg/L 处理插条 12h，生根率可显著提高；2%～5%蔗糖溶液及 0.1%～0.5%高锰酸钾溶液浸泡 12～24h，亦有促进生根和成活的效果。

五、扦插后的苗期管理

露地扦插是最简单的一种育苗方法，其成本低，易推广，但若管理不当，则扦插成苗率低。此外，露地扦插，苗木生长期相对较短，苗木质量也较差。因此，加强管理特别重要。

1. 水分及空气湿度管理

扦插后立即灌一次透水，以后经常保持插床的湿度。早春扦插的落叶树木，在干旱季节及时灌水。常绿树或嫩枝扦插时，一定要保持插床内基质及空气的较高湿度，每天向叶面喷 1～2 次水。在扦插苗木生根过程中，水分一定要适宜，扦插初期稍大，后期稍干，否则苗木基部易腐烂，影响切口的愈合、生根。待插穗新根长到 3～5cm 时，即可移植上盆。

2. 温度管理

早春地温较低，需要覆盖塑料薄膜或布设地热线增温促根，保持插床空气相对湿度为 80%～90%，温度控制在 20～30℃。夏、秋季节地温高，气温更高，需要通过喷水、遮阳等措施进行降温。在大棚内喷雾可降温 5～7℃，在露天扦插床喷雾可降温 8～10℃。采用遮阳降温时，一般要求透光率为 50%～60%。如果采用搭荫棚降温，则 5 月初开始由于阳光增强，气温升高，为促使插穗生根，应及时搭棚遮阳。傍晚揭开荫棚，白天盖上。9～10 月可撤除荫棚，接受全光照。在夏季扦插时，可采用全日照自动喷雾控温扦插育苗设备。

3. 松土除草

当发现床面杂草萌生时，要及时除去，以减少水分养分的损耗。当土壤过分板结时，可用小铲子轻轻在行间空隙处松土，但不宜过深，以免动摇插穗基部，影响切口生根。

4. 追肥

在扦插苗生根成活后，插穗内的养分已基本耗尽，需要及时供应充足的肥水，满足苗木生长对养分的需求。根据情况还可采取叶面补肥的方法，插后每隔 1～2 周喷洒一次0.1%～0.3%的氮磷钾复合肥。采用硬枝扦插时，可将速效肥稀释后浇灌苗床。

此外，还应注意苗木病虫害的防治，消除病虫为害对扦插苗的影响，提高苗木质量。

【任务实施】

一、工作准备

（一）场地准备

露地或温室、塑料大棚等环境保护设施。

（二）材料与工具准备

1. 材料准备

（1）选择优良的母株和插穗　作为采穗母体的植株，要求具备品性优良、生长健壮、无病虫为害等条件，生长衰老的植株不宜选作采穗母体。在同一植株上，插穗应选择易生根且遗传变异小的部位作为繁殖材料，如枝插时要选择植株中上部、向阳充实的枝条，且要节间较短，芽头饱满，叶片肥厚；在同一枝条上，枝插宜选用枝条的中下部，因为中下部储藏的养分较多，而上部组织常不充实。但树形规则的针叶树，如龙柏、雪松等，则以带顶芽的梢部为好，扦插以后长出的树干通直，形态美观；木质化程度低的植物如秋海棠、常春藤等节间常有气生根，可以剪取带节间和叶的茎段作插穗；还有些植物可以用根作插穗。

（2）配制适宜的基质　一般除水插外，插穗均要求插入适宜的基质中才能生根。基质的种类很多，有园土、培养土、山黄泥、兰花泥、砻糠灰、蛭石、珍珠岩、河沙等。对基质的总体要求是：排水透气性好，有一定的持水能力；升温容易，保温性能良好。某些较粗放的花卉，一般插入园土或培养土中即可；喜酸性的花卉可插入山黄泥或兰花泥中；生根较难的花木则宜插在砻糠灰、蛭石或河沙内。

（3）配备合适的扦插苗床　扦插的苗床可因地制宜，各种现成的盆、箱、盘、畦、缸等都可以。此类容器作插床时底部必须设置排水结构，也可在温室内用砖砌成扦插苗床；有时为了抢救病株，需随时扦插，就必须使用底部能加温的电热插床，使基质温度比气温高3～6℃，这样生根较快，可四季扦插；一些易生根的种类如景天科的长寿花、仙人掌类的一些用作砧木的种类，可在温室或塑料大棚内直接插于沙床中。

（4）正确处理插穗　扦插应在剪取插穗后立即进行，尤其是叶插，以免叶子萎蔫，影响生根。在秋末剪取的月季、木槿、凌霄等插穗，由于不具备立即扦插的温度条件，可以在剪好插穗后，绑成捆用湿沙埋在花盆里，放在室内0～5℃的地方，冬季注意不要使沙子太干，等翌年早春再扦插。对于月季等花木也可冬季在塑料小棚里进行扦插。肉质植物仙人掌的插条，剪取后应放在通风处晾一周左右，待切口处略有干缩时再扦插，否则容易腐烂。四季海棠、夹竹桃等，插条剪取后可先泡在清水中，等泡出根来即可直接栽入盆中（彩图51）。

在扦插育苗中，对米兰、金银花、腊梅、桂花、山茶、杜鹃、白玉兰等花木进行扦插繁殖，为促使插穗生根，提高成活率，常常在扦插之前用生长素类物质处理。常用的药剂有吲哚乙酸（IAA）、吲哚丁酸（IBA）、萘乙酸（NAA）、2,4-二氯苯氧乙酸（2,4-D）、生根粉等。处理方法主要是浸泡和蘸粉，浸泡浓度一般草本植物为5～10mg/L，木本植物为50～200mg/L，时间为12～24h。

2. 工具准备

剪枝剪、塑料桶、塑料盆、刀片、喷壶、小铲子、标签牌等。

二、扦插繁殖育苗的操作技术流程

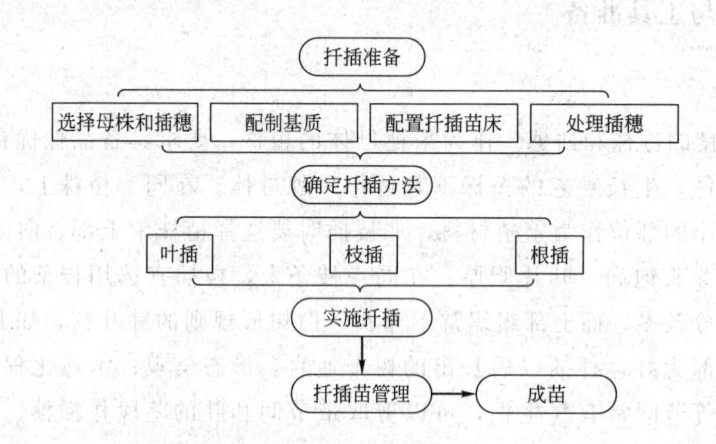

三、扦插繁殖育苗的操作方法

（一）枝插

1. 硬枝扦插

硬枝扦插是利用充分成熟的一年生枝段进行扦插，落叶树木常在早春进行。扦插时将保存良好的枝条剪成长10～25cm的插穗，插穗顶端在芽上1～2cm处平截，下端在节上斜剪成马耳形，剪口要平滑，然后以45°角斜插于基质或土壤中，插穗顶端芽体应外露。园艺植物中，葡萄、无花果、石榴、梅花、月季、碧桃、翠柏、龙柏、罗汉松等常用硬枝扦插法繁殖（图5-1）。

2. 绿枝扦插

绿枝扦插是在生长季利用半木质化的新梢进行带叶扦插，如柑橘类、葡萄、猕猴桃等果树，大部分花卉树木，以及蕹菜、番茄等蔬菜作物。绿枝扦插时将插条一般剪成10～15cm长、上部带1～3片叶的插穗，插入基质深度为插穗自身长度的1/3～1/2，以斜插为好（彩图52）。

（二）叶插

叶插法多用于部分花卉植物，如非洲紫罗兰、大岩桐、苦苣苔、豆瓣绿、玉树、蟆叶秋海棠、千岁兰、球兰、虎尾兰、象牙兰、落地生根等，它们大都具有粗壮的叶柄、叶脉和肥厚的叶片。

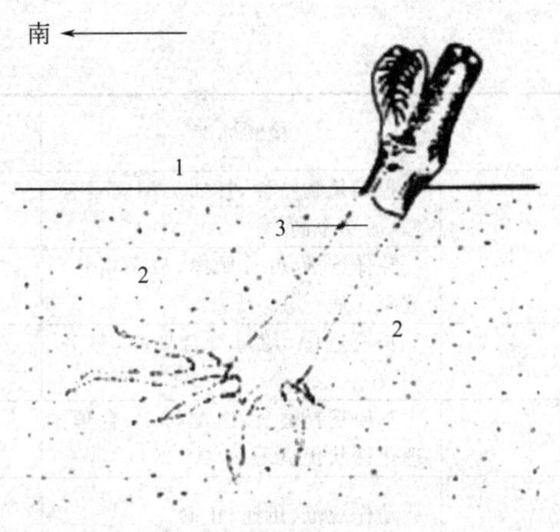

图 5-1　葡萄硬枝扦插

1—覆盖地膜；2—苗圃土壤；3—插穗

叶插可分为全叶插和片叶插。全叶插以完整叶片为插穗，具体方式可以是平置法，即将去掉叶柄的叶片平铺于沙面上，用大头针或竹签固定，使叶背与沙面密接；也可以是直插法，即将叶柄插入基质中，叶片直立于沙面，从叶柄基部发生不定芽及不定根。片叶插是将叶片切割成数块，分别进行扦插，每块叶片上均可形成不定芽和不定根，例如橡皮树（彩图 53）。

（三）根插

根插是利用植物根上能形成不定芽的能力进行扦插繁殖的方法，常用于枝插不易生根的园艺植物，如枣、柿、李、核桃等果树，牡丹、芍药、罂粟、凌霄、金丝桃、紫薇、梅、樱花、凤尾兰、牛舌草、毛地黄等花卉。

将苗木出圃剪下的根段或留在地下的根段，粗者截成 10cm 左右长，细者截成 3～5cm 长的插穗，斜插于苗床中，上部覆盖 3～5cm 厚的细沙，保持基质温度和湿度，促使其形成不定芽（图 5-2）。根插时也要注意不能倒插，否则不利于成活。

图 5-2　刺嫩牙根插

【任务考核】

考核项目	考核点		检测标准	配分	得分	备注
工厂化扦插育苗	技能要点考核（60分）	扦插类型	根据植物特性，扦插类型确定合适，成功率高	5		
		插穗选取	芽体饱满，叶片肥厚，枝条粗壮，健康无病	10		
		插穗处理	长短适中，切口符合要求，整齐一致	10		
		扦插基质	基质选择适宜，组配科学、合理，理化性状优良	10		
		操作动作	动作规范、迅速、正确	10		
		扦插苗管理	苗期温、光、湿等条件管理得当，针对性强，调控及时、有效	15		
	素质考核（20分）	工作态度	勤奋学习基础理论知识，认真操作，仔细记录和总结	10		
		协作意识	分工配合、团结协作，善于组织，并起榜样带头作用	10		
	成果考核（20分）	扦插苗素质	生根快，成活率高	10		
			长势旺盛，长相良好，健壮无病	10		

【拓展知识一】全光照喷雾扦插育苗技术

对许多价值大、难生根的优良花卉品种，采用常规的扦插育苗方法，不仅消耗大量的人力、物力，而且繁殖速度慢，成活率不高。为提高扦插成活率，降低花卉成本，20世纪80年代，我国很多育苗企业采用全光照喷雾扦插育苗技术，大大提高了育苗苗床的控制面积，产生了很好的育苗效果和经济效益。

1. 插床的建立与设备安装

插床应设在地势平坦、通风良好、光照充足、排灌良好及靠近水源、电源的地方。按半径0.6m、高40cm做成中间高、四周低的圆形插床。在底部每隔1.5m留一排水口，插床中心安装全光照自动间歇喷雾装置，该装置由叶面水分控制仪和对称式双长臂圆周扫描喷雾机械系统组成。插床底下铺15cm厚的鹅卵石，上铺25cm厚的河沙，扦插前对插床用0.2%的高锰酸钾或0.01%的多菌灵溶液进行喷洒消毒（图5-3）。

2. 插穗的剪切和处理

扦插木本花卉时，采用带有叶片的当年生半木质化嫩枝作插穗。扦插草本花卉时，采用带有叶片的嫩茎作插穗。剪切插穗时，先将新梢顶端太幼嫩的部分剪除，再截成8～10cm长的插穗，上部留2个以上的芽，并对插穗上的叶片进行修剪。叶片较大的只需留一片叶或更少，叶片较小的留2～3片叶。注意上切口要平，下切口稍斜，每50根为一捆。扦插前将插穗浸泡在0.01%～0.125%的多菌灵溶液中，然后，基部速蘸ABT生根粉进行处理。

扦插时间一般为5月下旬至9月中旬，扦插基质必须疏松透气、排水良好又有一定的保湿能力，扦插深度为2～3cm，密度为6000～7500株/hm^2。扦插完毕后，立即喷一遍透水，

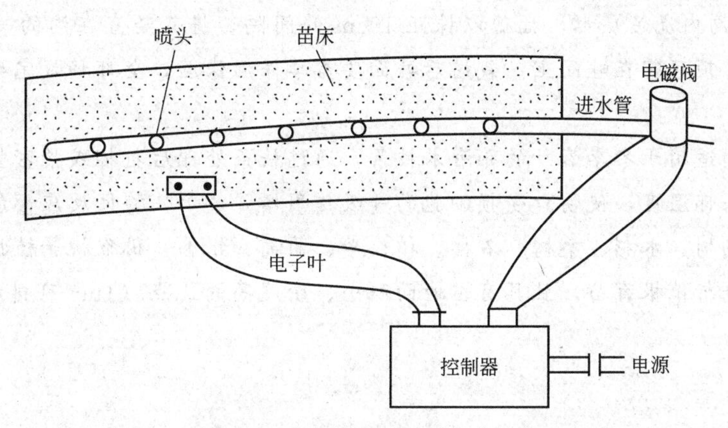

图 5-3　全光照喷雾扦插育苗插床

第二天早上或晚上再喷洒 0.01%的多菌灵溶液，避免感染发病。在此之后，每隔 7 天喷一次。开始生根时，可喷洒 0.1%的磷酸二氢钾，生根后，提高到 1%，以促进根系木质化。与此同时，还应随时清除苗床上的落叶及枯叶。

采用此项技术育苗，三角梅、茉莉、米兰 25～30 天后开始生根，生根率达 90%以上；橡皮树、扶桑、月季、荷兰海棠 15～20 天后开始生根，生根率达 95%以上；菊花、一串红、万寿菊、金鱼草 7～10 天后开始生根，生根率达 98%以上。

移栽时间宜在晚 17:00 以后、早 10:00 之前，阴天全天可移栽。为了提高移栽成活率，在移栽前停水 3～5 天炼苗，要随起苗随移栽。移栽后将花盆放在遮阳网下遮阴，7 天后浇第二次水，15 天以后逐渐移至阳光下进行日常的管理培育。

【拓展知识二】基质电热温床催根育苗技术

电热温床育苗技术是利用植物生根的温差效应，为创造植物愈伤及生根的最适温度而设计的。利用电加热线增加苗床地温，促进插穗发根，是一种现代化的育苗方法。因其利用电热加温，目标温度可以通过植物生长模拟计算机人工控制，又能保持温度稳定，有利于插穗生根。该技术在观赏树木扦插、林木扦插、果树扦插、蔬菜育苗等方面都已广泛应用。

先在室内或温棚内选一块比较高燥的平地，用砖作沿砌成宽 1.5m 的苗床，底部铺一层黄沙或珍珠岩。在床的两端和中间，放置 7cm×7cm 的方木条各 1 根，再在木条上每隔 6cm 钉上小铁钉，钉入深度为小铁钉长度的 1/2，电加热线即在小铁钉间回绕。电加热线的两端引出温床外，接入育苗控制器中。然后再在电加热线上装填湿沙或珍珠岩，将插穗基部向下排列在温床中，再在插穗间补填湿沙（或珍珠岩），以盖没插穗顶部为止。苗床中要插入温度传感探头，探头部要靠近插穗基部，以准确测量发根部位的温度。通电后，电加热线开始发热，当温度升至 28℃时，育苗控制器即可自动调节进行工作，以使苗床的温度稳定在 28℃左右。温床每天开启弥雾系统喷水 2～3 次以增加湿度，使苗床中插穗基部都有足够的湿度。苗床过干，插穗皮层干萎，就不会发根；水分过多，则会引起皮层腐烂。一般植物插穗在苗床保温催根 10～15 天，插穗基部愈伤组织膨大，根原体露白，生长出 1mm 左右长的幼根突起，此时即可移入田间苗圃栽植。过早或过迟移栽，都会影响插穗的成活率。移栽时，苗床要筑成高畦，畦面宽 1.3m，长度不限，可因地形而定。先挖与畦面垂直的扦插沟，深15cm，沟内浇足底水，插穗以株距10cm的间隔，将其竖直在沟的一边，然后用细土把插穗压实，顶芽露在畦面上。栽植后畦面要盖草保温保湿，全部移栽完毕后，畦间浇足一次定根水。

该技术特别适用于冬季落叶的乔灌木枝条，通过枝条处理后打捆或紧密竖插于苗床，调节最适的枝条基部温度，使伤口受损细胞的呼吸作用增强，加快酶促反应，愈伤组织或根原基尽快产生。杨树、水杉、桑树、石榴、桃、李、葡萄、银杏、猕猴桃等植物皆可利用落叶后的光秃硬枝进行催根育苗，且具有占地面积小、密度高的优点（1m^2 可排放5000～10000根插穗）。

任务二　工厂化嫁接育苗

【任务提出】

某农业高新技术示范推广基地的苹果、桃、李等果树由于连续种植多年，品种老化，大小年现象比较严重。如果你是该基地的生产技术主管，请问可以采取哪些办法能够迅速更新复壮上述果树品种，提高产品质量和产量，获得较好的经济效益？

【任务分析】

果树的常规繁殖育苗和品种的改良复壮通常可以采用嫁接的技术方法。若想熟练掌握此项嫁接技术，需要选择好优良的砧木与接穗，明确适宜的嫁接时期，熟悉基本的嫁接方法和真正掌握实用的嫁接技术，以及正确调控嫁接苗的环境因素等操作技能。

【相关知识】

一、嫁接繁殖的特点及应用

嫁接繁殖是将园艺植物优良品种植株上的枝或芽，通过嫁接技术转接到另一植株的枝、干或根上，使其成活形成新植株的繁殖方法。

通过嫁接培育的苗木称嫁接苗。用来嫁接的枝或芽称为接穗，而承受接穗的植株叫砧木。

（一）嫁接繁殖的特点

1. 优点

（1）克服某些植物不易繁殖的缺点　观赏植物中一些植物品种由于培育目的而没有种子或极少有种子形成、扦插繁殖困难或扦插后发育不良，而用嫁接繁殖可以较好地完成繁殖育苗工作。如花卉中的重瓣品种、果树中的无核葡萄、无核柑橘、柿子等。

（2）保持原品种的优良性状　蔬菜、花卉嫁接繁殖中所用的接穗均来自具有优良品质的母株，遗传性稳定，在提高产量、增加观赏效果上优于种子繁殖的植物。虽然嫁接后不同程度地受到砧木的影响，但基本上能保持母本的优良性状。

（3）能提高接穗品种的抗性和适应性　嫁接用的砧木有很多优良特性，进而影响到接穗，使接穗的抗病虫害、抗寒性、抗旱性和耐瘠薄性有所提高。例如，君迁子上嫁接柿子，可提高柿子的抗寒性；苹果嫁接在海棠上可抗棉蚜。再如，酸枣耐干旱、耐贫瘠，用它作砧木嫁接枣，就增加了枣适应贫瘠山地的能力；枫杨耐水湿，嫁接核桃，就扩大了核桃在水湿地上的栽培范围。

（4）提前开花结实　由于接穗嫁接时已处于成熟阶段，砧木根系强大，能提供充足的营养，使其生长旺盛，有助于养分积累。所以嫁接苗比实生苗或扦插苗生长茁壮，提早开花结实。如柑橘实生苗需10～15年方能结果，嫁接苗4～6年即可结果；苹果实生苗6～8年才结果，嫁接苗仅4～5年就结果；银杏苗嫁接银杏结果枝，当年就可以结果。在材用树种方面，通过嫁接提高了树木的生活力，生长速度加快，从而使树木提前成材。

（5）改变植株造型　通过选用砧木，可培育出不同株型的苗木，如利用矮化砧寿星桃嫁接碧桃；利用乔化砧嫁接龙爪柳；利用蔷薇嫁接月季，可以生产出树月季等，使嫁接后的植物具有特殊的观赏效果。

（6）成苗快　由于砧木比较容易获得，而接穗只用一小段枝条或一个芽，因而繁殖期短，可大量出苗。

（7）提高观赏性和促进变异　嫁接还可使一树多种、多头、多花，提高其观赏价值。金叶女贞叶色金黄，嫩叶鲜亮，但植株低矮，只适合作模纹花坛和色块，如将金叶女贞嫁接在大叶女贞上，就可以大大提高主干高度，将其修剪成球形、云片、层状分布，绿化造景中观赏效果更加突出；对于仙人掌类植物，嫁接后，由于砧木和接穗互相影响，接穗的形态比母株更具有观赏性。有些嫁接种类由于遗传物质相互影响，发生了变异，产生了新种。著名的龙凤牡丹，就是绯牡丹嫁接在量天尺上发生的变异品种。

2. 缺点

嫁接繁殖也有一定的局限性和不足之处。例如，嫁接繁殖一般限于亲缘关系近的植物，要求砧木和接穗的亲和力强，因而有些植物不能用嫁接方法进行繁殖；单子叶植物由于茎结构上的原因，嫁接较难成活。此外，嫁接苗寿命较短，并且嫁接繁殖在操作技术上也较繁杂，技术要求较高；有的还需要先培养砧木，人力、物力投入较大；温湿度都会对嫁接伤口的愈合产生影响，故嫁接后的管理较麻烦。

（二）嫁接繁殖的应用

园艺植物中绝大部分果树用嫁接繁殖，嫁接在果树生产上除用以保持品种的优良特性外，也用于提早结果，克服有些种类不易繁殖的困难，抗病免疫，预防虫害；此外，还可利用砧木的风土适应性扩大栽培区域，提高产量和品质；以及使果树矮化或乔化等；在花卉上多用于木本观赏植物，以及不能扦插或种子繁殖的花卉。如用山桃、山杏嫁接梅花、碧桃，用小叶女贞嫁接桂花，用黄蒿、仔蒿嫁接菊花，用榆叶梅实生苗嫁接重瓣榆叶梅等等；在果树、花木上，对于自然界的芽变、枝变或杂交育种选育出的优良株系，为了保存变异和早期鉴定均可用嫁接繁殖；在蔬菜上，为了防病、增产，有的也用嫁接繁殖，如利用黑籽南瓜作砧木嫁接黄瓜，用瓠瓜、黑籽南瓜作砧木嫁接西瓜等。

二、影响嫁接成活的因素

1. 嫁接亲和力

嫁接亲和力是指砧木和接穗经嫁接能愈合成活并正常生长发育的能力，具体是指砧木和接穗两者在内部组织结构、生理和遗传特性等方面的相似性或差异性。砧木与接穗不亲和或亲和力低主要表现在以下方面。

（1）伤口愈合不良　嫁接后不能愈合，不成活，或愈合能力差，成活率低；或有的虽能愈合，但接芽不萌发；或愈合的牢固性很差，以后极易断裂。

（2）生长结果不正常　嫁接后枝叶黄化，叶片小而簇生，生长衰弱，甚至枯死。有的早期形成大量花芽，或果实发育不正常，畸形，肉质变劣等。

（3）大小脚现象　砧木与接穗接口上下生长不协调，有的“大脚”，有的“小脚”，也有的呈“环缢”现象。

（4）后期不亲和　有些嫁接后愈合良好，前期生长和结果也正常，但若干年后则表现严重的不亲和，如桃嫁接在毛樱桃砧上，进入结果期后不久，即出现叶片黄化、焦梢、枝干衰弱甚至枯死的现象。嫁接亲和力是嫁接成功的基本条件，亲和力的强弱主要取决于砧木与接穗之间亲缘关系的远近，一般亲缘关系越近，亲和力越强。但有些异属植物之间嫁接也能够成活，如榅桲上嫁接西洋梨，枸子、牛筋条上嫁接仁果类苹果、梨、山楂等，表现轻度不亲和，有矮化特性。另外，砧木和接穗的代谢状况、生理生化特性与嫁接亲和力也有关系，如中国栗接在日本栗上，由于后者吸收无机盐较多，影响前者的生育，产生不亲和。

2. 嫁接的极性

砧木和接穗都有形态上的顶端和基端，愈伤组织最初发生在基端部分，这种特性可影响砧木和接穗接口部的生长。常规嫁接时，接穗的形态基端应插入砧木的形态顶端部分（即异端嫁接），这一正确的极性关系对接口愈合和成活是有利的。否则就不能成活，或成活后生长不良，发生早衰枯死。

3. 嫁接时期

嫁接时期主要与砧木和接穗的活动状态及气温、土温等环境因素关系密切。一般砧穗形成层都处在旺盛活动状态时，气温在20～25℃（热带植物在25～30℃）的条件下愈伤组织形成快，嫁接易成活。生产上要依树种特性、嫁接方法要求，选择适期嫁接。

4. 砧穗质量

砧木和接穗发育充实，储藏营养物质和水分较多时，嫁接后容易成活。因此，应选择组织充实健壮、芽体饱满的枝条作接穗。

5. 接口湿度和光照

愈伤组织是嫩的薄壁细胞，嫁接时保持较高的接口湿度（相对湿度达95%以上，但不能积水），有利于愈伤组织的产生。因此，接合部位要包扎严密，起到保湿作用，同时避免风雨天嫁接。光照条件下愈伤组织形成减缓，因此，接口部位也要尽可能遮光。

6. 嫁接技术

嫁接技术是决定嫁接成活与否的关键条件。嫁接时砧木和接穗削面平滑，形成层对齐，接口绑紧，包扎严密，操作过程干净迅速，则成活率高。反之，削面粗糙，形成层错位，接口缝隙大，包扎不严，操作不熟练等均会降低成活率。

7. 伤流、树胶、单宁物质的影响

核桃、葡萄等果树根压较大，春季根系开始活动后，地上部伤口部位易出现伤流。若伤流量大，会窒息切口处细胞的呼吸而影响愈伤组织产生及嫁接成活。此外，桃、杏等树种伤口部位易流胶；核桃、柿等切口细胞内单宁易氧化形成不溶于水的单宁复合物，这些都会形成隔离层，影响愈伤组织的形成而降低成活率。

三、嫁接繁殖的关键技术

1. 选择亲和力强的砧木和接穗

亲和力是指砧木和接穗经嫁接而能愈合的能力，一般情况下，亲缘关系越近，亲和力就越强，嫁接的成活率也就越高。

2. 选择生活力强的砧木和接穗

生活力与砧木和接穗营养器官积累的养分有关，营养器官积累的养分越多，发育越充实，则生活力就越强。因此，在嫁接前应加强砧木的水肥管理，使其积累更多的养分，并且选择发育成熟、芽眼饱满的枝条作接穗。

3. 选择最佳的嫁接时期

一般枝接宜在果树萌发前的早春进行，因为此时砧木和接穗组织充实，温湿度等也有利于形成层的旺盛分裂，加快伤口愈合。而芽接则应选择在生长缓慢期进行，以利于嫁接成活，第二年春天发芽成苗为好。

4. 利用植物激素促愈合

接穗在嫁接前用植物激素进行处理，如用200～300mg/L的萘乙酸浸泡6～8h，能促进形成层的活动，从而促进伤口愈合，提高嫁接的成活率。

5. 规范技术操作

嫁接时动作要准确迅速，并严格按要求削好砧木和接穗，接面要平滑，使砧木和接穗的形成层紧密接合，绑缚松紧适度，并适时解绑。

【任务实施】

一、工作准备

1. 材料准备

（1）砧木　毛桃、圆叶海棠、M9、杜梨、樱砧王、山杏等。

（2）接穗 苹果、桃、樱桃、梨、李、杏等。

2. 用品准备

嫁接刀、剪枝剪、铁锹、铁钯、卷尺、塑料条带、梯子、手套、手锯等。

二、工厂化嫁接繁殖育苗的操作技术流程

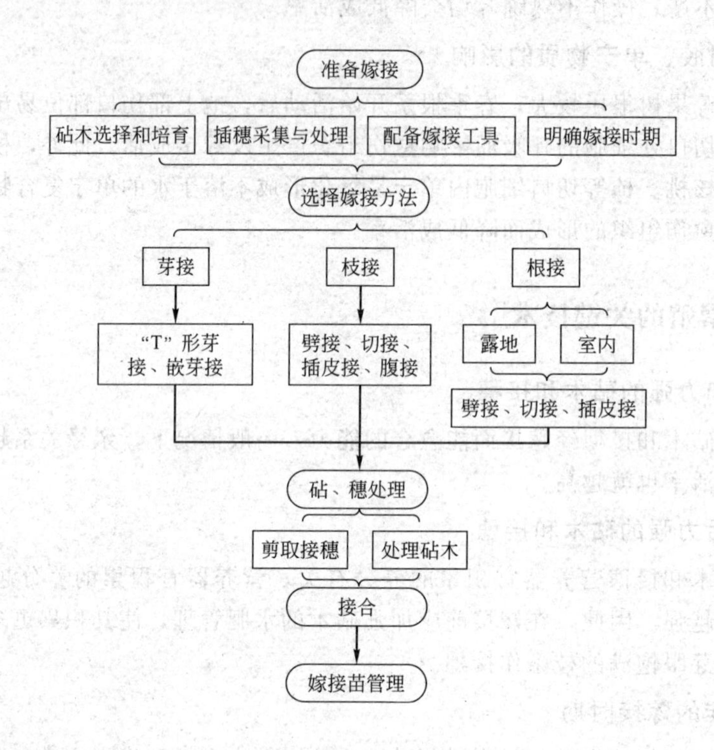

三、嫁接准备

（一）砧木的选择和培育

1. 砧木的选择

依其繁殖方式不同，砧木有实生繁殖砧木和营养繁殖砧木之分；依其嫁接后长成的植株高矮、大小，可分为乔化砧和矮化砧；依其利用形式可分为自根砧和中间砧。生产上可根据实际情况，选择合适的砧木类型。具体选择原则如下。

① 应与接穗有良好的亲和力。

② 对接穗生长、结果有良好的影响，如生长健壮、开花结果早、丰产优质及长寿等。

③ 对栽培地区的气候、土壤环境条件的适应能力强，如抗寒、抗旱、抗涝、耐盐碱等。

④ 能满足特殊的栽培需要，如乔化、矮化、抗病虫等。

⑤ 繁殖材料来源广泛，易于大量繁殖。

2. 砧木的培育

通常以条播、点播的实生苗或撒播的移栽苗作砧木最好。它具有根系深、抗性强、寿命长和易大量繁殖等优点。但对种子来源少或不易用种子繁殖的园艺植物，也可用扦插、分

株、压条等营养繁殖苗作为砧木。

（二）接穗的采集与处理

1. 接穗的采集

接穗应采自品质优良纯正、观赏或经济价值高、生长健壮、无病虫害的青壮年母树。从采穗母树的外围中上部，选向阳面、光照充足、发育充实的1～2年生枝条作为接穗。春季嫁接，一般采取节间短、生长健壮、发育充实、芽体饱满、无病虫害、粗细均匀的一年生枝条。但有些树种也可用二年生以上的枝条作接穗，如无花果等。夏季嫁接，一般采用芽接，接穗主要采用当年生的发育枝，宜随采随接。从外地采回的接穗，要立即剪去嫩梢和叶片（保留叶柄），及时用湿布包裹。也有采用前一年秋冬经储藏的一年生枝条，如枣树的一年生枝条可储藏到第二年5～6月份嫁接。秋季枝接、芽接一般都采用当年生的健壮枝条。

2. 接穗的处理

（1）接穗的储藏　春季枝芽接用的接穗，可结合冬季修剪工作采集。采下后要立即修整成捆，挂上标签，标明品种、数量，用沟藏法埋于湿沙中储存起来，温度以0～10℃为宜。也可罐藏、井藏或窖藏（图5-4）。少量的接穗可放在冰箱中。近年来一般采用蜡封储存的方法，其优点是对接穗的保湿性好，田间操作简便，只需把接口部分用塑料薄膜绑缚严密即可，接穗部分不用另加保湿措施。实践证明，对硬枝接穗采用蜡封技术，可显著提高嫁接成活率。

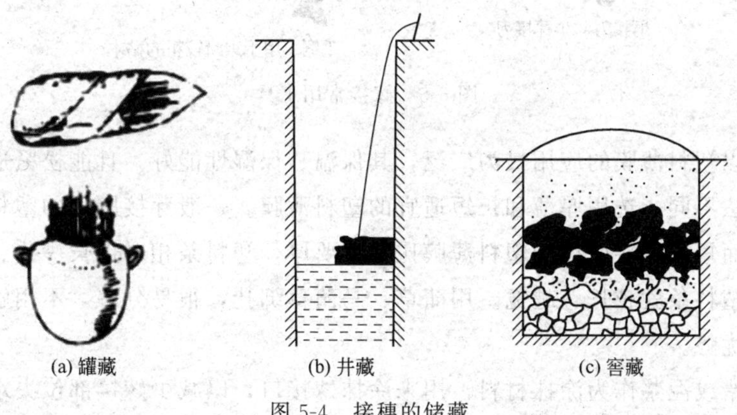

图5-4　接穗的储藏

生长季进行嫁接（芽接或绿枝接）用的接穗，采下后要立即剪除叶片，保留叶柄，以减少水分蒸发。剪去梢端幼嫩部分，每百枝打成捆，挂上标签，写明品种与采集日期，用湿草、湿麻袋或湿布包好（外裹塑料薄膜保湿更好），但要注意通气。一般随采随用为好，提前采的或接穗数量多一时用不尽的，可悬吊在较深的井内水面上（避免沾水）或插在湿沙中。短时间存放的接穗，也可以插泡在水盆里。

（2）接穗的运输　异地引种的接穗必须做好储运工作。蜡封接穗可直接运输，不必经特殊包装；未蜡封的接穗及芽接、绿枝接的接穗及常绿果树接穗要保湿运输。将接穗用木屑或洁净的刨花包埋在铺有塑料薄膜的竹筐或有通气孔的木箱内，接穗量少时可用湿草纸、湿布、湿麻袋包卷，外包塑料薄膜，留通气孔，随身携带，注意勿使受压，运输中应严防日晒和雨淋。夏秋高温季节最好能冷藏运输，途中要注意检查湿度和通气状况。接穗运到后，要立即打开检查，安排嫁接和储藏。

（三）配齐嫁接工具

1. 常规工具

嫁接方法不同，砧木大小不同，所用的工具也不同。嫁接工具主要有嫁接刀、修枝剪、手锯、手锤等（图 5-5）。嫁接刀可分为芽接刀、枝接刀、单面刀片、双面刀片等，还有磨刀石。为了提高工作效率，提高嫁接成活率，嫁接前要及时磨好刀具，使刀口锋利。

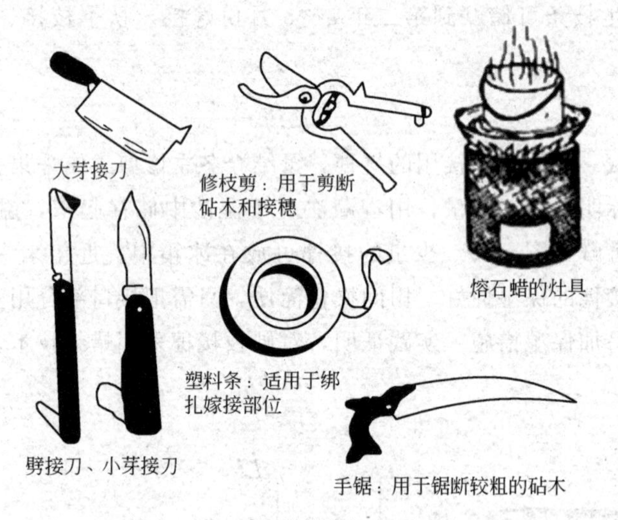

图 5-5　嫁接常用工具

绑扎材料以塑料薄膜的应用最为广泛，其保温、保湿性能好，且能松紧适度。根据砧木粗细和嫁接方法不同，选用厚薄和长短适宜的塑料薄膜。一般芽接所用的塑料薄膜较薄，剪成的塑料条窄而短，枝接所用的塑料薄膜比芽接要厚，塑料条相对也长一些、宽一些。砧木越粗，所用的塑料条就越长、越宽。用蒲草、马蔺草绑扎，很易分解，不用解绑，用根作砧木时具有较大优势。

通常用接蜡或泥浆作为涂抹材料，用来涂抹嫁接口，以减少嫁接部位失水，防止病菌侵入，促进愈合，提高嫁接成活率。泥浆用干净的生黄土加水搅拌成稠浆状即可。接蜡分固体接蜡和液体接蜡两种。固体接蜡的原料为松香 4 份、石蜡 2 份、动物油（或植物油）1 份，按比例配置而成。先将动物油加热至沸，再将石蜡、松香倒入充分熔化，然后倒入冷水中冷却，凝固成块。使用前加热熔化。液体接蜡的原料是松香（或松脂）8 份、凡士林（或油脂）1 份，两者一同加热，待全部熔化后，稍稍冷却，再放入乙醇，数量以起泡沫但泡沫不过高，发出“滋滋”的声音为适宜。然后注入 1 份松节油，最后再注入 2～3 份乙醇，边注边搅拌，即成液体接蜡。液体接蜡使用方便，用毛笔蘸取涂抹切口，乙醇挥发后即能形成蜡膜。液体接蜡易挥发，需用容器封闭保存。

2. 嫁接机器

对于育苗专业户和育苗公司来说，如果仅靠人工嫁接，由于工作效率低和嫁接技术水平差，容易耽误嫁接时机，他们希望采用嫁接机作业。小型和半自动式嫁接机，由于结构简单，操作容易，价格低廉，在市场上受到欢迎（图 5-6）。适用于果树、西瓜、黄瓜等瓜类蔬菜苗的半机械化嫁接作业。

图 5-6 嫁接机器

(四) 确定嫁接时期

适宜的嫁接时期是嫁接成活的关键因素之一，嫁接时期的选择与植物的种类、嫁接方法、物候期有关。一般来讲，枝接宜在春季芽未萌动前进行；芽接则宜在夏、秋季砧木树皮易剥离时进行；而嫩枝接多在生长期进行。

1. 春季嫁接

春季是枝接的适宜时期，主要在 2 月下旬至 4 月中旬，一般在早春树液开始流动时即可进行。落叶树宜用经储藏后处于休眠状态的接穗进行嫁接，常绿树采用去年生长未萌动的一年生枝条作接穗。如接穗芽已萌发，则会影响成活率，但有的花木或果树如蜡梅、柿则以芽萌动后嫁接成活率高。春季嫁接，由于气温低，接穗水分平衡好，易成活，但愈合较慢。大部分植物适于春季嫁接。

2. 夏季嫁接

夏季是芽接和嫩枝接的适宜期，一般是 5～7 月，尤其以 5 月中旬至 6 月中旬最为适宜。此时，砧、穗皮层较易剥离，愈伤组织形成和增殖快，利于愈合。常绿树如山茶、杜鹃等均适宜于此时嫁接，长江流域及其以南地区的桃、李等，也可此时嫁接。

3. 秋季嫁接

秋季也是芽接的适宜时期，从 8 月中旬至 10 月上旬。这时期新梢成熟，养分储藏多，并已完全形成，充实饱满，也是树液流动形成层活动的旺盛时期，因此，树皮容易剥离，最适宜芽接。如樱桃、杏、桃、李、榆叶梅、苹果、梨、枣、月季等都适宜于此时芽接。

总之，只要砧、穗自身条件及外界环境能满足要求，即为嫁接适期。同时还要注意短期的天气条件，如雨后树液流动旺盛，比长期干旱后嫁接为好，阴天无风比干晴、大风天气嫁接为好，接后一周不下雨比接后马上遇到阴雨天为好。

四、选择嫁接方法

根据接穗来源，园艺植物常用的嫁接方法有芽接、枝接和根接等。

(一) 芽接

凡是用一个芽片作接穗的嫁接方法称芽接。芽接操作简便，嫁接速度快；砧木和接穗利用经济，繁殖系数高；接口易愈合，成活率高，成苗快；适宜嫁接时期长；便于补接。常用的芽接方法有“T”字形芽接和嵌芽接等。

1. “T”字形芽接

“T”字形芽接是生产中常用的一种方法，常用在1～2年生的实生砧木上。做法是：采取当年生的新鲜枝条作接穗，将叶片除去，留有一段叶柄，先在芽的上方0.5cm左右处横切一刀，刀口长0.8～1.0cm，深达木质部，再从芽下方1～2cm处用刀向上斜削入木质部，长度至横切口即可，然后用拇指和食指捏住芽片两侧向左右掰动，将芽片取下。在砧木距地面5～10cm光滑无疤的部位横切一刀，深度以切断皮层为准，再在横切口中间向下纵切一个长1～2cm的切口，使切口呈“T”字形。用芽接刀撬开切口皮层，随即把取下的芽片插入，使芽片上部与“T”字形横切口对齐，最后用塑料条带将切口自下而上绑扎严紧（图5-7）。芽片随取随接。

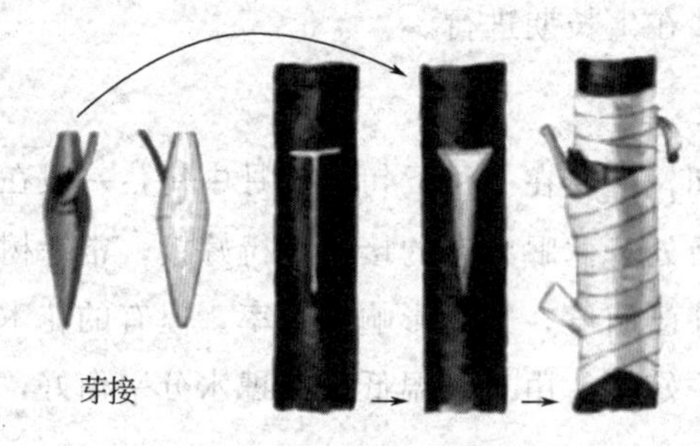

图5-7　“T”字形芽接

2. 嵌芽接

当砧木或接穗不易离皮时选用此法。取芽时先在接穗芽的上方0.8～1cm处向下斜切一刀，长约1.5cm，入刀深度为枝条的1/3～1/2。再在芽下方0.5～0.8cm处斜切一刀，至上一刀底部，取下芽片。在砧木距地面5～10cm光滑无疤的部位上切相应切口，规格略大于芽片，然后将芽片嵌入砧木切口中，进行严密绑缚（图5-8）。注意芽片若小于砧木上的切口时，保证形成层一侧对齐。

芽接中需当年萌发的接芽，绑缚时要求露出接芽；不需当年萌发的，则可以将接芽绑缚于塑料条内，等春天剪砧时再露出。

(二) 枝接

利用植物的枝条作接穗的嫁接方法，称为枝接。枝接成活率较高，嫁接苗生长快，但操

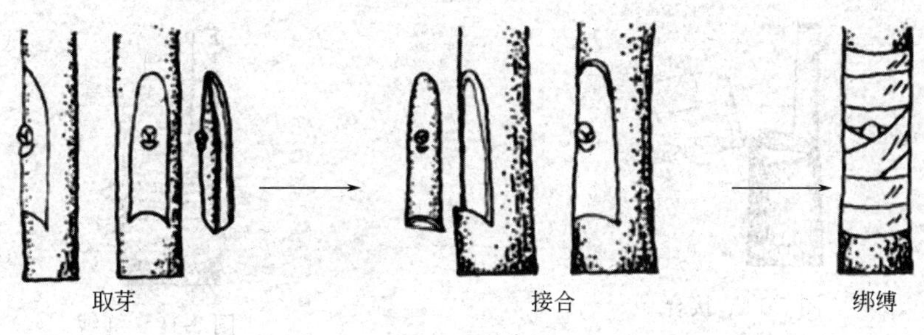

图 5-8 嵌芽接

作技术不如芽接容易掌握，接穗利用较多；同时，要求砧木有一定的粗度，且繁殖系数较低。枝接分为硬枝嫁接和嫩枝嫁接。硬枝嫁接多在春季砧木萌芽前进行；嫩枝嫁接在生长季节进行。按接口处理的形式，枝接又可分为劈接、切接、插皮接、腹接、舌接、靠接等多种方法。

1. 劈接法

劈接法是在砧木的截断面中央垂直劈开接口进行嫁接的方法。适用于大部分砧木较粗大（根径 2～3cm）的落叶树种，通常在砧木较粗、接穗较细时采用。常使用劈接的树种有杨树、柳树、榆树、刺槐、国槐、核桃、板栗、楸树、枣、柿等。

（1）剪取接穗　把采集的枝条去掉梢头和基部芽子不饱满的部分，将其剪截成 8～10cm 长、带有 2～3 个芽的接穗。然后在接穗基芽下端 3cm 处两侧削成 2.5～3.5cm 长的楔形斜面（图 5-9）。当砧木比接穗粗时，接穗下端削成偏楔形，使有顶芽的一侧较厚，另一侧稍薄，有利于接口密接；砧木与接穗粗细一致时，接穗可削成正楔形，这样不但利于砧木含夹，而且两者接触面大，有益于愈合。

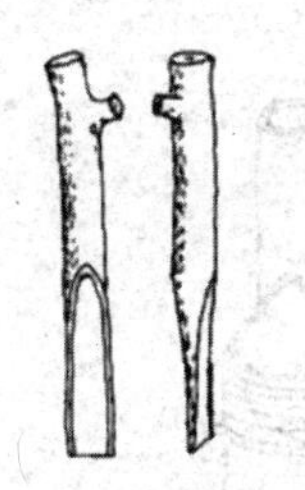

图 5-9 剪取接穗

图 5-10 处理砧木

接穗斜面要平整光滑，这样斜面容易和砧木劈口紧靠，两者的形成层容易愈合。接穗削好后注意保湿，防止水分蒸发和沾上泥土。

（2）处理砧木　根据砧木的粗细，可从距地面 5～10cm 高处剪断或锯断砧木，并把断面削平以利于愈合。用劈接刀轻轻从砧木断面中央处垂直劈下，劈口长 3～4cm（图 5-10）。

（3）接合　砧木劈开后，用劈接刀轻轻撬开劈口，将削好的接穗迅速插入，使接穗与砧木的形成层对准，并注意接穗削面稍厚的一侧朝外。如接穗较砧木细，可把接穗紧靠一边，保证接穗和砧木有一边形成层对准。粗的砧木还可两边各插一个接穗，出芽后保留一个健壮的。插接穗时，不要把削面全部插进去，要外露 0.2～0.3cm，这样接穗和砧木的形成层接触面较大，有利于分生组织的形成和愈合（图 5-11）。

（4）绑缚　接合后立即用塑料薄膜带绑缚紧，以免接穗和砧木形成层错开（图 5-12）。

图 5-11　接合

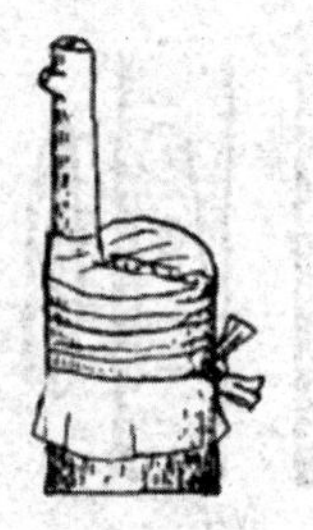
图 5-12　绑缚

2. 切接法

切接是枝接中较常用的方法，用于根颈 1～2cm 粗的砧木作地面嫁接。适合于大部分园艺树种，在砧木略粗于接穗时采用。

（1）接穗削取　把接穗截成长 5～8cm、带有 3～4 个芽的枝段，将其下部削出两个斜面，一长一短，长斜面 2～3cm，对面短斜面不足 1cm，使接穗基部呈扁楔形。

（2）砧木处理　在离地 4～6cm 处剪断砧木。在砧木断口上选皮厚光滑纹理顺的一边，用刀在断面皮层内略带木质部的地方垂直切下，深度略短于接穗的长斜面，宽度与接穗直径相同。

（3）接合　把接穗长斜面朝里，插入砧木切口，务必使接穗与砧木的形成层对准靠齐，如果不能两侧都对齐，至少应对齐一侧。

（4）绑缚　用麻皮或塑料条等扎紧，外涂封蜡，并由下而上覆盖湿润松土，高出接穗 3～4cm，勿镇压。

切接法见图 5-13。

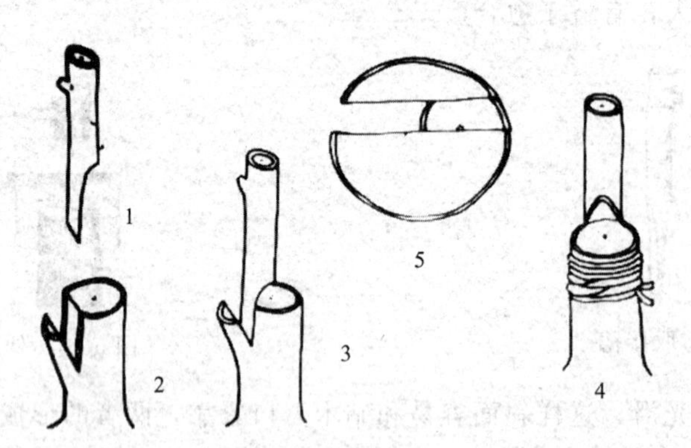

图 5-13　切接法

1—接穗削取；2—砧木处理；3—接穗与砧木接合；4—绑缚；5—接合处的横切面

3. 插皮接

插皮接是枝接中常用的一种方法，容易掌握，成活率较高。凡砧木直径在 10cm 以上者都可以采用，多用于高接换头。该法操作简单、迅速，但必须在砧木芽萌动、离皮的情况下才能进行。

（1）接穗削取　将接穗削成 3～5cm 长的斜面，如果接穗粗，斜面可再长些。把长斜面的对面削成 1cm 左右的短斜面，使下端形成一个偏楔形。接穗留 2～3 个芽，顶芽要留在大斜面的对侧，接穗底部的厚度一般在0.3～0.5cm，具体应根据接穗的粗细及树种而定。

（2）砧木处理　在砧木上选择适宜高度、较平滑的部位锯断或剪断，断面要与枝干垂直，并用刀削平，以利于愈合。在砧木断面上选一光滑且弧度大的部位，由上到下通过皮层纵向划一个比接穗斜面稍短一点的切口，深达木质部。

（3）接合　在切口处用刀将树皮向左右两侧轻轻挑起，把接穗对准皮层切口中间，长斜面贴向木质部，在砧木的皮层和木质部之间插入并外留0.5cm的空白，然后绑缚（图5-14）。

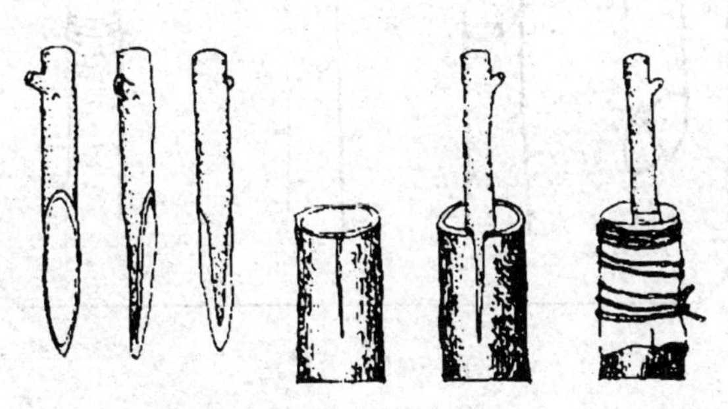

图5-14　插皮接

4. 腹接法

腹接法是把接穗接在砧木的中部，也就是嫁接在腹部，多用于填补植株空间，以增加内膛枝量。方法是：将接穗基部削成具有两个等长斜面的楔形，斜面长1.5～2cm，留1～4个芽剪下。砧木嫁接部位剪断或不剪断，在一侧向下约呈30°角斜切一切口，深度与接穗斜面相应。然后将接穗插入切口，用塑料条带绑扎（图5-15）。

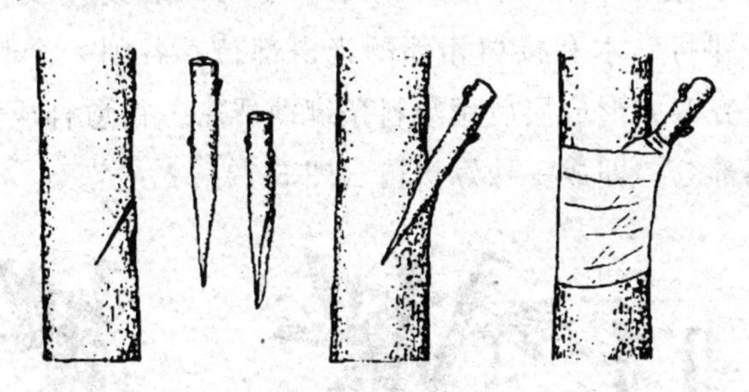

图5-15　腹接法

5. 舌接法

舌接又称对接。常用于葡萄硬枝接和成活较难的树种，要求砧木与接穗的粗度要基本相同。舌接方法比较复杂，但切口接合紧密牢固。

（1）削接穗　将接穗下芽的背面削成3cm长的斜面，然后在斜面的下1/3处，顺着枝条往上劈，劈口长约1cm，成舌状。

（2）削砧木　将砧木的上端削成3cm长的斜面，在斜面的上1/3处，顺着砧木往下劈，劈口长约1cm。

砧木和接穗的斜面部位要相对应，以便于互相交叉、夹紧。

（3）插接穗　将接穗的劈口插入砧木的劈口中，使二者的舌状部位交叉起来，然后对准形成层，向内插紧。

插接穗后，如果是直立木本，则需绑缚涂蜡和埋土。如果是木质藤本（如葡萄），则可不绑缚或稀绑（图 5-16）。

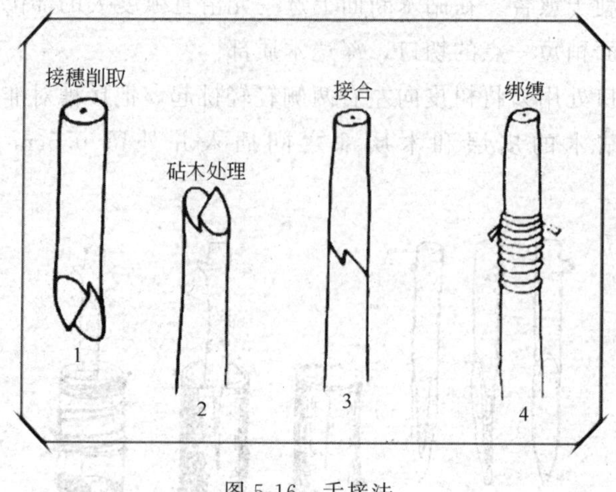

图 5-16　舌接法

1—接穗基部削成舌形接口；2—砧木上端削成舌形切口；3—接穗和砧木接合；4—绑缚

6. 靠接法

靠接法主要用于培育通过其他嫁接法难以嫁接成活的园艺植物。要求砧木与接穗均为自根植株，而且粗度相近，在嫁接前应移植在一起（或采用盆栽，将盆放置在一起）。由于茎的木质化程度不同，草本花卉、蔬菜与木本花卉、果树的靠接方法有所不同。

（1）茎木质化的木本花卉、果树、林木等木本植物的靠接方法　这些植物的茎质地较硬，可采用贴靠接法。即将砧木和接穗相邻的光滑部位，各削一个长 3～5cm、大小相同、深达木质部的切口，对齐双方形成层后用塑料条绑缚严密。待愈合成活后，除去接口上方的砧木和接口下方的接穗部分，即成一株嫁接苗（图 5-17）。

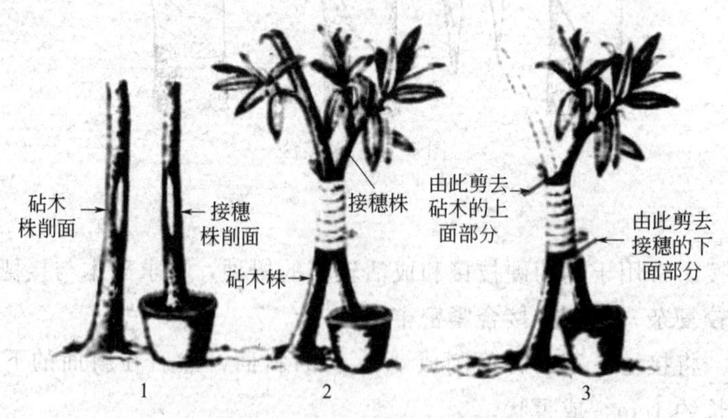

图 5-17　木本植物靠接法

1—砧、穗削面；2—对准形成层绑扎；3—剪去砧木上部和接穗下部

（2）茎非木质化的花卉、蔬菜等草本植物的靠接方法　这些植物的茎质地较软，容易削切，可以采用舌靠接法。即先将砧木苗去心，在子叶下 0.5～1cm 处，按 30°～40°向下斜切，深达茎粗的 1/2，切面长 0.5～0.7cm，然后在接穗苗子叶子下 1.2～1.5cm 处按 30°向

上斜切，深达茎粗的3/5，切面长度与南瓜相同。最后将砧木接穗切口相互嵌入，接口用嫁接夹固定。待愈合成活后，除去接口下方的接穗部分即可（图5-18）。

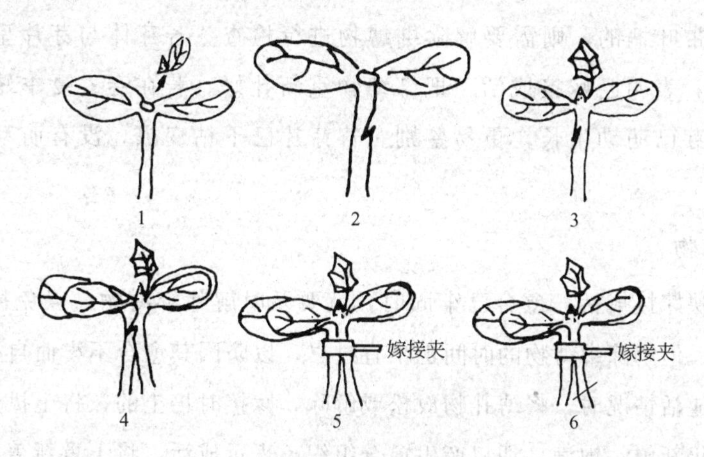

图5-18　草本植物靠接法

1—砧木苗去心；2—砧木苗削切；3—接穗苗削切；4—砧木与接穗结合；5—固定接口；6—剪除接穗下部

（三）根接

根接指用根作砧木进行嫁接。如果是露地嫁接，可选生长粗壮的根在平滑处剪断，用劈接、插皮接等方法。也可将粗度0.5cm以上的根系，截成8～10cm长的根段，移入室内，在冬闲时用劈接、切接、插皮接、腹接等方法嫁接（图5-19）。若砧根比接穗粗，可把接穗削好插入砧根内，若砧根比接穗细，可把砧根插入接穗。接好绑缚后，用湿沙分层沟藏，待早春移植于苗圃。

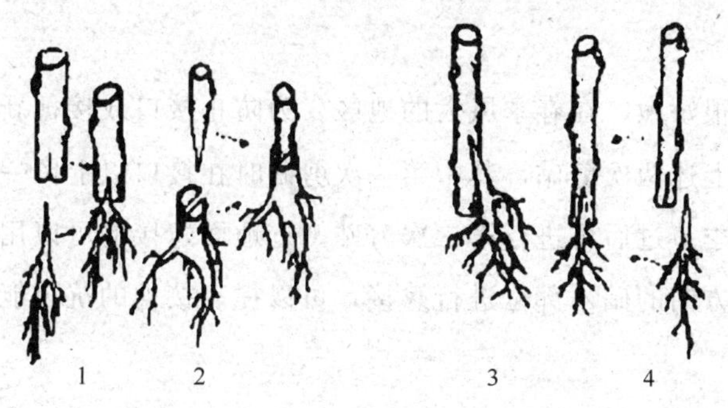

图5-19　根接法

1—倒劈接；2—劈接；3—倒腹接；4—插皮接

五、嫁接后的管理

1. 检查成活

枝接和根接，在接后20～30天即可检查成活情况。凡接穗上的芽已经萌发生长或仍保持新鲜的即已成活。芽接苗在接后7～15天即可检查成活。接芽上有叶柄的，叶柄用手轻轻一碰即落的，表示已成活。这是因为叶柄产生离层的缘故。若叶柄干枯不落的为未成活。接芽不带叶柄的，则需要解除绑缚物进行检查。若芽体与芽片呈新鲜状态，已产生愈伤组织的，表明已嫁接成活，把绑缚物重新扎好。若在春、夏季嫁接的，由于生长量大，可能接芽已萌动生长，更易鉴别。若芽片已干枯变黑，没有萌动迹象，则表明已经死亡。

2. 解除绑缚物

当接穗已反映嫁接成活、愈合已牢固时，就要及时解除绑缚物，以免接穗发育受到抑制，影响其生长。但解除绑缚物的时间也不宜过早，以防因其愈合不牢而自行裂开死亡。在检查枝接、根接成活情况时，将缚扎物放松或解除，嫁接时培土的，将土扒开检查。芽萌动或未萌动，但芽仍新鲜、饱满，切口产生愈合组织，表示成活，将土重新盖上，以防受到暴晒死亡。当接穗新芽长至2～3cm时，即可全部解除绑缚物。

3. 剪砧、抹芽和除蘖

凡嫁接苗已检查成活但在接口上方仍有砧木枝条的（特指枝接中的腹接、靠接和芽接中的大部分），要及时将接口上方砧木的大部分剪去，以利于接穗萌芽生长。剪砧可分两次完成，最后剪口紧靠接口部位。春季芽接的，可和枝接一样同时剪砧；秋季芽接的，应在第二年春季萌动前剪砧。

嫁接成活后，由于接穗与砧木的亲和差异，促使砧木常萌发许多蘖芽，与接穗同时生长，或提前萌生，争夺并消耗大量养分，不利于接穗成活。为集中营养供给接穗生长，要及时抹除砧木上的萌芽和根蘖，一般需除蘖2～3次。

4. 立支柱

接穗在生长初期很娇嫩，在春季风大的地区，为防止接口或接穗新梢风折和弯曲，应在新梢生长后立支柱。上述两次剪砧，其中第一次剪砧时在接口以上留一定长度的茎以代替支柱的作用，待刮风的季节过后再进行第二次剪砧。近地面嫁接的可以用培土的方法代替立支柱。嫁接时选择迎风方向的砧木部位进行嫁接，可以提高接穗的抗风能力。

5. 补接

嫁接失败时，应抓紧时间进行补接。如芽接失败的，且嫁接时间已过，树木不能离皮，则于翌年春季用枝接法补接。对枝接未成活的，可将砧木在接口稍下处剪去，在其萌发枝条中选留一个生长健壮的进行培养，待到夏、秋季节，用芽接法补接。

6. 田间管理

嫁接苗接后愈合期间，若遇干旱天气，应及时灌水。其他培育管理工作，如病虫害防治、施肥、松土、除草等同一般育苗。

【任务考核】

考核项目	考核点		检测标准	配分	得分	备注
工厂化嫁接育苗	技能要点考核（60分）	嫁接季节的确定	嫁接季节合适，符合植物种类和嫁接方法的要求，接穗易成活	5		
		接穗的采集与处理	性状优良，品种纯正，粗壮充实；接穗剪裁适中，储藏、运输包装科学，耐久	20		
		砧木的选择	抗逆性强，与接穗的亲和力好，来源广泛，易繁殖	10		
		嫁接技术	嫁接方法选择准确，嫁接动作熟练、规范、快速	15		
		嫁接苗的管理	管理方法科学、正确，解除绑缚物及时，剪砧、抹芽和除蘖操作应及时有效	10		
	素质考核（20分）	工作态度	认真学习基本理论，勤于操作，善于记录、总结	10		
		团结协作	分工合作、团结互助，并起带头作用	10		
	成果考核（20分）	嫁接苗生长情况	嫁接口愈合迅速，成活率高	10		
			接穗生长正常，初显接穗植株的品种特性	10		

【拓展知识】园艺植物髓心嫁接技术

髓心嫁接是指接穗和砧木切口处的髓心（维管束）相互密接愈合而成的嫁接方法，常用于针叶树种、仙人掌类和瓜类（如西瓜、黄瓜等）植物的嫁接。在温室内一年四季均可进行。与其他嫁接方法的不同之处是只需髓心对齐维管束相接即可。

一、仙人掌类髓心嫁接

常以仙人球或三棱箭为砧木，观赏价值高的仙人球为接穗。先用利刀在砧木上端适当高度处平切，露出髓心。把仙人球接穗基部用利刀也削成一个平面，露出髓心。然后把接穗和砧木的髓心（维管束）对准后，牢牢按压对接在一起，最后用细绳绑扎固定（彩图54)。

二、瓜类髓心嫁接

见图5-20。

1. 砧木的准备

以瓠瓜作砧木为例。将砧木种子播于穴盘或塑料钵中，当砧木第一片真叶展开时即为嫁接最适时期。嫁接时，先用刀片或竹签削除砧木的真叶及生长点，然后用与接穗下胚轴粗细相同、尖端削成楔形的竹签，从砧木右侧子叶的主脉向另一侧子叶下方斜插入约1cm深，以不划破对侧外表皮、隐约可见竹签为宜。

2. 接穗的准备

接穗种子一般比砧木种子晚播7～10天。一般在砧木种子出苗后接穗种子开始浸种催芽，当接穗两片子叶展开时，用刀片在子叶下1.0～1.5cm处削成一长约1cm的偏斜面。

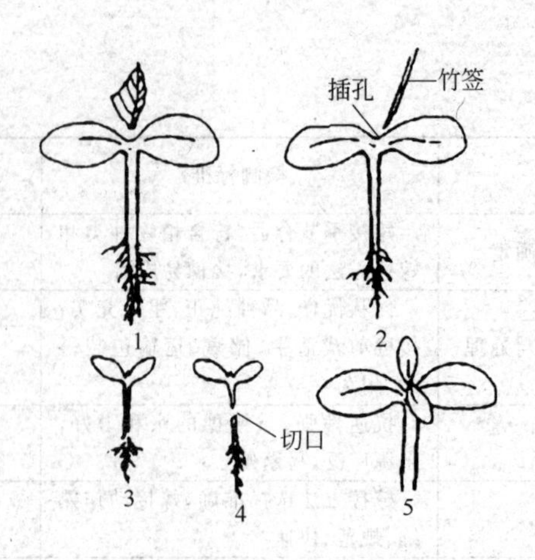

图 5-20　瓜类髓心插接技术

1,2—砧木处理；3,4—接穗处理；5—插接

3. 嫁接

将插在砧木上的竹签拔出，迅即将削好的接穗插入孔中，接穗子叶与砧木子叶成十字形排列。

4. 嫁接后管理

嫁接后前 3 天，小拱棚内白天温度保持 30℃，夜间 25℃，地温 20℃以上，相对湿度 90%以上，10:00～16:00 用草帘遮光。3 天以后逐渐降低温度，白天 25℃，夜间 15℃，相对湿度 70%左右，并逐渐增加光照。7 天以后可去掉覆盖物，必要时适当遮阳，以防黄瓜苗萎蔫。此期间要及时去除瓠瓜苗顶端再次长出的侧芽。定植前一周，可进行低温炼苗，夜间温度降至 10～12℃。早春在黄瓜长至 3～4 片真叶时即可定植。

任务三　工厂化分生育苗

分生育苗是将植物的幼小植株（吸芽、珠芽）萌蘖芽、变态茎与母株切割分离另行栽培成独立植株的育苗方法。常利用植物的吸芽、珠芽、变态茎（包括匍匐茎、攀缘茎、根状茎、球茎、鳞茎、块茎）等营养器官。因园艺植物的生物学特性不同，又可分成分株育苗法和分球育苗法。

子任务一　工厂化分株繁殖育苗

【任务提出】

某公司有一批国兰、红掌、玉簪等宿根花卉植物，要对它们进行分株繁殖，如何操作？

【任务分析】

首先应该了解分株繁殖育苗的优点、条件、适用植物类型，其次要熟练掌握分株繁殖育

苗的操作技能和养护要点。

【相关知识】

1. 分株繁殖育苗的概念

利用某些植物种类能萌生根蘖或灌木丛生的特性，把根蘖或丛生枝从母株上分割下来，另行栽植成新植株的方法。

2. 分株繁殖育苗的时期

主要在春、秋两季进行。此法多用于花灌木的繁殖，要考虑到分株对开花的影响。一般春季开花植物宜在秋季落叶后进行，秋季开花植物应在春季萌芽前进行。大丽菊、美人蕉、丁香、蜡梅、迎春等春季分株，芍药分株宜在9月中下旬至10月上中旬。

3. 注意事项

在分株过程中，根蘖苗一定要有较完好的根系，茎蘖苗除要有较好的根系外，地上部分还应有1～3个基干，这样有利于幼苗的生长。分垛时期一般均在春、秋两季。春天在发芽前进行，秋季在落叶后进行。一般夏秋开花的在早春萌芽前进行，春天开花的在秋季落叶后进行，这样在分株后给予一定的时间使根系愈合长出新根，有利于生长且不影响开花。

【任务实施】

一、工作准备

1. 材料准备

丁香、荷兰菊、玫瑰等母本植株、培养土或其他基质等。

2. 用具准备

铁锹、铲子、斧子、喷壶等。

二、分株繁殖育苗的操作技术流程

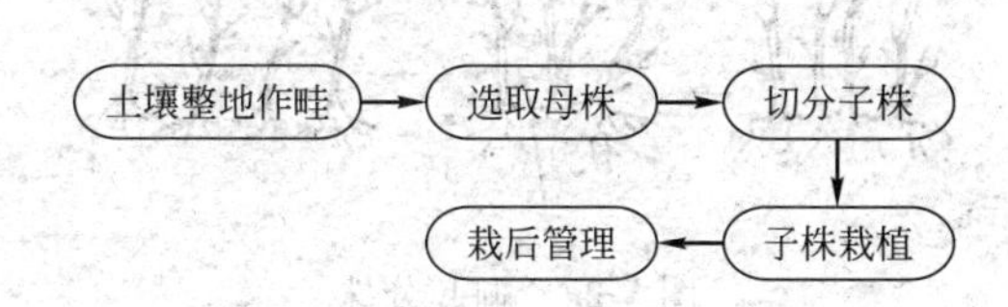

三、分株繁殖育苗的操作方法

1. 灌丛分株

在母株的一侧或两侧挖开，将带有一定茎干和根系的萌株带根挖出，另行栽植（图5-21）。此法适合于易形成灌木丛的植株。如牡丹、黄刺玫、玫瑰、腊梅、连翘、贴梗海棠、火炬树、香花槐等。

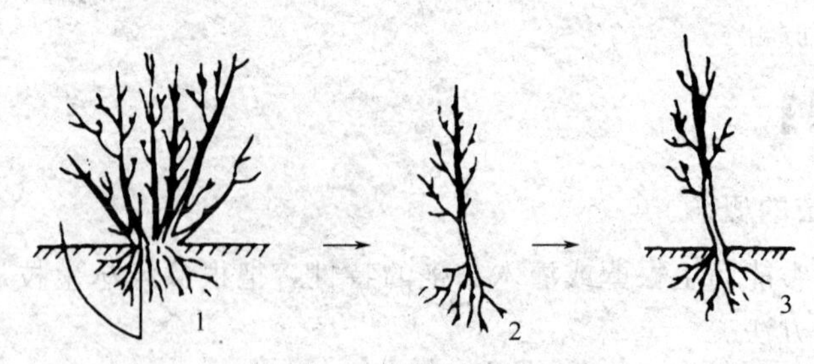

图 5-21　灌丛分株

1—切割；2—分离；3—栽植

2. 根蘖分株

将母株的根蘖挖开，露出根系，用利斧或利铲将根蘖株带根挖出，另行栽植（图 5-22)。如臭椿、刺槐、黄刺玫、枣、珍珠梅、玫瑰、腊梅、紫荆、紫玉兰、金丝桃等，树种常在根上长出不定芽，伸出地面形成一些未脱离母体的小植株，这就是根蘖，分割后栽植易成活。

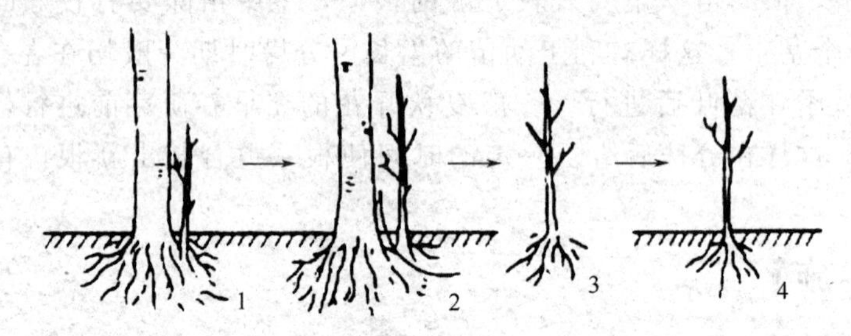

图 5-22　根蘖分株

1—长出的根蘖；2—切割；3—分离；4—栽植

3. 掘起分株

将母株全部带根挖起，用利斧或利刀将植株根部分成有较好根系的几份，每份地上部分均应有 1～3 个茎干（图 5-23)。

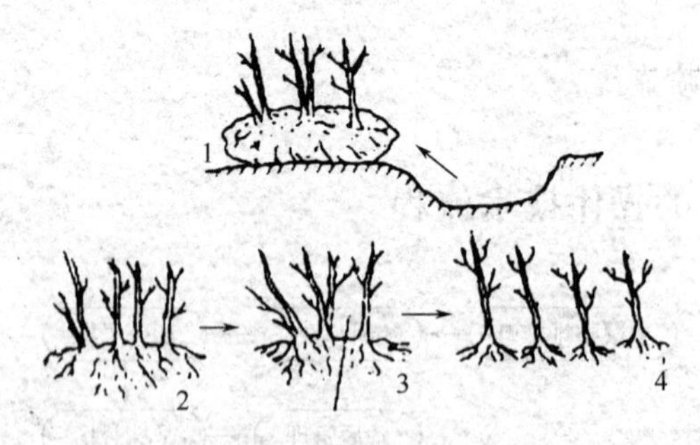

图 5-23　掘起分株

1,2—挖掘；3—切割；4—栽植

子任务二　工厂化分球育苗

【任务提出】

某公司有一批郁金香、风信子、水仙花等球根花卉植物，要对它们进行分球繁殖育苗，如何操作？

【任务分析】

首先应该了解分球繁殖育苗的优点、所需条件和适用植物类型，继而熟练掌握分株繁殖育苗的操作步骤、关键技能及养护要点。

【相关知识】

1. 分球繁殖育苗的概念与特点

将母株上形成的新球根（包括鳞茎、球茎、块茎、块根、根茎等）分离栽植，形成新的植株，这种繁殖方法叫做分球繁殖。分球繁殖具有简单易行、成活率高、成苗快、繁殖简便等优点，但繁殖系数低。适用于能形成球根的宿根花卉和球根花卉等植物，如唐菖蒲、郁金香、小苍兰、晚香玉等。

2. 分球繁殖育苗的种类和时期

（1）分球繁殖育苗的种类　球根类花卉的地下部分能形成肥大的变态器官。根据器官来源的不同可分为块根类、根茎类、块茎类、球茎类、鳞茎类等分球繁殖类型。

（2）分球繁殖育苗的时期　分球宜在植株进入休眠后（休眠季节）球根掘起时进行，此时由于地上部分已经枯萎，对生长的影响不大，只需要将子株与母株自然分开种植即可（如果是群生，再种植就可以调整种球的数量）。如冬季休眠的萱草、朱顶红等；夏季休眠的小苍兰、郁金香、番红花等。或者根据挖球及种植时间来定分球繁殖的季节。

【任务实施】

一、工作准备

1. 材料准备

郁金香、小苍兰、百合等母本植株、培养土或其他基质等。

2. 用具准备

铁锹、铲子、斧子、喷壶等。

二、分球繁殖育苗的操作技术流程

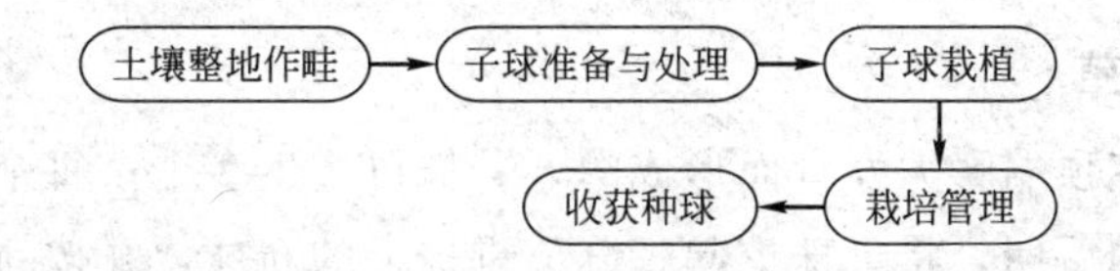

三、分球繁殖育苗的操作方法

1. 球茎类花卉分球繁殖

一般待叶枯黄后，挖出母球并分离子球，将大球和小球分开，放阴凉通风处吹干，注意不能放在烈日下暴晒，以免影响发芽率，如唐菖蒲（图 5-24）。若球茎较潮湿，储藏期易发生腐烂，须储藏在冷凉处。大球种植当年能开花，小球需 2～3 年才能开花。

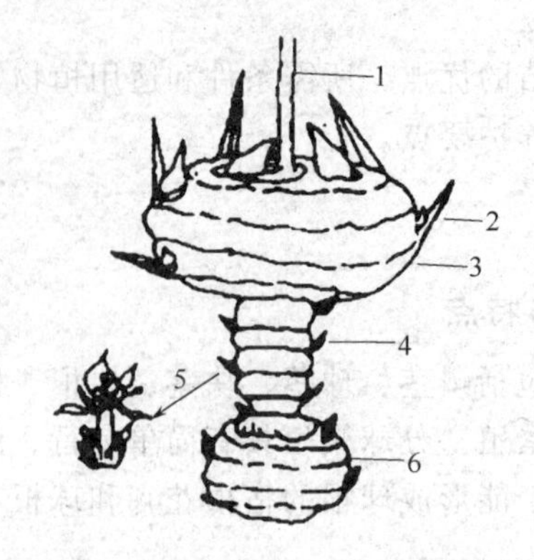

图 5-24 唐菖蒲新球和子球形成的模式

1—花茎；2—隐芽；3—新球；4—形成子球的腋芽；5—子球的形成；6—母球

也可将老球茎分割数块，每块上都要有芽，再另行栽植。

2. 鳞茎类花卉分球繁殖

通常在植株茎叶枯黄、生长停止后将母株挖起，分离母株上的子鳞茎（图 5-25），置通

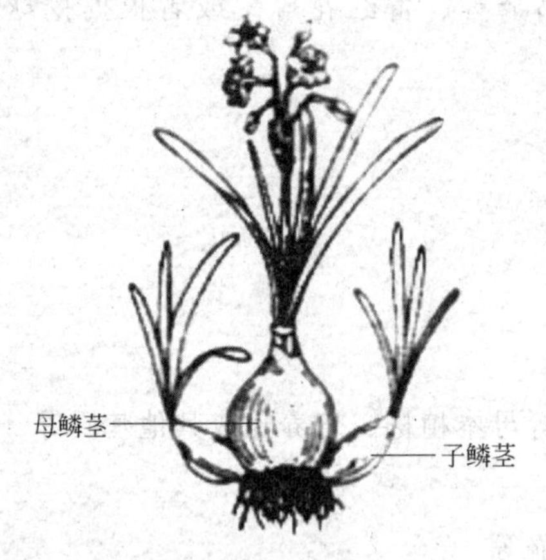

图 5-25 百合鳞茎

风冷凉处休眠，于秋季分别栽种子鳞茎，通过 2～3 年培养就能开花。适用于百合、郁金香、风信子、朱顶红、水仙、石蒜葱兰、红花酢浆草、百合草等。

3. 块茎类分球繁殖

块茎是由地下根茎顶端膨大发育而形成的，一株可产生多个，每个块茎都具有顶芽和侧芽。一般在植株生长的后期，将母株挖起，分离母株上的新球，并按新球的大小分级。大球和中球种植后当年可开花，小子球需经过 2 年培育后才能开花，适用于马蹄莲、彩色马蹄莲、花叶芋等。但也有些花卉，如仙客来，不能自然分生块茎，须人工分割。而人工分割却降低了块茎的观赏价值，因而多用播种繁殖。马铃薯可以将块茎分割成若干小块，每一小块都带有芽眼，栽植后可再生为新的植株（图 5-26）。

(a) 块茎与植株　(b) 块茎的芽眼

图 5-26　马铃薯块茎

4. 块根类分球繁殖

块根是植株地下变态的肥大根，通常成簇着生于根茎处，它们的腋芽都着生在接近地表的根茎上，单纯栽植一个纺锤状的块根不能萌发成新株。因此，分割时每一块根都必须带有根茎部分（图 5-27），常造成分割不便。此法适用于大丽花、花毛茛、番薯等。在实践中，为了操作方便，宜将整墩块根首先栽入土内催芽，然后再采脚芽进行扦插繁殖（图 5-28）。

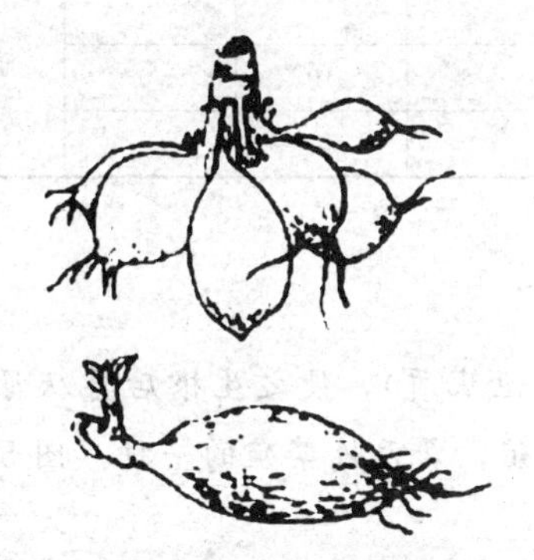

图 5-27　大丽花块根

图 5-28　番薯的块根繁殖

5. 根茎类分球繁殖

用利器将粗壮的根茎分割成数块，每块带有 2～3 个芽，另行栽植培育（图 5-29）。适用于美人蕉、荷花、香蒲、紫菀和鸢尾等。

图 5-29　荷花根茎

【任务考核】

考核项目	考核点			检测标准	配分	得分	备注
工厂化分生育苗	技能要点考核（60分）	分株繁殖育苗	母株选择	选择典型、适宜、正确	10		
			分株操作	动作规范、准确	10		
			栽植及管理	栽植深度、株行距合理，栽后管理及时，针对性强，效果好	10		
		分球繁殖育苗	种球选择	大小适中，健壮，无病虫害	10		
			分球操作	操作规范、正确	10		
			栽植及管理	栽植深度、株行距合适，栽后管理及时有效	10		
	素质考核（20分）	工作态度		勤奋钻研基本理论知识，仔细操作、认真记录和总结	10		
		团结协作		分工合作、团结配合，并起模范带头作用	10		
	成果考核（20分）	分生苗素质		缓苗快，成活率高	10		
				长势旺盛，健壮无病虫	10		

【拓展知识】压条繁殖育苗技术

将枝条暂不切离母株而在一定部位上培土（或用其他基质），使之生根后再从母体割离成为独立、完整的新植株，称为压条繁殖，又称压枝繁殖，是无性繁殖的一种（图5-30）。

图5-30　地面压条繁殖

压条繁殖多用于扦插繁殖不易生根的种或品种，如玉兰、叶子花、扶桑、变叶木、白兰花、山茶花、蔷薇、桂花、樱桃、龙眼等，因为新植株在生根前，其养分、水分和激素等均可由母株提供，且新梢埋入土中又有黄化作用，故较易生根。一般露地草花很少采用这种繁殖方法，仅有一些木本花卉在扦插繁殖困难时或想在短期内获取较大子株时采用高空压条法繁殖。

压条繁殖是无性繁殖中最简便、最可靠的方法，成活率高，成苗快，能够保持母本的优良特性。其缺点是由于枝条来源有限，所得苗木数量较少，不适于大量繁殖苗木的需求；繁殖系数也低。因此，规模化、工厂化育苗生产一般不采用这种方法。

【项目测试与练习】

一、名词解释

1. 扦插繁殖；2. 嫁接繁殖；3. 分球繁殖；4. 砧木；5. 接穗；6. 髓心接。

二、填空题

1. 枝接常用的方法有_______、_______、_______、________、________和______等。

2. 扦插前的准备工作有______、______、______和______。

3. 影响嫁接成活的因素主要有______、______、______、______、______、______和______。

4. 促进扦插生根成活的方法一般有________、______、______、________和______。

5. 芽接常用的方法有______和______。当砧木或接穗不易离皮时选用______法，当砧木或接穗容易离皮时选用______法。

6. 压条繁殖育苗的方法可分为______和______两大类，其中前者又可分为________、______、______和______四种。

7. 仙客来分割块茎繁殖属于______繁殖，荷兰菊切分株丛繁殖属于______繁殖。

三、技能操作题

1. 简述紫背天葵绿枝扦插的基本过程。

2. 说明“T”字形芽接的操作步骤。

3. 百合如何进行分球繁殖？

4. 说明普通压条的操作方法。

5. 说明灌丛分株的操作方法。

四、简答题

1. 什么是自根系繁殖育苗？

2. 嫁接苗木有何优点？

3. 怎样促进插穗的生根能力？

4. 嫁接后如何进行苗期管理？

5. 选择嫁接砧木时需要注意哪些问题？

模块三　工厂化育苗企业管理

项目六　工厂化育苗病虫害防治

- 了解工厂化育苗病虫害防治的意义；了解侵染性病害和非侵染性病害的区别。
- 掌握工厂化育苗过程中病害产生的原因和条件；了解园艺植物育苗过程中常出现的病害、虫害及其特征。

技能目标

- 掌握育苗过程中常见病虫害的发病规律及其防治措施。
- 掌握种苗病虫害综合防治措施。

在工厂化育苗过程中，要培育出高质量、符合标准的园艺植物种苗，除了做好肥水管理、环境条件控制工作外，还要非常重视病虫害的防治工作，因为培育健壮、无病虫的幼苗是判断秧苗质量的重要标准之一。在设施温室育苗过程中，由于幼苗培养密度大，且环境条件较为优越，因此，很容易滋生各种病虫害，能否有效地防治病虫害是育苗成败的关键，也是植物栽培成败的关键。工厂化育苗是集约化生产模式，虽然病虫害发生和传播迅速，但由于管理比较集中，又有利于病虫害的防治。

知识点一　工厂化育苗常见病害及其防治

一、植物病害产生的原因与条件

1. 植物病害产生的原因

植物生长过程中有多种因素容易引起发病，但主要的因素有以下两种。

（1）不良环境影响　植物生存环境中温度、湿度、光照、空气、营养等条件不正常诱发的病害，如营养条件不适宜引起缺素症或中毒症；温度条件不适宜引起高温或低温危害；湿度条件不适宜引起旱害或涝害等。这些条件往往协同作用产生危害，早春低温多雨时节作物幼苗沤根即为一例。不良环境引发的病害不具传染性，又称为非侵染性病害或生理性病害。

（2）病原物侵染　病原物有多种类型，如真菌、细菌、病毒、线虫、寄生性种子植物、放线菌和类病毒等。真菌、细菌、病毒等微生物中的某些种类必须侵入园艺植物体内汲取营养才能存活，而病原物的侵入导致植物发病。如黄瓜霜霉病、番茄花叶病毒病、辣椒疮痂病等均是由不同病原物侵染所致的。由病原物侵染所发生的病害可以相互传染，故又称为侵染性病害。

2. 植物病害产生的条件

植物病害的发生流行必须具备三个基本因素：有大量易感病的寄主植物、致病力强的病原物和适宜发病的环境条件。

植物病害发生与否很大程度上取决于植物自身的抗性。植物苗期发病多在子叶期或真叶尚未完全展开时期，此时种子内储存的养分逐渐耗尽，根系发育又不健全，植株幼嫩，幼茎尚未木质化，幼苗独立生活能力和抗逆性均差，此时若遇到不良环境条件，幼苗生命活动消耗大于积累，则极易发病。

非侵染性病害的发生必然是由于不良环境的影响，而侵染性病害的发生也与环境有密切关系。设施内育苗由于覆盖过严，通风不良，湿度过大，光照不足，幼苗拥挤郁闭，二氧化碳供应不足，为病害发生蔓延创造了条件。尤其是冬季阴雪低温天气、夏季高温阴雨季节容易发病。当苗床内空气和基质湿度大、温度低或高时，幼苗生长细弱，抵抗能力差，而病原菌繁殖和侵染又往往需要高湿环境。高湿的环境条件、生长瘦弱的幼苗和大量繁殖的病原这三者正是导致病害大面积、快速度发生和蔓延的原因。

育苗阶段水分供应过多，通风换气不及时，苗床低温高湿；幼苗拥挤，密度过大，不及时分苗间苗；育苗基质、工具未经灭菌处理重复使用；营养供给不当或使用未充分腐熟的有机肥等均易诱发病害。

二、生理性病害的种类及其防治措施

1. 徒长

（1）表现和特点　叶色浅，茎叶长，根系发育差，根种比值低，茎粗与茎高的比值低；细胞含水量高，含糖量低，抗病性差；定植后往往开花结果期延迟，早熟性差，但总产量影响程度较小。

（2）原因及对策　幼苗在子叶期相对生长速率快，此期如果遇到高温高湿尤其是高夜温，极易引起幼苗的徒长，俗称“拔勃”；真叶展开后相对徒长的现象有所缓和，因此，主要是控制子叶的湿度不能太大，尤其是出苗后要及时降低夜温，必要时可在播种前浇灌底水时添加低浓度的矮壮素（10～20mg/L），对预防徒长效果较好。

2. 老化

（1）表现和特点　叶片肥厚而色深，发暗，苗矮、瘦、茎部硬化，根系发育差，生理活性低，代谢不旺盛；植株可以积累养分，但不能用于正常生长，反而会产生障碍；定植后生长迟缓，尤其是总产量表现较低。

（2）原因及对策　营养液浓度过高或基质中积累的盐分浓度过高，长期低温，尤其是根际温度偏低、干旱、过分应用生长抑制剂等导致幼苗植株老化。实际生产中，营养液浓度和化学控制措施要适当，同时应控制基质中积累的盐分含量，避免根际低温。

3. 边际效应

（1）表现和特点　在利用穴盘进行工厂化种苗生产时往往出现一种特殊现象，处于穴盘边缘的植株生长势弱于盘中央的植株，称为边际效应。育苗盘或育苗床架的周边秧苗表现植株低矮，生长量小，严重的会出现植株老化的症状和表现。

（2）原因及对策　主要是由于水分分布不均匀造成的。盘边缘通风状况良好，基质的持水量小，而且边缘往往是浇水不容易充分的地方，因此很易出现缺水现象，长期缺水势必会影响秧苗的生长发育速度并导致秧苗老化。预防对策是除了正常喷灌外，应额外给边缘补水。国外喷灌机水平末端多加双喷头以保证水分易蒸发部位多给水。

4. 逆边际效应

（1）表现和特点　部分处在苗床中央的幼苗在生长发育过程中发生生长速度较慢的现象，而且这种现象随着育苗期的延长，植株长势越来越弱，以致最终被周围植株全部覆盖而失去育苗价值。这种幼苗往往初期表现低矮，长势较弱，越到后期越明显，严重的则停止生长或逐渐因周围秧苗的茎叶覆盖而导致黄化或死亡。

（2）原因及对策　种子质量良莠不齐，光照、水肥供给不均匀，育苗环境通风不良都易引起逆边际效应，但水分分布不均匀是主要原因。生产时应选择整齐一致的种子进行播种，增强通风透气性，给予充足的光照和均匀的灌水，国外育苗特别注重喷水的均匀度，局部水分过大也会造成生长不均。

5. 烧根

（1）表现和特点　秧苗发生烧根时，根尖发黄，须根少而短，不发或很少发出须根，但秧苗拔出后根系并不腐烂，茎叶生长缓慢，矮小脆硬，容易形成小老苗，叶色暗绿，无光泽，顶叶皱缩。

（2）原因及对策　在无土育苗条件下，产生烧根的主要原因是盐分障碍，有机肥混合不均匀，营养液浓度过高，或在连续喷浇水过程中盐分在基质中逐渐积累而产生盐害。配置营养液时铵态氮的比例较大（超过营养液总氮量的30%）也易引起烧根现象。因此，必须按正式推广应用的营养液配方配置营养液，如果想改进营养液配方，必须经过实验，确切有把握后再应用于大面积生产。在育苗过程中，一般应在浇2～3次营养液后浇1次清水，避免基质内盐分浓度过高。应用营养基质进行无土育苗必须选用定型的产品，切忌自己随意乱配，以免发生浓度危害。

6. 沤根

（1）症状　刚出土的幼苗到长成一定大小的幼苗均可发病。病苗长期不发新根，幼根外皮锈褐色，以后逐渐腐烂，造成地上部茎叶生长受抑，叶片变黄，叶缘枯焦，严重时全株萎蔫枯死，病苗很容易被拔出。

（2）发病原因　植物幼苗沤根与气候条件关系密切，苗床长时间低温、高湿，使幼苗根系处于缺氧状态，呼吸作用受阻，吸水能力降低，生理机能遭到破坏导致沤根。连续阴雪（雨）天气、光照不足、根温过低、基质含水量过大、苗床通风不良时易发病。

（3）防治措施

① 沤根应以防为主。育苗期间注意提高根系温度，用电热温床育苗最佳；浇水量不宜过大，浇水与保水相结合；加强通风排湿。

② 发生轻微沤根时，苗床要加强覆盖保温，提高室温或基质温度，暂停浇水，适当施用增根剂，促使病苗尽快发出新根。

7. 叶片黄化、白化和斑枯

（1）表现和特点　叶片部分或全部变黄、变白、斑枯或形成斑点状的黄化、干枯，引起植株生长缓慢，严重的导致苗期死苗现象。

（2）原因及对策　由于温度过高，强光直射灼烧叶片使之失绿而形成白斑；高温放风过猛，冷风闪苗失绿造成叶片白斑；基质中氮肥严重缺损时造成心叶黄化；基质中酸碱度不适和盐分浓度超标，真叶叶缘形成黄化；出现病毒病或蚜虫刺吸叶片时会在真叶叶片上形成黄绿相间的斑纹；补施叶面肥时，喷施浓度过大，之后没有及时用清水清洗叶面也会造成叶片灼烧黄化。防治方法：注意基质的pH呈弱酸性或中性，严禁用含盐量高的有机肥配制基质；放风炼苗时不宜过猛，应根据外界温度和风向逐渐放风；注意保持苗床温度，防止低温冻害；对于蔬菜类，基质中氮素含量要保持在5～7mg/kg；出苗后每隔3～5天要用多菌灵配合蚜虱净防治病虫害；叶面追肥量要适中，喷后及时用清水清洗叶面；夏季育苗时，12:00～15:00要使用遮阳网，以防阳光直射灼烧秧苗。

三、侵染性病害及其防治措施

1. 猝倒病

（1）症状　幼苗出土前染病造成烂种、烂芽。出土后不久的幼苗最易得病。病苗茎基部初呈水浸状，很快褪绿变黄呈黄褐色，最后病斑绕茎一周使茎缢缩成线状，幼苗失去支撑折倒在地。由于该病发展迅速，幼苗倒地时依然呈绿色，故称猝倒病。苗床发病初期零星发病形成发病中心，并迅速向四周扩展造成成片倒苗。湿度大时在病苗残体表面及附近床土上密生一层白絮状菌丝。

（2）原因　幼苗子叶中营养耗尽而新根尚未扎实、幼茎尚未木质化时抗病力最弱，为幼苗最易感病期，此时遇寒流或低温阴雨雪天气，苗床保温不好，加之播种过密，灌水过多，幼苗拥挤，通风透光不良，抗病能力差，猝倒病会大面积发生，造成严重损失，长时间10℃以下温度，90%以上湿度加之光照不足更易发病。所以，种子和基质带菌是该病发生的主要条件，湿度大和温度过高或过低是发病的客观条件，因此，要做好基质和种子的消毒，加强苗床管理。

（3）防治措施

① 选用无病基质，使用过去的基质要做好消毒灭菌处理。

② 种子消毒。用55℃温水浸种15min，或用65%的代森锰锌、50%的福美双、40%的拌种双拌种，用药量为种子质量的0.3%～0.4%。

③ 加强苗床管理，避免湿度过大和温度过高或过低，及早分苗，培育壮苗，增强抗病性。

④ 苗床发病后剔除病苗，在病株周围喷洒15%恶霉灵水剂400倍液，或25%瑞毒霉800～100倍液，或64%的杀毒矾500倍液，72.2%普力克水剂400倍液，或用75%的百菌清可湿性粉剂600～1000倍液。喷药时务必喷到秧苗根部，并尽量在上午进行。

2. 立枯病

（1）症状 受害幼苗在茎基部产生椭圆形暗褐色病斑，发病初期幼苗白天萎蔫，晚上恢复，当病斑横向扩展绕茎一周后，茎病部凹陷缢缩，地上部茎叶逐渐萎蔫枯死。一般病苗枯死时仍然直立而不倒，故称立枯病。病苗不产生白絮状霉层，但病部有同心轮纹，潮湿时可见淡褐色蛛网状菌丝。

（2）病原及发病规律 该病由半知菌亚门丝核菌属的立枯丝核菌侵染所致，为土传真菌病害。病原菌以菌丝体和菌核在土壤或病残体越冬，腐生性强，在土壤中可存活2～3年。雨水、灌溉水、带菌堆肥、农具均可传播。发病温度范围较广，12～30℃均可发病，以20～24℃最适，高温高湿利于此病的发生和蔓延。病菌多由伤口或表皮侵入。苗床密度过大，通风不良，温度高湿度大，基质含水量忽高忽低，幼苗徒长均易发病。

（3）防治措施

① 育苗时选用无病基质，旧基质重复利用时要先消毒处理。

② 用种子质量0.4%的克菌丹拌种或播种后用800倍克菌丹溶液喷洒苗床，药液用量$3L/m^2$。

③ 加强苗床环境管理和肥水管理，注意通风排湿，防止幼苗徒长。

④ 发病后除去病苗并立即用75%百菌清600～700倍液，或用70%代森锰锌500倍液，或50%托布津可湿粉500倍液喷雾。喷药时应连同床面一起喷洒。

3. 灰霉病

（1）症状 苗期发病，由点到片，子叶或刚抽生出的真叶变褐腐烂，严重时幼茎软化腐烂，湿度大时病部表面产生灰色霉层，幼苗死亡。黄瓜子叶染病后褪绿变黄，逐渐变褐枯死，表面生灰色霉层；真叶病斑“V”形，有轮纹，后期也生灰霉；茎部发病主要在茎节部位，表面灰白色，密生灰霉，病斑绕茎一周后引起上部萎蔫，甚至全株枯死。辣椒幼苗发病子叶先端变黄，后扩展至嫩茎，使其缢缩变细，折断枯死；真叶初期部分腐烂，后期全叶腐烂；茎上病斑初呈水浸状不规则斑，后变灰白或褐色，绕茎一周后上部叶片干枯，湿度大时生灰霉。番茄苗期子叶、真叶、幼茎均可发病，引起茎叶腐烂，病部灰褐色，表面密生灰霉。茄子受害叶片自叶缘向内扩展，产生黄褐色近圆形具轮纹病斑，潮湿时产生灰色霉层，茎部维管束变褐腐烂，植株受害部位以上萎蔫死亡。莴苣发病从近地叶片开始，初呈水浸状病斑，迅速扩展成褐色大斑，茎基部维管束变褐腐烂，病斑部位以上的器官组织逐渐萎蔫死亡。

（2）病原及发病规律 灰霉病主要由半知菌亚门葡萄孢菌属灰葡萄孢菌引起。病原菌主要在土壤和病残体上越冬，借气流、雨水传播，也可人为传播。病原菌较喜低温、高湿、弱光条件，2～31℃均可发育，但最适温度20℃左右。相对湿度75%开始发病，90%以上发病极盛。苗床密植、氮肥用量过多或缺乏、灌水过多、叶面结露、通风透光不好时易发生流行。

(3) 防治措施

① 育苗基质和器具消毒。育苗前每亩温室、大棚用250～500g速克灵烟剂密闭熏蒸。

② 加强通风透光，适当控制浇水，降低相对湿度，维持适宜床温。相对湿度75%以下可有效控制灰霉病的发生。

③ 及早发现和清除病株，并进行药剂防治。可喷洒50%多菌灵可湿性粉剂500倍液，或50%速克灵可湿性粉剂800～1500倍液，或50%扑海因可湿性粉剂1000～1500倍液，或50%的灭霉威可湿性粉剂600倍液，或50%多霉灵可湿性粉剂600～1000倍液。

4. 枯萎病

(1) 症状　主要为害瓜类，种子发芽时染病，常在出苗前腐烂。幼苗发病后主要表现为叶片变黄，子叶萎蔫下垂，茎基部变褐、腐烂，容易拔起。潮湿时病株根部周围产生白色或略带粉红色霉状物。茎基部维管束变褐是枯萎病的典型特征。

(2) 病原及发病规律　该病由半知菌亚门镰孢菌属的尖镰孢菌引起，属土传真菌病害。病原菌在土壤、病残体或种子上越冬，病原菌在土壤中的存活时间长达5～6年甚至10年以上。

病原菌主要由带菌农家肥、种子、雨水和灌溉水传播。病菌3～34℃之间均可活动，但气温20～25℃、相对湿度90%以上或连续阴雨天气发病迅速。苗床低温高湿、偏施氮肥或掺施未腐熟的粪肥等均容易发病。

(3) 防治措施

① 选用抗病品种育苗。

② 种子消毒，采用温汤浸种或40%甲醛150倍液浸种1～1.5h，或50%复方多菌灵胶悬剂500倍液，或60%防霉宝加上平平加（1∶1）1000倍液浸种1h。

③ 基质消毒，嫁接育苗，避免枯萎病菌侵染。

5. 白粉病

(1) 症状　主要为害叶片，初时在叶片正、背面出现近圆形白色小粉点，或白色丝状物，以叶面居多，后逐渐扩展连接形成边缘不明显的连片白粉，严重时整个叶片布满白粉，病叶变黄变脆最后枯死。

(2) 病原及发病规律　白粉病由子囊菌亚门白粉菌目的不同白粉菌侵染所致。白粉病菌均为专性寄生菌，可在温室生长的蔬菜活体上越冬或随病残体在土壤越冬，借风雨传播。白粉病菌喜高温、高湿，但耐干燥。分生孢子10～30℃范围内均可萌发，温度20～25℃、相对湿度70%～85%利于发病。高温干旱与高温高湿交替出现时病害易流行。

(3) 防治措施

① 选用抗病品种。

② 彻底清除病残体及杂草，加强通风透光和肥水管理。

③ 根据发病状况喷洒25%粉锈宁可湿性粉剂2000倍液，或20%粉锈宁乳油2000～4000倍液，或70%甲基托布津可湿性粉剂1000倍液，或2%农抗120水剂200倍液，或42%粉必清悬乳剂600倍液。

6. 早疫病

(1) 症状　幼苗常在近地面茎部开始发病，颜色褪绿，呈黑褐色，病斑椭圆形、梭形或不规则形，严重时茎部布满病斑，幼苗立枯死亡。叶片发病最初出现很小的水渍状病斑，逐渐扩大后呈近圆形或不规则形，暗褐色，病斑中央有明显的同心轮纹，外缘有黄色或黄绿色晕圈，潮湿时表面产生黑色霉层，病斑联合形成不规则大斑，造成叶片卷曲干枯。

(2) 病原及发病规律　早疫病由半知菌亚门链格孢属的茄链格孢菌侵染所致。病菌主要以菌丝体和分生孢子在土壤和病残体上越冬，也可以分生孢子附着在种子表面越冬，借风雨、种子传播。该病在高温高湿下易发生，气温15℃、相对湿度80%以上开始发病。但病菌的最适生长温度为20～28℃。苗床通风透光不良、灌水过多、供肥不足、阴雨天气、环境高湿、植株生长衰弱等均有利于早疫病的发生蔓延。

(3) 防治措施

① 选用抗病品种和无病种子，播种前种子消毒处理。

② 及时分苗，避免幼苗拥挤，改善通风透光条件，合理肥水，降低湿度，培育壮苗，减少病害发生。

③ 苗床发病及时施药防治，药剂可选用70%代森锰锌可湿性粉剂600倍液，或75%百菌清可湿性粉剂500倍液，或50%扑克因可湿性粉剂1000倍液，或64%杀毒矾可湿性粉剂400倍液，或40%灭菌丹可湿性粉剂400倍液。每周喷药1次，连续4～5次。

7. 霜霉病

(1) 症状　黄瓜苗期染病子叶开始褪绿并出现不规则黄褐斑，潮湿时子叶背面产生灰黑色霉层，子叶随病情进一步发展而急速变黄枯干。真叶发病初为水浸状淡绿斑，扩大后受叶脉限制呈多角形，以后变成淡褐色，湿度大时叶片病斑背面产生灰霉。莴苣苗期受害最初叶片产生淡黄色近圆形或多角形病斑，潮湿时叶背病斑产生白色霉层，后期病斑枯死变褐并连接成片导致全叶干枯。

(2) 病原及发病规律　霜霉病由鞭毛菌亚门霜霉目的不同霜霉菌侵染引起。黄瓜为拟霜霉属的古巴拟霜霉菌，莴苣为盘梗霉属的莴苣盘梗霉。白菜、葱、菠菜霜霉菌为霜霉菌属内不同的种。霜霉菌为专性寄生菌，在温室蔬菜上可周年存活。病菌的孢子囊可借风、雨、昆虫和农事操作传播。病原菌主要由气孔侵入，也可由细胞间隙直接侵入。霜霉菌不耐低温，不抗高温，喜温和湿润条件，发病适宜温度为15～22℃、相对湿度85%以上，叶面有水滴或水膜存在时利于孢子囊萌发和侵染。连续阴雨天气，温室大棚内结露时间长、灌水过多、通风不良造成高湿环境等均是发病的重要条件。

(3) 防治措施

① 选用抗病品种，无病株留种。

② 种子消毒处理，用种子重量0.3%的25%瑞毒霉，或种子重量0.4%的50%福美双拌种；或用50%多菌灵可湿粉500倍液浸种1h。

③ 苗床防雨，适当控制浇水，注重通风排湿，合理调节温湿度，减少结露时间。

④ 发病初期喷药防治，用40%乙膦铝可湿性粉剂200～300倍液，或用25%瑞毒霉可湿性粉剂600～1000倍液，或用72.2%普力克水剂600～1000倍液，或用72%克露可湿性粉剂600～800倍液，或用58%甲霜锰锌可湿性粉剂500倍液。

知识点二　工厂化育苗常见虫害及其防治

一、害虫与环境的关系

植物害虫与环境的关系表现为害虫从环境中吸收营养、水分和氧气等构成自身，同时把获得的能量用于生命活动，并将新陈代谢产物排到环境中去。一方面，害虫产生对环境的适应性变化，另一方面，害虫的生命活动也在不断改变其生活环境。害虫生活环境包括气候因子、土壤因子、生物因子和人为因子。

1. 气候因子

主要包括温度、湿度、降水、光、气流、气压等。通常这些因子是综合作用于害虫的，一般温度和湿度的影响作用最大，其次是光。环境温度对昆虫的生长发育、繁殖和活动的影响作用较大，多数昆虫生长发育的有效温度为10～40℃，最适温度为25～35℃。湿度影响昆虫的发育速率和成活速率，昆虫生长发育和繁殖的最适相对湿度在60%～80%之间，干旱对昆虫的生长发育不利，尤其是在高温条件下。但蚜虫例外。光对昆虫的影响表现为：光强影响昆虫的活动节律和行为习性；光质则成为昆虫生命活动的信息，害虫防治中采用的灯光诱杀和黄板诱杀就是利用了昆虫对光波的不同反应；光周期对昆虫生命活动节律起信息作用，是引起滞育的主导因素。风可以影响昆虫迁飞和扩散。

2. 土壤因子

土壤因子主要包括土壤温度、土壤湿度和土壤理化性状等方面。与大气温度相比，土壤温度变化平缓，土层越深变化越小，不同种类的昆虫可在不同深度的土层中找到适宜的土温栖息活动。土壤湿度影响昆虫活动。土壤理化性状则影响昆虫数量、种类及其分布。

3. 生物因子

昆虫对食料具有选择性和适应性，食料决定了昆虫的生活和分布。如为害白菜的菜青虫不会为害菜豆。与此同时，昆虫和天敌相互依存，相互制约，由于天敌的存在常使害虫大量死亡，从而控制害虫大面积发生，这就是利用天敌防治害虫的原因。

4. 人为因子

人类的生产活动影响昆虫的繁殖和活动。通过实施各项农业技术措施，及时进行预测和防治，可以显著减小害虫为害程度，甚至完全消灭害虫。所以在种苗生产过程中，人们往往采取各种可能的措施减轻害虫为害，最终实现作物高产高效。

二、主要虫害及其防治

1. 蚜虫

（1）表现和特点 在幼苗的叶背上，成蚜和若蚜群集吸食叶内汁液，形成褪色斑点，叶片发黄，卷曲，生长受阻。蚜虫还可传播病毒病，造成的损失往往要大于蚜虫的直接危害。

（2）原因及对策 蚜虫主要依靠翅膀迁飞扩散。在田间发生时有明显的点片阶段。菜蚜繁殖受环境的影响很大，在平均气温23～27℃，相对湿度75%～85%的条件下繁殖最快。药剂可选用50%抗蚜威可湿性粉剂2000～3000倍液；或21%灭杀毙乳油6000倍液；或2.5%天王星乳油3000倍液；或2.5%功夫乳油3000倍液；或20%速灭杀丁乳油3000倍液；或2.5%敌杀死乳油3000倍液等。在育苗温室放风部位应该装上防虫网（20目），温室内挂黄板（每亩30块）等都是有效的防治措施。另外，应及时清理育苗温室周围的杂草，切断蚜虫的栖息场所和中间寄主。

2. 红蜘蛛

（1）表现和特点 红蜘蛛是为害幼苗的红色螨的总称。成螨和若螨群集在叶背常结丝成网，吸食汁液，被害叶片初始出现白色小斑点，后褪绿为黄白色，严重时发展为锈褐色，似火烧状，俗称“火龙”。被害叶片最后枯焦脱落，甚至整株死亡。红蜘蛛蔓延迅速，是苗期的一大虫害。

（2）原因及对策 红蜘蛛依靠爬行或吐丝下垂借风雨在田间传播，向四周迅速扩散。农事操作时，可由人或农具传播。预防应从早春起就不断清除育苗场所周围的杂草，可显著抑制其发生。在苗期注意灌溉，增施磷、钾肥，促使秧苗健壮生长。夏秋育苗，如遇高温干旱天气，应及时灌水，增加空气湿度，防止螨害的发生，控制螨情发展。也可参照蚜虫药剂种类进行药剂防治。

3. 茶黄螨

（1）表现和特点 俗称白蜘蛛，发生较普遍，食性杂，可危害多种蔬菜。成螨或若螨集中在秧苗的幼芽与嫩叶刺吸汁液，致使被害叶片变窄，增厚僵直，叶背呈黄褐色或灰褐色，带油浸状或油质状光泽，叶缘向背面卷曲。

（2）原因及对策 该虫可在温室内周年繁殖为害。防治上应将育苗温室和生产温室分开并隔离。育苗前彻底清除温室内的残株和杂草，并彻底熏杀残余虫口。育苗期间经常检查，发现为害立即用药防治。药剂种类选择基本上同红蜘蛛防治。

4. 白粉虱

（1）表现和特点 白粉虱分布广，为害重。成虫和若虫群集在叶片背面吸食蔬菜植株的汁液，受害叶片褪绿变黄，萎蔫，严重时全株枯死。除直接危害外，白粉虱成虫和若虫还能排出大量的蜜露，污染叶片，诱发叶霉病和灰霉病等。

（2）原因及对策 在温室内，一年可发生十多代，环境适宜时开始迁移扩散。防治方法除了要求将育苗温室与栽培温室隔离一定距离外，育苗温室在育苗前应彻底清除残株、杂草，用敌敌畏熏蒸残余成虫。育苗过程中要在通风口加上尼龙纱网防止外来虫源进入。在发生初期，可在温室内张挂镀铝反光幕驱避白粉虱，或在室内设置涂有10号机油的橙黄色板诱杀成虫。在白粉虱发生初期应及时喷药以降低虫源数量。选用25%扑虱灵可湿性粉剂2500倍液，或10%扑虱灵乳油1000倍液等药剂对防治白粉虱有特效。其他防治螨类害虫的药剂也可选用。

知识点三　工厂化育苗其他常见灾害及其预防

一、药害

幼苗的抗药性较差，稍有不慎就易出现药害，这在生产上屡见不鲜。产生药害的秧苗叶片干枯、坏死、变白，叶缘叶尖最为明显，秧苗畸形或扭曲，生长停止，严重时秧苗死亡。

产生药害的原因很多，例如叶面喷药或叶面追肥浓度过大，药剂喷雾时雾化不好或停留时间过长，喷雾用水或器械被除草剂污染后未洗净而用于喷药时出现的药害，高温期或秧苗生长衰弱时喷药等，应该有针对性地防止上述各种原因产生的药害。应该指出，无土穴盘育苗时，由于基质的缓冲性较小，且穴盘的穴内根系布满，如果给药总量太大，容易使根际药液浓度高而产生药害，为了防治地上部侵染的病害，应采用细雾喷布供给药液，而不要采用浇灌的方法。如果为了防治土传染病害而必须浇灌药液时，需降低药液浓度。

二、草害

工厂化育苗条件下一般不会出现秧苗的草害，因为无土育苗的基质中不含草籽，但某些种子中容易混杂杂草种子，杂草的生长速度往往比秧苗快，很快就会欺压秧苗，造成草荒，对秧苗的生长非常不利，如果不及时清除杂草，秧苗将会因此而受害。

为了防治育苗时的草害，首先应注意保持正常而较快地出苗。用化学除草剂灭草，方法简单，成本较低，效果显著。如芹菜在播种后出苗前用25%除草醚喷雾处理基质表面，处理一次基本上可以解决苗期草荒问题。另外，可选用的除草剂有50%扑草净可湿性粉剂1.5g/m^2，25%绿麦隆可湿性粉剂0.5g/m^2，50%除草剂1号可湿性粉剂0.3g/m^2，5%杀草安可湿性粉剂6g/m^2，25%除草醚可湿性粉剂0.75g/m^{2}等。

三、运输中的秧苗障碍

在工厂化育苗生产中，秧苗根坨运输过程中也会发生种种障碍。常见的秧苗运输障碍有两种：一种是经过运输后基质严重脱落，秧苗根系得不到保护，以至定植后缓苗期延长，甚至影响定植存活率。产生这种情况的主要原因是根系的生长量不够，没能将穴内的基质紧紧裹住，以至于经过运输的颠簸而“散根”；另外，也和装箱不当有关，应该防止在运输过程中秧苗的相互撞击与过激的振动。另一种容易发生的运输障碍就是秧苗失水萎蔫，关键因素就是运输中的温湿度控制不当，高温低湿及箱内通风量过大都容易造成秧苗的萎蔫。在没有空调车的条件下，夏季运输应尽量在夜间进行，秧苗装车后应用篷布全面覆盖，防止大风直接吹到箱内秧苗上，运苗箱的通气孔要设置适当，在运输前 2h 应向苗盘浇水，保持根部适宜的湿度。此外，在冬季运输时，应该做好防冻准备，防止运输中出现秧苗冻害而造成的严重损失。

知识点四　工厂化育苗病虫害综合防治

病虫害发生不是突然的，存在传播、繁殖和为害的过程，只是早期不易被发现而已。药物虽然能杀死病原物和害虫，但园艺植物受害部位却不能恢复，只能达到限制病虫害发展的目的。因此，病虫害防治必须以防为主，采取多种措施回避、限制和杀灭病虫，将其消灭在发生为害之前。园艺植物本身的抗性和环境条件与病虫害发生密切相关，通过合理栽培管理和环境调控，选择抗病品种和培育壮苗，增强作物自身抗性，及时消灭病原物和害虫才能有效地控制病虫害的发生和发展，这就是综合防治的问题。园艺植物工厂化育苗过程中采取综合防治措施，培育无病虫、生长旺盛的壮苗，将为后期生长奠定良好的基础。

一、农业防治

即通过改进育苗设施，利用农业生产中的多项技术措施，创造有利于园艺植物生长发育、不利于病虫害发生和为害的条件，从而避免病虫害发生或减轻其为害。事实上，农业防治的许多措施与培育壮苗的要求相统一。

1. 选用抗病虫作物品种

同种园艺植物不同品种对同种病害或虫害的抵抗能力不同，应用抗病虫品种实质上是利用园艺植物本身的遗传抗性来防治病虫。目前已选育出多种蔬菜、花卉、果树等园艺植物的抗病品种，但抗虫品种还较少。

2. 育苗场所与外部环境相对隔离

工厂化育苗温室应该与生产栽培温室相分离，专门供育苗使用。同时，注意保持温室内外环境卫生，及时清除杂草、残株、垃圾，并将温室门、窗或通风口用细纱网与外界隔离，阻止害虫进入。

3. 科学的苗期管理措施

科学的苗期管理以培育壮苗为基础，提倡营养钵、穴盘育苗；做好苗床保温防寒、降温防雨工作，保证幼苗要求的适宜温度，降低苗床湿度；伴随着幼苗生长，及时分苗、间苗和拉大苗距，改善通风透光条件，合理供应肥水，改善幼苗的营养条件，多施磷钾肥，避免过量施用氮肥。

4. 嫁接育苗

用抗性砧木嫁接园艺植物可以有效控制土传病害，利于培育壮苗。例如，发达国家瓜类、茄果类蔬菜嫁接育苗均占相当比重，以黑籽南瓜嫁接黄瓜防止枯萎病和疫病，以赤茄嫁接茄子防止黄萎病等。我国目前嫁接育苗主要应用于果树和部分花卉植物，而蔬菜方面主要集中在瓜类蔬菜的黄瓜、西瓜上。

二、消毒预防

对育苗所用基质、种子、工具等进行消毒是园艺植物育苗中预防病虫害常用的方法。

1. 基质消毒

基质消毒的主要目的是实现基质重复使用，降低成本。

(1) 蒸汽消毒　对防治猝倒病、立枯病、枯萎病、菌核病、病毒病具有良好效果。消毒的目的在于杀灭其中的病原物、害虫卵蛹和杂草种子。将基质堆厚 20～30cm，长宽根据条件确定，覆盖耐高温薄膜并将四周压严，向基质内部通入 100℃以上的蒸汽，保持 90℃左右 1h 就可杀死病虫。此法高效安全，但成本高。另外，基质消毒时必须含有一定的水分，以便导热。

(2) 药剂消毒

① 氯化苦：几乎对所有土壤病虫害有效。首先将基质堆集 30cm 厚度，每 30cm 见方开一小孔，深 15～20cm，注入 5mL 氯化苦后封孔。第一层施药完毕后，在其上再堆一层，最后用塑料薄膜密封熏蒸 7～10 天后撤膜，充分翻动使药剂全部散发，10 天以后使用。

消毒的适宜温度为 15～20℃，并要求基质保持一定的水分。

② 溴甲烷：防治土传病害、线虫及烟草花叶病毒等，对黄瓜疫病的效果最优，也可抑制杂草种子发芽。将基质堆起，用塑料管将药剂引入基质中，每立方米用药 100～150g，施药后随即用塑料薄膜封严，5～7 天后去除薄膜，充分翻晾，7～10 天后使用。

③ 福尔马林：一般将 40%的甲醛稀释 50 倍，用喷壶将基质均匀喷湿，覆盖塑料薄膜并将四周封严，3～5 天后揭膜，1～2 周后使用。

④ 多菌灵：每 1000kg 土壤加入 20～30g 50%多菌灵的水溶液，充分搅拌后盖膜密封 2～3 天，可杀死枯萎病等病原菌。

(3) 太阳能消毒　夏季高温季节在温室或大棚内把基质堆成高 20～25cm 的堆，用喷壶喷湿基质，使其含水量在 80%以上，然后用塑料薄膜覆盖并将温室或大棚密闭，暴晒 10～15 天。此法廉价安全，容易实现。

2. 种子消毒

目前种子消毒的主要方法有以下几种。

(1) 温汤浸种　将种子边搅拌边倒入相当于种子容积 3 倍的 55℃温水中，不断搅拌，20min 后，使水温降至 30℃，继续浸种 3～4h。此法简单，可与浸种过程相结合，并可杀死种子表面的猝倒病、立枯病、黄瓜炭疽病、黄瓜枯萎病（55℃温水 10min）、番茄早疫病（55℃温水 25min）、茄子枯萎病（55℃温水 15min）等病菌。但必须严格掌握水温和时间，以免影响种子发芽。

(2) 干热处理　将瓜类、番茄、菜豆等蔬菜种子在 70～80℃下进行干热处理，可杀死种子表面及内部的病菌，并钝化病毒，减少苗期病害的发生。

(3) 药剂浸种 将种子放入药液中浸泡以达到杀菌消毒的目的。浸种效果与药剂浓度和浸种时间有关。

(4) 药剂拌种 用种子质量0.2%～0.5%的药剂和种子混合搅拌，使药粉充分并且均匀地黏附在种子表面。如用种子质量0.3%的70%敌克松原粉拌种防治黄瓜、茄子、番茄、辣椒苗期立枯病和菜豆炭疽病；用0.3%～0.4%的氧化亚铜拌种防治黄瓜苗期猝倒病；用0.3%的福美双拌种防治菜豆叶烧病、瓜类炭疽病、茄子褐纹病等。70%甲基托布津、50%多菌灵、50%克菌丹、65%代森锌等都是常用药剂。

3. 育苗场所、器具消毒

育苗温室可提前用硫黄熏蒸。方法是每亩棚室用硫黄2～3kg、敌敌畏250g或敌百虫500g，加锯末后点燃，在温室密封条件下熏蒸一整夜。

育苗所用盘钵容器及工具也需消毒，可选用40%福尔马林50～100倍液浸泡30min，后用清水冲刷晾干。木制育苗盘、架等可用2%环烷酸铜溶液浸泡或涂刷，待充分干燥后使用。育苗工具、架材也可用漂白粉溶液（漂白粉∶水=1∶9）或1%高锰酸钾溶液浸泡冲洗。

三、生物防治

园艺植物病害的生物防治是指利用有益生物及其产品防治病害的方法，包括菌肥对病菌拮抗作用的利用、抗生素（链霉素、多抗霉素等）和植物抗菌剂的利用、弱病毒接种等。

四、物理防治

物理防治在园艺植物育苗中应用较广泛的有以下几种。

1. 人工捕杀

当害虫发生面积较小，利用其他防治措施又不方便时，可采用人工捕杀方法。如老龄地老虎幼虫为害时常常将菜苗咬断拖回土穴中，清晨可据此现象扒土捕捉。

2. 阻隔

利用物理性措施阻断害虫侵袭，如苗期用30目、丝径14～18mm的防虫网覆盖，实行封闭育苗，既改善生态环境，又能防治多种害虫为害。地面铺地膜可以阻断土中害虫潜出或病原物向地表传播扩散。

3. 诱杀

(1) 灯光诱杀 许多夜间活动的昆虫都有趋光性，可采用灯光诱杀。使用最多的是黑光灯，还有白炽灯、双色灯等。黑光灯可诱杀棉铃虫、甘蓝夜蛾、小地老虎等害虫。灯光诱杀需大面积连片使用，否则容易造成局部区域受害加重。

(2) 纸板诱杀 蚜虫、白粉虱对黄色表现正趋性，所以可采用黄盆、黄色板、黄色塑料条诱杀。在纸板或塑料条上涂抹10号机油后悬挂于育苗室内，每亩30块，7～10天重涂机油一次。蓟马对黄色或蓝色有趋性，可以用黄板或蓝板诱杀。

（3）毒饵诱杀　利用害虫的某些生活习性实现害虫防治。利用谷粒、麦麸、豆饼、棉籽饼、马粪等作饵料加入敌百虫等农药可诱杀蝼蛄、地老虎等害虫。小地老虎成虫喜食花蜜或发酵物，故可用糖醋毒液或发酵物诱杀。

（4）驱避　蚜虫、白粉虱对灰白色、银灰色忌避，所以园艺植物苗期在地面铺银灰色薄膜或在苗床上部悬挂、拉网银灰色膜条可有效防治两种害虫的发生，从而有效防止病毒病的发生。在温室北部张挂镀铝反光幕不仅能驱避蚜虫，减少病毒病的发生，而且能改善温室内的生态环境，在一定程度上减轻黄瓜霜霉病和番茄灰霉病的发生。

五、化学防治

利用化学药剂防治病虫害是目前最普遍应用的方法。化学药剂主要有杀菌剂和杀虫剂两大类，病虫害种类繁多，每种农药也有特定的防治范围和对象，所以，为充分发挥药剂的作用，在用药技术方面非常值得注意。

【项目实践】园艺植物工厂化育苗病虫害防治

一、学习目标

了解工厂化育苗过程中病虫害产生的原因和途径；能够认知育苗过程中出现的各种病虫害及其防治措施。

二、场地与形式

校内外的工厂化育苗实训基地或周边蔬菜、花卉、果树育苗企业，在校内外指导老师、企业技术人员的引导下进行学习和病虫害防治实际操作。

三、材料与用具

产生各种病害、虫害的苗株，各种杀虫剂、杀菌剂的化学药剂；黄色粘虫板、紫光灯；育苗基质消毒药品和器材；喷雾器、药泵等喷药器械。

四、工作过程

1. 检查各得病苗株，观察其症状特点，确认所得病害或虫害类型及名称。

2. 调查育苗场地的环境条件、育苗操作流程，分析该病虫害的产生原因，制订解决方案。

3. 根据方案，采取病虫害防控操作：①如果是生理性病害，应加强温、光、水、气、肥等环境条件管理，培育壮苗；②如果是侵染性病害或虫害，对症下药，配制并喷施相应的杀虫剂或杀菌剂，但是各种药物要交替使用，以免产生药害；③安插粘虫板、施放毒饵来捕杀基质内外的害虫。对处理的苗株及时观察记录，了解恢复状态。

4. 完成项目实践报告。

【项目考核】

考核项目	考核点		检测标准	配分	得分	备注
园艺植物工厂化育苗病虫害防治	知识要点考核(80分)	生理性病害	熟悉各种生理性病害的特征、产生原因，掌握对它们的防治方法	20		笔试结合过程考核
		侵染性病害	熟悉并掌握各种侵染性病害的特征、产生原因及其防治方法	30		
		虫害	熟悉并掌握各种常见虫害的特征、侵害规律及其防治方法	30		
	素质考核(20分)	学习态度	认真查阅资料，积极参与讨论发言，善于记录、总结	10		
		团结协作	分工合作、团结互助，并起带头作用	10		

【项目测试与练习】

1. 侵染性病害和非侵染性病害有何区别？在采取防控措施上有何异同点？
2. 植物病害产生的条件是什么？为什么？
3. 育苗过程中能产生哪些生理性病害？如何防治？
4. 育苗过程中能产生哪些侵染性病害？如何防治？
5. 育苗过程中有哪些常见虫害？如何防治？

项目七　工厂化育苗经营与管理

知识目标

- 了解工厂化育苗企业的经营管理理念与策略。
- 掌握育苗生产企业的机构设置。
- 学习理解工厂化育苗企业生产计划的制订与实施。
- 学习理解工厂化育苗企业的营销管理。
- 掌握工厂化育苗企业种苗生产的成本核算。

技能目标

- 理解企业的经营和机构设置。
- 能够综合运用所学理论知识和技能，参与工厂化育苗企业生产计划的制订与实施，并提出自己的独立见解。
- 能够综合运用所学理论知识和技能，参与企业种苗生产的成本核算和营销管理。

知识点一　经营管理理念与策略

育苗原意是指在苗圃、温床或温室里培育幼苗，以备移植到土地里去栽种。也可指各种生物幼小时经过人工保护直至能独立生存的这个阶段。俗话说“苗壮半收成”。育苗是一项劳动强度大、费时、技术性强的工作。随着育苗的兴起，产生了育苗企业，对于育苗企业来说，如何实现企业的可持续发展，只有靠发展才能解决目前所面临的困难和问题。科学发展观，第一要义是发展，核心是以人为本，基本要求是全面协调可持续，根本方法是统筹兼顾，全面发展。科学发展的思想涵盖了企业的安全生产、经营管理、企业文化建设等各个方面，对企业发展战略的制订和实施具有指导作用。

（一）加强管理是实现科学发展的主题

以加强目标成本预控，实现精细化管理为手段，全面加强管理是实现科学发展的永恒主题。在工作中要牢固树立过紧日子的思想，贯彻落实紧缩支出的财务政策，全面推行预算管理，将成本管理的关口前移，建立起严格的目标成本预控管理体系。

认真落实“成本领先”意识，“管理精细”的理念，实行“全员、全过程、全方位”成本精细化管理，积极营造“事事有落实，处处有标准，人人有指标”的良好氛围，各部门认真进行目标成本管理，对各项经济指标进行细化分解，形成“千斤重担大家挑，人人肩上有目标”的管理体系，压缩办公费、招待费支出，节约耗材，科学利用纸张，杜绝费用支出事前无计划、事中无控制、事后无约束的现象，确保成本的有效预控。

按照“一线同志爱仪器”，把设备仪器当作自己的脸经常去洗，当作自己的眼睛来保护，减少最大耗损，严格设备仪器查修维修制度，谁使用、谁负责，出现问题及时报告，及时维修，确保设备仪器正常使用，并减少维修费用的开支，从节约一滴水、一度电、一张纸做起，强化管理，节支降耗，加强耗材购销管理，严格控制成本性支出，降低非生产性支出，杜绝不合理支出，全面降低企业成本。

(二) 多种经营是实现科学发展的后盾

如何保持今后持续稳定的发展，就要进行二次创业，加快多种经营的发展。

① 要提高对多种经营重要性的认识，把多种经营放到企业可持续发展的战略高度来认识，把多元化经营放在工作的重中之重的重要位置，在发展主业的同时重视发展多种经营，以原有的技术资源为基础带动多种经营，以多种经营促进原有工作的多种元素与多种经营共同发展。

② 要树立长远的战略眼光，立足今天的育苗工作，着眼未来的多种经营，用今天的育苗企业原有积累和效益，为将来的多种经营的发展打基础，从人财物等方面，为多种经营的发展提供支持，为企业实现可持续发展创造良好的条件。

③ 要围绕育苗企业发展多种经营，多种经营应围绕育苗最大限度地发挥资源优势，不断延伸产业链，有力推进企业的可持续发展。

(三) 队伍建设是实施科学发展的根本

调动人的积极性，焕发人的活力是增强企业活力、推动企业发展的根本，坚持以人为本的思想，树立科学技术是第一生产力，人才是第一资源，人人都可以成才的新理念，加强队伍建设，加强各类专业技术人才和后备技术力量的培养储存工作。要将学以致用、善于学习、勤于思考、勇于实践作为自己终身的一种责任、一种追求、一种修养、一种品格。通过学习，不仅要精通业务，成为本职工作的行家里手，而且要不断拓宽思路，拓宽知识领域，改善知识结构，增强知识的吸纳更新能力。提高运用理论解决实际问题的能力，做开拓创新的表率，勇于冲破一切不合时宜的思想观念，敢于改变一切影响发展的体制、机制的弊端。始终保持锐意进取的精神状态，努力树立新观念、开拓新思路、探索新方法、开拓新局面。①建立人才培养、选拔、使用、引进和激励机制，按照研发人才、应用人才和操作人才的不同特点，制订人才开发计划。②制订技术人才考核激励政策，完善分配制度，对做出突出贡献，从事基础工作、基层工作关键岗位和艰苦岗位的人员实行倾斜分配政策，奖出积极性，罚出责任心，全面激发干部职工技术创新的热情。③以创建学习型企业为载体，有针对性地对职工进行全员、全方位教育和技能培训工作，学习掌握新知识、新技术，使更多的人成为懂技术会经营的人才骨干。④根据工作实际，抓好员工的培训工作，抓好岗位练兵和技术比武，真正做到抓管理、提素质、上水平，为企业的发展提供有力的人才支持。⑤进一步树立尊重劳动、尊重知识、尊重人才、尊重创造的良好风尚，使更多优秀的人才能够脱颖而出，为企业的发展做出贡献。

（四）企业文化是实现科学发展的内涵

科学发展观的根本方法是统筹兼顾、全面发展，企业发展是一项复杂的系统工程，是各项工作的综合体现，只有认真学习科学发展观，用科学发展的思想建设有特色的现代企业文化，为职工提供强大而持久的物质和精神力量，才能够真正实现企业的可持续发展。

一是“内”和，就是内部要和谐，一个单位是个大家庭，要努力营造互相尊重、相互协作、和睦相处的工作氛围，达到人际环境的和谐。①要重视企业文化建设，培育以团结、协作、统一为基本特征的团队精神，定期不定期开展谈心谈话活动，从思想上加强沟通和交流，使大家在思想上合心，行动上合拍，工作上合力。②要关注技术、信息等方面新的领域和新的要求，不断增加适应新形势、新要求在实际工作中的应用和发展，不断创新思维，发展与之相适应的新技术、新能力，关心同志们的技术进步更新、情绪之波、生活之忧，关心年轻同志的成熟、成长、成才，消除各种不和谐因素，促进和谐发展，要坚持以人为本，把尊重人、理解人、关心人贯穿到工作的每个环节，增强职工的亲和力，以自己的模范行为，为广大员工带好头，提供优质高效服务，让他们感到有“家”的温暖。

二是“外”和，技术部门要搞好与其服务对象等业务部门之间的和谐，技术人员要恪守职业道德规范，始终保持清醒的政治头脑，严守政治纪律、工作纪律和廉政纪律，清正廉洁，公道正派，发挥好模范表率作用，对人要坚持客观公正，要用历史的、全局的、发展的观点识人、看人、看主流、看大节、看发展、看本质。要任人唯贤、公道正派，做到人尽其才、才尽其用、各展其长、各得其所，只有得到大家的信任，把自己当成“娘家人”才会真心诚意地与负责人领导交朋友，才愿意和你说真心话。

三是“己”和，每个员工要实现内心的和谐，培养淡泊名利、默默奉献的良好心态，正确处理自我与团体的关系，正确对待荣誉、挫折和困难，对组织要知恩图报，对自己要知行统一，对干部要知人善任，对同志要胸怀宽广，要认清自己的责任、工作的范围，不断强化学习意识、技术意识，努力克服“知不低位，识不符职”，防止“知识透支，本领恐慌”。要努力加强自我修养，在“慎”字上下功夫，在盛情面前慎重，秉公处事；在喜好面前慎馋，见利思害；在金钱面前慎独，不见利心动，总的来说就是管好自己的手，不该拿的不拿，管好自己的嘴，不该吃的不吃，管好自己的腿，不该去的地方不去，管好自己的眼，不该看的不看。

四是“人”和，每位同志要本着对事业高度负责的精神，注重增强服务意识和公仆意识，在日常工作中要衣着整洁得体大方、心理平衡、心态正常，接待客人要做到用语文明、礼貌耐心、亲切和蔼、热情周到，积极帮助解决问题，工作积极主动，认真细致，作风严谨，实事求是，有效解决企业的实际问题，认真落实首问负责制，做到有问必答、有难必帮、有事即办，做到一张笑脸相迎、一声问候让座、一杯茶水招待、一阵倾心交流、一个满意回复、一句再见送行，真正树立文明服务的新形象。

（五）育苗生产企业的机构设置

以科技研发为龙头，围绕生产与销售需求，工厂化育苗企业的经营管理至少要设立科技、生产、营销三个部门，各负其责，通力合作。

科技部的主要任务是制订与改进育苗技术，规范并监督实施；引进、研究并开发新品种、新科技，只有品种不断更新和技术上不断进步，才能增强市场的竞争力。

生产部门负责综合平衡生产能力，管理生产过程，科学制订和执行生产计划，合理组织生产并积极调度，确保按时、保质、保量的生产出适销对路的产品，用最小的合理的投入达到最大产出的管理目的。

生产部的主要职责如下：负责组织编制年、季、月度计划并及时组织实施、检查、协调、考核；密切配合营销部门，确保产品合同的履行。做好生产人员的管理工作，并对其业务水平和工作能力定期检查、考核。根据市场需要，开发新产品，编制生产操作规程，组织试生产，不断提高产品的市场竞争力。组织现场管理、过程管理，确保产品质量。总结经验，发现问题并提出整改意见。合理安排作业时间，降低生产成本。

营销部主要对公司各销售环节实施管理、监督、协调和服务。主要职责如下：负责制订销售管理制度。拟定销售管理办法，建立销售管理渠道，对其进行协调、指导、检查和考核。负责编制年、季、月产品销售计划，并随时关注生产计划的完成进度，监督产品品质。及时做好对外销售点的联络工作，组织产品的运输和调配。积极开展市场调查、分析和预测。做好市场信息的收集、整理和反馈，掌握市场动态，做好广告宣传，努力拓宽业务渠道，不断扩大公司产品的市场占有率。负责做好产品的售后服务工作，经常走访用户，及时处理好用户投诉，保证客户满意，提高企业信誉。

知识点二 生产计划的制订与实施

一、生产计划的制订

现代种苗生产管理上常常将计算种苗生长周期的单位定为周，而不是天，并把每一年的生长周期设立为52周或53周。每年第一周是1月1日所在的周。

把种苗生长周期的单位确定为周而不是天，主要是基于以下几个方面的考虑。

首先，专业种苗场的种苗生产量很大，几乎每天都会有大量的播种、养护、收获、运送等工作。就某个品种而言，也可能一周当中的几天的种苗批次处理，但实际生产上，由于差别小，而且销售时也很可能是同一个批次，所以，作不同批次管理，以及分开统计意义不大。当确定以周为单位来管理后，同一品种的播种尽可能在同一周内完成。但如把月作为生产周期的单位，则一个月中的种苗生长差异又太大，种苗生长周期本来就不长，用月来计算对种苗生产操作没有实际意义。所以根据发达国家实际应用的经验，把周作为生长周期的单位是最适合的。

其次，正因为种苗生产中的生产量很大，相应的种子、基质、肥料、农药、穴盘等用量也很大，按天配备这些东西非常繁琐。但如果很长时间才采购一次，又要考虑库存、资金的挤压，以及种子的寿命、播种计划的更改等许多问题。因此，一般种苗生产管理者至少要在上一周做好下周所有工作的准备，如人员、种子、基质、肥料、农药、穴盘、机械工具的准备，播种方案的建立，生产各环节的确立等等。

对于生长周期的计算，也有约定俗成的规定：播种当周不算第一周，下一周才是第一周开始，同样道理，销售当周也不列入生长周期之内。这样做的目的主要是要保证在周末播种的种苗也有足够的生长时间来满足客户对种苗大小和质量上的要求。过了种苗生长期后的可销售种苗，便不再继续计算生产周数。

种苗计划的制订是为了方便种苗生产、销售和库存的管理。种苗生产上最重要的计划表是销售计划表和播种计划表。通常在上一年底或公认的作物年度开始前制订种苗销售计划和种苗播种计划。种苗计划的制订是确定一年 52 周或 53 周内，哪周需要销售哪些种苗、销售多少种苗，或者是哪周需要播哪些种子、播多少种子。

各蔬菜育苗场可根据以前年份的销售情况和本年度销售的计划增长率，制订本年度的种苗销售计划。在我国，由于种苗项目才起步，时间不长，很多影响计划制订的因素变数很大，但随着市场日趋成熟，变数会越来越少，以前年份的销售数据对计划制订的参考作用也就变得更为重要。计划表制订时先列出需要制订计划的种类、品种、颜色，确定好本年度的销售数量，再把这一品种的种苗总量分解，确定一年内哪些周需要销售该品种的种苗，计划销售多少种苗。当然，种苗销售计划表的制订还应考虑已经确认的客户种苗订单。

制订好种苗销售计划后，再根据种苗生长所需要的周数确定在哪一周播种；根据计划销售的种苗数量和某品种的成苗率，确定需要播种的种子数量。然后根据市场和订单情况，确定某品种播种的穴盘规格，再确定需要播种的穴盘数。需要注意的是：种苗生长所需要的周数既不包括播种的当周，也不包括销售的当周；播种量确定后再确定所需播种的穴盘数量，如计算出的穴盘数量不是整数，则不论小数点后是什么数字，都算为一盘。一般来说，种苗计划的制订 1 年 1 次，而每周实际播种的数量会因种苗市场情况、实际接到的种苗订单、所使用的种子发芽率等因素的影响而有所改变。因此，每周生产主管都须参考年度计划制订下一周的播种实施方案。生产工人则依据播种实施方案进行播种。

为保障育苗工作的顺利进行，对育苗过程中的技术环节或重点事项进行列表提示，主要内容包括种子处理技术、播种技术、基质使用类型及配比、苗期管理技术、嫁接技术、组培技术、激素使用技术、环境调控指标等。

种苗培育是一项耗时费力的工作，有计划地安排劳力或用工需求，对节约生产成本和组织劳力是非常必要的。一般育苗的季节性很强，劳动力在年间不平衡，用工包括长期用工和季节性用工。制订用工计划表时，一般先将作物育苗的用工需求和时间列表，再统计出各个季节的用工需求和总的劳力需求。

育苗需种量较大，且对种子的质量和规格要求严格，我国重要的育苗场多与制种脱节，通过购种来开展育苗工作，加大了育苗成本，难以形成拥有自主产权的品牌企业，一旦种子出现问题，就对用户和企业造成巨大的损失。在荷兰育苗中常由种子公司承担，这些公司具有完善的设备、高纯度的种子和严格的管理，具有良好的信誉，其研发基地在国内，制种基地分布在世界各地。没有自繁自育良种生产能力的育苗者，或当自育的品质与特征不能满足用户要求时，要提前30天制订购种计划。

种苗厂应根据生产的需要，有计划地按需添加农机具，以保证生产的顺利进行。其中包括土壤耕作、田间管理及运输等器械，如各种拖拉机、丸粒化设备、播种设备、喷淋设备、机动喷雾机、拖车及各种小农具、包装机、打包机等。

目前我国种苗市场不成熟，农户、生产单位及个人尚未形成购买种苗的习惯，因此，商品苗的销售需要具备完善的计划，包括每一个细节。销售计划的内容包括广告策划、媒体宣传、销售地区的选择、销售品种确立、销售数量、销售价格确定、销售地点、人员、数量等。

育苗是季节性较强的产业，为降低育苗成本，多数情况下，是利用气候，建立多种设施类型的设施，或培育不同季节的商品苗来实现的，即建立日光温室、塑料大棚、玻璃温室等保温加温设施与露地栽培相结合的设施设备。在性能良好的加温温室里进行培育播种和培育小苗，在成本较低的大棚培育成大苗。从季节方面来看，不同季节生产不同的商品苗。从设施利用考虑，可在温室内设置活动育苗床代替固定育苗床，或采用立体育苗架，提高利用率。

育苗多在气候不良的情况下进行，这些气候条件包括冬季的严寒及冰雪冻害等，夏季的高温、酷热、强光照、冰雹等自然灾害。此外，设备的损坏、破损及病虫害等也造成严重的后果。因此，要制订严格的灾害防治计划。

种苗厂的建设和生产需要较大的资金投入，资金来源一般包括自有资金、国家或政府拨款、引进外资和投资人入股合资等。

二、生产计划的实施

蔬菜工厂化育苗一般采取周年生产。蔬菜工厂化育苗流程见图7-1。

在生产计划实施过程中应注意以下几点：①按照每个茬次生产计划的安排和作物的生长周期来组织生产与管理。②严格执行蔬菜工厂化育苗工艺流程，规范技术操作行为，保证前后技术环节衔接顺畅，从而保证栽培质量。蔬菜工厂化育苗主要的支撑技术有营养液的调配技术、基质消毒技术、工厂化育苗技术、环境调控技术、品质检测技术和采后处理技术等。主要的技术环节有种子处理、基质混合消毒、装盘、播种、覆土、喷水、发芽管理、秧苗培育、嫁接培育等。③生产部与销售部保持经常性的沟通，以便生产部根据市场需求和趋势情况，及时调整生产计划和上市时间，销售部随时把握产品生产的进程、产品预期上市时间与品质状况，以便统筹销售。④加强人、财、物的合理调配和环境调控，确保生产性资源充分、合理的使用。⑤做好因病虫害大量发生和出现灾害性天气而导致作物生产无法进行、严重减产或毁灭性影响的应急预案，使生产损失降至最低。

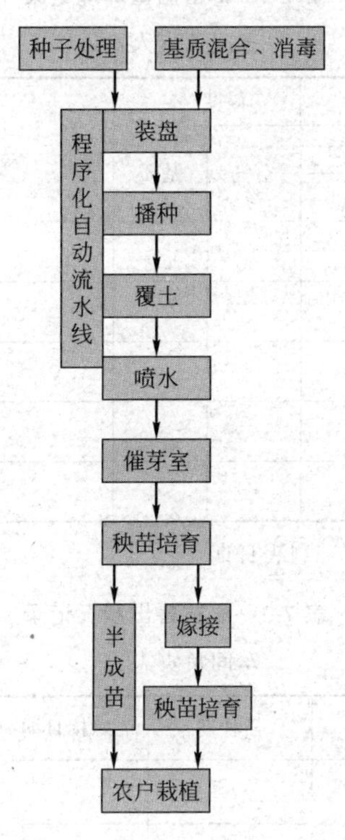

图 7-1　蔬菜工厂化育苗流程

主要生产记录表见表 7-1～表 7-4。

表 7-1　嫁接苗生产操作记录

工厂名称：　　车间编号：　　车间负责人：　　电话：

作物种类		播种量/kg		催芽时间		出芽时间	
作物品种		育苗面积/m^2		播种时间		出苗时间	
农事操作记录							
日期	活动内容		使用量		操作人	技术负责人	

制表人：　　制表日期：

表 7-2　育苗温室环境记录

工厂名称：　　　车间编号：　　　车间负责人：　　　电话：

日期	温度/℃				湿度/%		光照（强、中、弱）	外界天气（晴、阴、雨、雪）
	空气			基质	空气	基质		
	8:00	13:00	18:00	8:00				

制表人：　　　　　　制表日期：

表 7-3　成苗售出状况记录

工厂名称：　　　车间编号：　　　车间负责人：　　　电话：

品种名称	出苗日期	数量/株	播种期	嫁接日期	苗龄	销往地点

制表人：　　　　　　制表日期：

表 7-4　成品苗质量检验

产品编号：　　　检验日期：　　　检验负责人：　　　电话：

品种名称	数量/株	病害	虫害	合格率/%	检验员

知识点三　园艺植物成本核算与种苗销售

一、园艺植物成本核算

工厂化穴盘育苗由于所有的生产用料如种子、基质、穴盘、水、电、肥料等都是商业化采购，加之生产的规模化和专业化，使得各成本项目比较确定，从而使得种苗生产的成本测算极为方便、可行。

之所以要进行种苗生产的成本测算，主要有以下几个方面的原因：企业通过生产成本的测算可明确各成本项目，以便对生产进行管理；通过生产成本预测量和实际发生量之间的比较，可了解各成本项目的开支是否合理；可合理分摊成本。如果不进行成本测算，那么，在产成品出来前将无法对项目成本进行分摊，而到产成品销售的当月，所有成本全部结转则又会影响到利润；通过生产成本的测算，可以使销售定价更趋合理。

成本测算是一个非常复杂的过程，要通过多年经验的积累，才能使测算的数据更符合实际，更合理可靠。

生产型企业的成本费用项目主要有生产成本、销售费用、管理费用和财务费用。种苗生产成本就是种苗生产过程中所发生的各项料工费的合计。成本项目就是料工费中的各具体项目。由于生产成本计算的期间为准备播种至种苗装箱上车，因此，种苗生产过程中的成本项目有种子、穴盘、基质等材料费用；播种、生产管理、储运等过程中所发生的工人工资，包括直接指导生产管理的费用；生产过程中所使用的水、电、农药、化肥等费用；种苗生产所用的工具的费用；为生产联系所发生的交通通讯费；生产用温室设备的折旧、土地租用费；种苗出圃必须使用的包装箱以及其他费用项目，如标签、冬季加温费等。至于为销售产品而引起的，包括销售人员和销售部经理的所有费用和宣传、差旅、展览等费用以及生产部门和销售部门以外的所有管理人员在工作管理过程中所发生的包括办公室、仓库的折旧，办公费用，管理人员工资在内的管理费用和因占用资金引起的财务费用，均不在种苗生产成本内核算。

各项目成本的测算应考虑以下情况。

① 测算与种苗生产相关的各项目成本，首先要考虑的是种子成本。品种不同，种子的价格和发芽率不同。种子的种类和质量直接影响种苗的成本。

② 成本测算时应考虑到补苗，在种苗生产项目中种子、基质、水、电、农药、化肥、人工工资及其他项目成本的测算均与种子的发芽率（或成苗率）有关，发芽率（或成苗率）越高，则成本越低。而穴盘、包装箱的成本则与发芽率无关。种子发芽率可以通过发芽试验获得，一般的种子包装袋上都有明确标示，成苗率则不仅与种子的发芽率有关，还与种子从播种到成苗期间的生产管理水平密切相关。也就是说，在发芽率确定的前提下，还需要有高水平的种苗生产技术和管理经验，才能取得好的成苗率。

③ 由于操作过程中会有一些材料的浪费和重复劳动，因此，种子、基质、水、电、农

药、化肥、工人工资及其他费用的项目成本测算均需考虑10%的损耗。

④ 由于作物种类不同，种苗的生产周期长短不一，各项目成本的测算系数会有所不同，如劳动力成本、水电费、农药化肥费用等。

⑤ 因客户和市场的要求，会使用不同规格的穴盘（50穴、72穴和128穴等）生产种苗，从而使得穴盘、基质等的成本也有较大差异。

二、种苗的营销管理

生产种苗的目的是要实现销售并收回成本，赢得利润。种苗的销售分订单销售（播种前订单、播种后订单）和现苗销售两种。在国内，种苗销售以播种后订单销售和现苗销售为主。种苗销售前应根据市场行情、生产成本、销售和管理费用制订合理的销售价格，销售价格基本上每年制订一次。就国内情况看，选择媒体安排适当的广告对销售种苗会有较好的帮助。

委托生产的蔬菜种苗，虽然只收取委托加工费用，但在生产管理上可把委托加工单视为播种前订单。播种后订单销售，只能在生产计划中已安排生产的种苗中选择，并应及时扣除已确认订单种苗的总量，以免出现种苗销售不够，有些客户提不到苗的情况。

当种苗可作为商品苗销售时，应及时通知订单种苗客户提苗或发送种苗。对无订单种苗，应加强现苗的销售工作，力争在有效销售期内销售掉大部分现苗。

种苗发货以后，应及时和客户联系，了解种苗在客户那里的情况，并做好种苗销售总结。对种苗销售而言，平时积极了解需求市场，多寻找客户，并注意保持联系，做好客户管理和销售管理都是非常重要的环节。

客户管理就是把客户的信息整理成册或输入电脑，如客户编号、联系人、联系地址、邮编、电话、传真、E-mail地址等。最重要的是其信用额度与折扣程度，一般客户折扣幅度较大。

国外种苗公司一般都按每一穴盘为最小单位报价和订购，但我国客户目前还是习惯以株数为计算单位订购。接订单时，为了方便和节约成本，要求客户订购的数量以穴盘为单位是比较实用的，并确定所订购的品种、数量、每株价格、穴盘规格、发货时间。订单要统一管理，每周要确认下一周取苗的客户及其订单情况。种苗出库时，需检查实物是否与订单完全吻合。如有差异，及时通知客户进行调整。现苗销售时，首先要查询电脑或台账库存情况，接着检查实际存苗量是否与库存吻合，销售后及时登录和更改库存记录。另外，还要及时做好档案管理和统计工作，为今后的生产、销售奠定基础。

【项目实践】工厂化育苗经营与管理

一、学习目标

实地了解合作企业的经营与管理模式，探寻该企业的自身优势和存在的问题，并对该企业的经营与管理模式进行综合评价。

二、场地与形式

上网查询（课前或课后）；工厂化育苗合作企业或生产基地的参观、调查和实地勘测；

查阅相关书籍。

三、材料与用具

笔、笔记本等记录工具或者数码照相机；工厂化育苗相关书籍资料，电脑。

四、工作过程

1. 调查。结合合作企业或基地的实际情况，参考以下内容进行调查、访问和记录。

① 合作企业的经营与管理模式。

② 工厂化育苗产业发展中遇到的主要问题和限制因素。

③ 查阅书籍资料。

2. 最后结合课余时间查询资料，并与对当地的调查相比较，完成调查报告。

【项目考核】

<table>
<tr><th>考核项目</th><th colspan="2">考核点</th><th>检测标准</th><th>配分</th><th>得分</th><th>备注</th></tr>
<tr><td rowspan="6">工厂化育苗经营与管理状况调查</td><td rowspan="4">知识要点考核(80分)</td><td>经营管理理念与策略</td><td>了解工厂化育苗企业的经营管理理念与策略；掌握育苗生产企业的机构设置</td><td>20</td><td></td><td rowspan="6">笔试结合过程考核</td></tr>
<tr><td>生产计划的制订与实施</td><td>学习理解工厂化育苗企业生产计划的制订与实施</td><td>30</td><td></td></tr>
<tr><td>园艺植物成本核算与种苗销售</td><td>学习理解工厂化育苗企业的营销管理；掌握工厂化育苗企业种苗生产的成本核算</td><td>20</td><td></td></tr>
<tr><td>学习方法</td><td>掌握本门课程的学习方法</td><td>10</td><td></td></tr>
<tr><td rowspan="2">素质考核(20分)</td><td>学习态度</td><td>认真查阅资料，积极参与讨论发言，认真完成作业，善于记录、总结</td><td>10</td><td></td></tr>
<tr><td>团结协作</td><td>分工合作、团结互助，并起带头作用</td><td>10</td><td></td></tr>
</table>

【项目测试与练习】

1. 育苗企业应该如何加强队伍建设？如何开展企业文化建设？

2. 育苗生产企业如何设置内部机构？各个机构的职责是什么？各个机构之间又是如何协调工作的？

3. 简述如何制订生产计划。生产计划实施中应该注意什么？

4. 成本核算都包括哪些项目？

模块四　常见园艺植物工厂化育苗技术

项目八　常见蔬菜工厂化育苗技术

知识目标

- 理解几种蔬菜的生物学特性、栽培状况及栽培价值。
- 掌握几种常见蔬菜的工厂化育苗技术。

技能目标

- 能够综合运用所学理论知识和技能，独立从事蔬菜工厂化育苗的生产与管理。

任务一　瓜果类蔬菜工厂化育苗

一、黄瓜

（一）基本知识

1. 识别要点

黄瓜（*Cucumis sativus* L.）又叫胡瓜、刺瓜。原产印度热带潮湿地区。葫芦科一年生蔓性植物。生长期短，在瓜类中较耐低温，上市最早而且产量高，是我国南北各地广泛栽培的主要蔬菜之一。应用黄瓜的不同品种进行春、夏、秋季栽培，是调节淡季缺菜的重要蔬菜。

2. 生态习性

黄瓜性喜温暖湿润，不耐寒，遇霜冻即枯死。生长适温白天为23～28℃，夜温12～

18℃。气温低于10℃时发生生理障碍，生长停止。黄瓜根系浅，须根多，根系主要分布在16cm左右的表土层；根系木栓化早，吸肥力差，叶大，叶肉薄，蒸腾旺盛，在瓜类中抗旱性最弱，要求较高的空气湿度和土壤湿度，但怕土壤低温和积水，受涝易沤根。对肥水要求严格，特别是氮肥或钾肥不足，易引起落花和果实带苦味，肥料浓度太大，易烧根腐根。黄瓜是瓜类作物中最耐弱光的一种，最适宜的光照强度为20000～50000lx，光补偿点为1500lx。

3. 应用价值

黄瓜中含有的葫芦素具有提高人体免疫功能的作用，有抗肿瘤的功效。此外，该物质还可治疗慢性肝炎；老黄瓜中含有丰富的维生素E，可起到延年益寿、抗衰老的作用；黄瓜中的黄瓜酶有很强的生物活性，能有效地促进机体的新陈代谢。用黄瓜捣汁涂擦皮肤，有润肤、舒展皱纹的功效；黄瓜中所含的丙氨酸、精氨酸和谷胺酰胺对肝脏病人，特别是对酒精肝硬化患者有一定的辅助治疗作用，可防酒精中毒；黄瓜中所含的葡萄糖苷、果糖等不参与通常的糖代谢，故糖尿病人以黄瓜代替淀粉类食物充饥，血糖非但不会升高，甚至会降低；黄瓜中所含的丙醇二酸可抑制糖类物质转变为脂肪。此外，黄瓜中的纤维素对促进人体肠道内腐败物质的排出，以及降低胆固醇有一定的作用，能强身健体。

4. 育苗方法

黄瓜的育苗既可以采用自根苗，也可以采用嫁接苗，通常以嫁接苗为宜。黄瓜嫁接苗的砧木种类有南瓜砧木和西葫芦砧木，主要以黑籽南瓜和黄籽南瓜使用居多。黄瓜嫁接育苗可以防止或减轻土传病虫害，增强嫁接苗的抗逆能力和吸肥能力，达到根深棵壮采收期长的目的。

（二）技能操作

1. 育苗基质的配制

蔬菜育苗基质在功能上应与土壤相似。在选配育苗基质时应注意以下几个原则：①选择使用当地资源丰富、价格低廉的轻基质。②育苗基质以配制有机、无机复合基质为好。③育苗基质须具有与土壤相似的功能，利于根系缠绕，以便起坨。④从生态环境角度考虑，要求育苗基质基本上不含活的病菌虫卵，不含或尽量少含有害物质，以防其随苗进入生长田后污染环境与食物链。

黄瓜的育苗基质应选用纯草炭。珍珠岩和蛭石对一些黄瓜品种的出苗和生长有一定的不利影响。减少珍珠岩和蛭石的使用，可降低育苗成本。黄瓜和南瓜育苗基质覆盖可以采用3～7mm大小的全蛭石覆盖，或者直接采用播种基质覆盖。

而南瓜砧木育苗基质的配制根据季节变化而变化，主要选用的基质成分为草炭、珍珠岩和蛭石。4～9月份育苗时播种基质配比为草炭∶珍珠岩∶蛭石＝7∶1∶2（体积比），保水；1～3月份、10～12月份育苗时播种基质配比为草炭∶珍珠岩∶蛭石＝7∶2∶1（体积比），通风透气，排湿。基质配制添加0.5%～1%的甜叶菊粉末，混合均匀，提高种苗抗性。

基质混合的方法：首先，明确基质的配制比例，配制比例要按照其对应的体积比进行量取；其次，将量取好的草炭混合搅拌，挑出杂质；最后，将珍珠岩和蛭石掺入草炭中，混合均匀。基质过干时，可添加少量清水，防止灰尘过量。在进行基质混合操作时，必须佩戴防尘装备，例如口罩，有条件的可佩戴防毒面具。

2. 播种

黄瓜和南瓜采用人工播种时应先装盘，保证每穴基质容量基本一致，压孔，深度1.5cm，播种，覆土厚度1cm，浇水，夏季应使基质含水量达到最大持水量的100%，冬季基质含水量达到最大持水量的80%。在温度变化剧烈的季节，将播种好的穴盘放入催芽室，催芽，催芽温度25～30℃，湿度95%以上。待70%以上种子萌芽，移至育苗厂苗床上。在昼夜温度条件均达到20℃以上时，将穴盘直接置于苗床上，覆膜，待种子70%萌芽时去覆盖，此时基质温度应保证25～30℃。

3. 嫁接

嫁接工具用70%医用酒精消毒，嫁接前1～2天黄瓜接穗见强光控水，以不萎蔫为标准。南瓜砧木嫁接前一天浇水，使基质含水量达到最大持水量的60%～80%，接穗和砧木表面水分干后，用72.2%普力克水剂600～800倍液加农用链霉素400万单位的混合液喷洒砧木和接穗。准备72穴或50穴育苗穴盘，装满基质，用播种基质即可，浇透底水，基质表面喷洒30%恶霉灵水剂2000倍液。

(1) 贴接法　用刀片将南瓜苗的一个子叶连同生长点斜切下去，留出0.3～0.5cm的斜面。将黄瓜苗在子叶以下1～1.5cm处斜切下去，留出0.3～0.5cm的切面，将两个斜面相贴，用嫁接夹夹好。而双断根贴接法就是将接好的嫁接苗贴土表断根，并用生根粉1000倍液蘸根，扦插到准备好的72穴或50穴穴盘中（扦插基质用播种基质即可，浇透底水）。

(2) 插接法　用刀片将南瓜苗一叶一心的生长点水平切掉，留出一个平面，用直径0.1～0.3cm的竹签子向下插0.5～1.0cm深，将黄瓜苗在子叶下1.0～1.5cm双侧对切斜面，将南瓜苗上的竹签子拔出，将切好的黄瓜苗插入其中。而双断根插接法就是将接好的嫁接苗贴土表断根，并用生根粉1000倍液蘸根，扦插到准备好的72穴或50穴穴盘中（扦插用基质用播种基质即可，浇透底水）。

(3) 靠接法　用刀剔除南瓜苗的生长点，在距离生长点下方0.5～1cm的地方，斜着向下切开一个斜口。斜口与茎成30°，深达胚轴的2/3处，切口斜面长0.7～1cm。再取黄瓜苗，在距离生长点下方1～1.2cm处斜着向上切开一个口，斜面角度为30°，深达胚轴的3/5处，切口斜面长也在0.7～1cm。将两个斜口互相插入嵌合，随即用嫁接夹夹住固定。嫁接后，需把黄瓜根埋在基质里，并浇水。

4. 嫁接后管理

(1) 温度　嫁接后应及时扣小棚，增温保湿。前8～10天内温度控制在25～28℃，夜间保持17～20℃。

(2) 湿度　嫁接后3～5天内不通风，拱棚内相对湿度控制在85%～95%。以后适量通风降温。

(3) 光照　嫁接后前3天内，要用遮阳网将苗床遮成花荫。从第4天开始，每天的早晚可让苗床接受短时间的直射光，并随着嫁接苗的成活生长，逐渐延长光照时间。嫁接苗完全成活后，应撤掉遮阳物。

(三) 知识拓展

采用靠接法的嫁接苗要在嫁接成活后剪断接穗苗的根，使嫁接苗真正成为一个独立的植株。断根既不能太晚，也不能太早，一般是在嫁接苗成活后进行。黄瓜多在嫁接后 10～12 天开始断根，是否可以断根可以先做几株试验。在全面断根的前 1～2 天最好用两手指先把黄瓜苗在接口的下面狠捏一下，损伤部分维管束，减少水分疏导，使嫁接苗预先得到适应性锻炼。对砧木上发生的萌蘖要随发现随摘除，防止养分浪费。

二、西瓜

(一) 基本理论

1. 识别要点

西瓜（学名：*Citrullus lanatus*，英文：water melon），属葫芦科，别名水瓜、果瓜，原产于非洲。西瓜是一种双子叶开花植物，枝叶形状像藤蔓，叶子呈羽毛状。它所结出的果实是假果，且属于植物学家称为假浆果的一类。果实外皮光滑，呈绿色或黄色，有花纹，果瓤多汁，为红色或黄色（罕见白色）。中国南北皆有西瓜栽培。

2. 生态习性

西瓜生长最适宜的气候条件是温度较高、日照充足、空气干燥的大陆性气候。西瓜生长的适宜温度为 18～32℃，耐高温，当 40℃时仍能维持一定的同化效能，但不耐低温。所以气温降至 15℃时生长缓慢，10℃时停止生长，5℃时地上部受寒害。西瓜对日照条件反应十分敏感。增加日照时间和光照照度，可促进侧枝生长，而对主蔓的影响较小。水分充足，西瓜枝叶茂盛，生长迅速，产量高，产品含有大量水分，如水分不足，可影响营养体的生长和果实膨大。西瓜的根系不耐水涝，瓜田受淹后根部腐烂，造成全田死亡。西瓜耐肥力弱，土壤溶液浓度偏高或肥料不腐熟，容易发生烧根现象。基肥以磷肥及农家肥为主，苗期以氮肥轻施，伸蔓期适当控制氮肥，坐果以后以速效氮、钾肥为主。

3. 应用价值

西瓜堪称“盛夏之王”，清爽解渴，味道甘甜多汁，是盛夏佳果，西瓜除不含脂肪和胆固醇外，含有大量的葡萄糖、苹果酸、果糖、氨基酸、番茄素及丰富的维生素 C 等物质，是一种富有营养、纯净、食用安全的食品。瓤肉含糖量一般为 5%～12%，包括葡萄糖、果糖和蔗糖。甜度随成熟后期蔗糖的增加而增加。瓜子可作茶食，瓜皮加工可制成西瓜酱，还可以晒干做成咸菜，还有美容作用等。

4. 育苗方法

西瓜的育苗既可以采用自根苗，也可以采用嫁接苗，通常以嫁接苗为宜。西瓜嫁接苗的砧木种类有南瓜砧木、西葫芦砧木和瓠瓜砧木，主要以黑籽南瓜和黄籽南瓜使用居多。西瓜嫁接育苗可以防治或减轻土传病虫害，增强嫁接苗的抗逆能力和吸肥能力，达到根深棵壮采收期长的目的。

（二）技能操作

1. 浸种催芽和播种

砧木种子应用55℃温水浸种15min，保持55℃左右的水温并不断搅拌，然后在常温下浸种24～36h，捞出后用清水洗净种子表面黏液，用干净的湿布包好，置于25～30℃的环境中催芽24～48h，约70%种子露白时播于营养钵中，每钵1粒，深1cm，播后盖营养土1cm，并均匀浇足底水，置于棚内，白天保持28℃，夜间18℃，70%种子拱土时降低温度，白天20～25℃，夜间15～18℃。西瓜接穗采用常规方法浸种催芽后，撒播在育苗床，播后盖1cm厚的半湿基质，再平铺地膜，搭好小拱棚盖膜保温。采用劈接法时，砧木苗比接穗苗先播种7～10天或砧木顶土出苗时播接穗，采用插接法时，应提前7天播种砧木苗。

2. 西瓜嫁接新方法

目前西瓜栽培嫁接方法很多，但以插接法和靠接法比较容易掌握。

（1）插接法　嫁接时间以砧木第一片真叶展开期间较好，砧木出苗后6～8天便可嫁接，嫁接时间可持续8～10天。嫁接过晚，子叶下胚轴发生空心，影响成活率。嫁接前先准备好一根竹签，粗度与西瓜苗相当或略粗，前端削成一个楔形面。嫁接时先将砧木苗的生长点去掉，然后用竹签的尖端扁阔面与子叶平行的方向从生长点部位斜向下插深约1cm，使竹签尖端刚露出砧木。而后取接穗用刀片在子叶下1cm处削成一个楔形面，长约1cm，拔出竹签，将接穗切口向下插入孔内，尖端露出砧木，注意接穗不要插入茎空心内。

（2）靠接法　靠接法是从苗盘中拔出接穗，在砧木苗叶下1cm处用刀片自上而下斜切1cm的切口，切口深度达砧木胚轴直径的2/5，接穗在子叶下2cm处自下而上斜切长约1cm的切口，然后将两者舌形嵌合，用塑料布条捆扎或用嫁接夹夹住即可，再将砧木营养钵内挖一小坑，把接穗埋入土中浇水。

西瓜的嫁接栽培可选用葫芦作砧木，采用靠接法时砧木和接穗同时播种，或者西瓜提前几天播种，采用插接法葫芦应提前5天左右播种。

3. 嫁接后的管理

嫁接苗的管理好坏直接影响到成活率的高低，从嫁接到幼苗完全成活需10～12天，此期间要做好保温保湿、遮光、解线、摘除砧木萌芽等管理工作。嫁接苗伤口愈合的适宜温度是22～25℃。通常嫁接前3天，苗床白天遮光防高温，温度保持25～26℃，夜间要覆盖保温，保持22～24℃。6～7天后增加通风时间和次数，适当降低温度，白天保持22～24℃，夜间18～20℃，定植前7天应让瓜苗逐步得到锻炼，晴天白天可全部打开覆盖物，接受自然气温，但夜间仍需覆盖保温。西瓜苗嫁接后放入浇透水的苗床内，严密覆盖塑料薄膜，使苗床内的湿度达95%以上，直至饱和状态，以小棚内侧薄膜附着水珠为宜，防止萎蔫，2～3天内不通风，3～4天后要防止接穗萎蔫，并使之逐渐适应外界条件，在清晨和傍晚空气湿度高时开始小量通风换气，以后逐渐增加通风量和通风时间，直至嫁接苗成活。注意床土不过干，接穗无萎蔫现象，不要浇水。遮光是避免阳光直射苗床，调节床内温度，减少蒸发，防止接穗失水萎蔫的重要措施。可在小拱棚膜上加盖竹帘、草苫、遮阳网等不透光覆盖物，嫁接3天内，晴天可全天遮光，以后逐渐缩短遮光时间，直至完全不遮光。遮光时间的长短也可根据接穗是否萎蔫而定，嫁接7天内见接穗萎蔫即应遮光，7天后轻度萎蔫亦可不遮光或仅在中午强光下遮光1～2h，使瓜苗逐渐接受自然光照。

（三）知识拓展

1. 砧木选择的依据

西瓜嫁接所用砧木的选择，主要从以下四个方面考虑。

（1）砧木与西瓜的亲和力　包括嫁接亲和力和共生亲和力两方面。嫁接亲和力是指嫁接后砧木与接穗（西瓜）愈合的程度。嫁接亲和力可用嫁接后的成活百分率来表示，排除嫁接的技术因素外，若嫁接后砧木很快与接穗愈合，成活率高，则表明该砧木与西瓜的嫁接亲和力高，反之则低；共生亲和力是指嫁接成活后两者的共生状况，通常用嫁接成活后，嫁接苗的生长发育速度、生育正常与否、结果后的负载能力等来表示。为了在苗期判断共生亲和力，则可利用成活后的幼苗生长速度为指标。嫁接亲和力和共生亲和力并不一定一致。有的砧木嫁接成活率很高，但进入结果初期便表现不良，甚至出现急性凋萎，表现共生亲和力差。据各地试验，瓠瓜、葫芦、新土佐南瓜（F_1）、黑籽南瓜、野生西瓜等均有较好的亲和性。

（2）砧木的抗枯萎病能力　导致西瓜发生枯萎病的病原菌中，以西瓜菌和葫芦菌最为重要。因此，所用砧木必须能同时抗这两种病菌。在众多的砧木中，只有南瓜能兼抗这两种病原菌，因而南瓜是较为可靠的抗病砧木。生产上选用的抗病砧木应能达到100%的植株不发生枯萎病。

（3）砧木对西瓜品质的影响　不同的砧木对西瓜的品质有不同的影响；不同的西瓜品种对同一种砧木的嫁接反应也不完全一样。西瓜嫁接栽培必须选择适宜的砧/穗组合，使其对西瓜品质基本无不良影响。一般南瓜砧易使西瓜的果实果皮变厚、果肉纤维增多、肉质变硬，并可能导致含糖量下降，而西瓜共砧或葫芦砧较少有此现象。

（4）砧木对不良条件的适应能力　在西瓜早熟栽培中，采用嫁接栽培时，西瓜植株的耐低温能力、雌花出现早晚和在低温下稳定坐果的能力，以及根群的扩展和吸肥能力、耐旱性和对土壤酸碱度的适应性等，都受砧木固有特性的影响。由于早春温度（尤其是地温）低，因此，应选用在低温环境中生长能力强和低温坐果性好、对不良环境条件适应性强的砧木。

2. 适用砧木

（1）葫芦　葫芦具有与西瓜良好而稳定的亲和性，对西瓜品质也无不良影响，其低温伸长性仅次于南瓜，吸肥力也次于南瓜。主要缺点是在西瓜结果后易出现急性凋萎症。在葫芦中，以腰葫芦的嫁接效果最好。

（2）瓠瓜　瓠瓜与西瓜的亲缘关系较近，因而嫁接亲和力好，苗期生长旺盛，对西瓜品质影响不大（但在有些西瓜品种上也会发生果肉中出现黄色纤维块）。其缺点是低温伸长性不如南瓜，并且容易发生炭疽病，有时成株也会出现急性凋萎。目前，国内有关育种单位以瓠瓜为材料开展优良砧木的选育，已选出瓠砧1号等，在生产上应用效果良好。

(3) 南瓜 南瓜品种很多，其作为砧木的效果，品种间差异很大，多数南瓜品种并不适宜作砧木。南瓜对枯萎病有绝对的抗性，而且其低温伸长性和低温坐果性好，在低温条件下的吸肥力也较强，但其与西瓜的亲和性在品种间差异较大，一些品种有使西瓜果皮增厚、肉质增粗和含糖量下降等不良影响。南瓜包括中国南瓜、印度南瓜和美洲南瓜（西葫芦）三个亚种，单独作砧木使用时效果均不太理想，而中国南瓜和印度南瓜的杂交种，如日本广泛应用的新土佐（F_1）等，具有良好的亲和性，耐低温能力强，100%抗西瓜枯萎病，且对西瓜品质影响不大，是可用于西瓜早熟栽培的优良砧木品种。另外，有些野生南瓜品种如黑籽南瓜、灰籽南瓜等在西瓜生产上也有应用。

三、甜瓜

（一）基本理论

1. 识别要点

葫芦科（Cucurbitaceae）甜瓜属中幼果无刺的栽培种，一年生蔓性草本植物。学名 *Cucumis melo* L.，别名香瓜、果瓜、哈密瓜。原产非洲和亚洲热带地区，中国华北为薄皮甜瓜次级起源中心，新疆为厚皮甜瓜起源中心。中国、俄罗斯、西班牙、美国、伊朗、意大利、日本等国家普遍栽培，以中国的产量最高。

2. 生态习性

甜瓜对土壤的要求不严格，但以土层深厚、通透性好、不易积水的沙壤土最适合，甜瓜生长后期有早衰现象，沙质土壤宜作早熟栽培；而黏重土壤因早春地温回升慢，宜作晚熟栽培。甜瓜适宜的土壤为pH 5.5～8.0，过酸、过碱的土壤都需改良后再进行甜瓜栽培。甜瓜喜光照，每天需10～12h的光照来维持正常的生长发育。故甜瓜栽培地应选远离村庄和树林处，以免遮阴。保护地栽培时尽量使用透明度高、不挂水珠的塑料薄膜和玻璃。甜瓜喜温耐热，极不抗寒。种子发芽温度为15～37℃，早春露地播种应稳定在15℃以上，以免烂种。植株生长温度以25～30℃为宜，在14～45℃内均可生长。开花最适温度25℃，果实成熟适温30℃。而气温的昼夜温差对甜瓜的品质影响很大。昼夜温差大，有利于糖分的积累和果实品质的提高。

3. 应用价值

甜瓜含大量糖类及柠檬酸等，且水分充沛，可消暑清热、生津解渴、除烦；甜瓜中的转化酶可将不溶性蛋白质转变成可溶性蛋白质，能帮助肾脏病人吸收营养；甜瓜蒂中的B族维生素B能保护肝脏，减轻慢性肝损伤；现代研究发现，甜瓜子有驱杀蛔虫、丝虫等作用；甜瓜营养丰富，可补充人体所需的能量及营养元素。果肉生食，止渴清燥，可消除口臭，但瓜蒂有毒，生食过量即会中毒。据有关专家鉴定，各种香瓜均含有苹果酸、葡萄糖、氨基酸、甜菜茄、维生素C等，对感染性高烧、口渴等，都具有很好的疗效。

4. 育苗方法

甜瓜的育苗既可以采用自根苗，也可以采用嫁接苗，通常以嫁接苗为宜。甜瓜嫁接苗的砧木种类有南瓜砧木、西葫芦砧木和冬瓜砧木，主要以白籽南瓜使用居多。甜瓜嫁接育苗可以防治或减轻土传病虫害，增强嫁接苗的抗逆能力和吸肥能力，达到根深棵壮采收期长的目的。

(二) 技能操作

1. 晒种

浸种前晒1～2天，晒种是对种子进行消毒灭菌的有效方法。在播种前，选择晴朗无风天气，把种子摊在竹制晒盘里，厚度不超过1cm，使其在阳光下晾晒，每隔2h左右翻动一次，使其均匀受光，阳光中的紫外线和较高的温度对种子上的病菌有一定的杀伤作用，还可以促进种子的萌动，增强种子的活力，提高发芽势和发芽率。注意：晒种时不要放在水泥板、铁板或石头等物上，以免影响种子的发芽率。

2. 浸种催芽

为保证苗全苗壮，播种前最好浸种催芽。播种前可用55～60℃温水浸种，浸种过程中要不断地搅动，待水温降至25～30℃时停止搅动，继续浸种6～8h，捞出后用0.1%的高锰酸钾溶液消毒20min，清水洗净，晾干后用湿布包好，在28～30℃条件下催芽，种子露白即可播种。

3. 播种后管理

播种后至出苗前，苗床以保温为主，加强覆盖，不通风，苗床白天气温控制在28～32℃、夜间17～20℃。出苗后适当降温，白天气温控制在22～25℃、夜间13～15℃。苗期要加强光照管理，在保证幼苗正常生长发育所需适宜温度的前提下，为增加见光时间，对不透明覆盖物要早揭晚盖。浇水时要浇透育苗盘，使基质最大持水量达到200%以上。

4. 嫁接方法

(1) 插接法　这是目前比较省工、易操作和不用绑扎物的方法。嫁接成活率可达90%以上。砧木和接穗苗的子叶展平，第一片真叶出现为嫁接适期。取砧木苗，用刀片削去生长点及腋芽，用竹签从一个子叶着生的基部向另一个子叶下成45°斜戳去，直至将砧木的下胚轴表皮刺破约0.5cm，孔洞长1cm。将苗带着竹签放到一边。随即取一株大小适宜的甜瓜苗(没有必要带根)，在子叶下1～1.5cm处向下斜削成双面的楔形，楔面长0.7～1cm。左手持砧木拔起竹签，随之将甜瓜苗的楔形插入孔中，使接穗与砧木紧密吻合，接穗的前端稍露出砧木的下胚轴为好。并保持砧木与接穗的子叶相重叠，利用砧木的子叶承托接穗，防止下垂。

(2) 劈接法　砧木子叶完全展开，第一片真叶出现，有米粒大小；接穗的子叶完全展开，第一片真叶已能辨认为嫁接适期。取砧木苗除去生长点，用利刀从两子叶中间的一侧向下劈开（不能将整个茎都劈开)，长度1～1.5cm。取接穗苗，在子叶下1～1.5cm处向下切削成双面楔形，楔面长1～1.5cm，楔面要与两子叶延长线垂直，以使砧木子叶能托住接穗苗。接穗的楔面插入砧木的开口里，要使接穗与砧木的表面平齐，而后用预先准备好的地膜条捆3～4道或用嫁接夹夹住接口。

(3) 靠插接法　接穗苗的子叶完全展开，第一片真叶已展开一半；砧木苗的子叶完全展开，第一片真叶正要发出来时为嫁接适期。

取砧木苗，用刀片切去生长点，在两子叶连线的一侧距子叶0.5～1cm处，由上向下成45°斜切一刀，深度达胚轴粗的1/3～1/2，斜面长1cm左右。取一相匹配的甜瓜苗，在一个子叶下距子叶1～1.5cm处，由下向上斜30°切一刀，深达胚轴粗的1/2～2/3，长1cm左右。将砧木和接穗的切口互插相嵌合，尽量使一侧边对齐，用嫁接夹夹住，使接面紧密结合。

5. 嫁接后管理

嫁接后的管理，主要以遮阴、避光、加湿、保温为主。以嫁接后3天最为重要，应实行密闭管理，要求小拱棚内相对湿度达到90%以上，昼温24～26℃，夜温18～20℃；3天后早晚适当通风，两侧见光，中午喷雾1～2次，保持较高的湿度；1周后只在中午遮光，10天后恢复正常管理。

为了促使伤口的愈合，嫁接后应适当提高温度。因为嫁接愈合过程中需要消耗物质和能量，嫁接处呼吸代谢旺盛，提高温度有利于这一过程的顺利进行。但温度也不能太高，否则呼吸代谢过于旺盛，消耗物质过多过快，而嫁接苗小，嫁接伤害使嫁接苗同化作用弱，不能及时提供大量的能量和物质而影响成活。甜瓜嫁接后3～5天内，白天保持24～26℃，不超过30℃；夜间18～20℃，不低于15℃，3～5天后开始通风降温。

嫁接后使接穗的水分蒸发量控制到最小限度，是提高成活率的决定因素。嫁接前砧木营养钵土要保持水分充足；嫁接当天要密闭棚膜，使空气湿度达到饱和状态，不必换气；2～6天逐渐换气降湿；7天后要让嫁接苗逐渐适应外界条件，早上和傍晚温度较高时逐渐增加通风换气时间和换气量，换气可抑制病害的发生；10天后注意避风并恢复普通苗床管理。

嫁接后2～3天开始通风，初始通风量要小，以后逐渐加大，一般9～10天后进行大通风，若发现秧苗萎蔫，应及时遮阴喷水，停止通风。

苗床必须遮阴，嫁接苗可接受弱散射光，但不能受阳光直射。嫁接苗在最初1～3天内，应完全密闭苗床棚膜，并上覆遮阳网或草帘遮光，使其微弱受光，以免高温和直射光引起萎蔫；3天后，早上或傍晚撤去棚膜上的覆盖物，逐渐增加见光时间；7天后在中午前后强光时遮光，保持采受薄光；10天后恢复到普通苗床的管理。注意：如遮光时间过长，会影响嫁接苗的生长。

(三) 知识拓展

及时断根除萌芽：靠接苗10～11天后可以给瓜类接穗苗断根，用刀片割断接穗苗根部以上的茎，并随即拔出。嫁接时砧木的生长点虽已被切除，但在嫁接苗成活生长期间，在子叶接口处会萌发出一些生长迅速的不定芽，与接穗争夺营养，影响嫁接苗的成活，因此，要随时切除这些不定芽，保证接穗的健康生长。切除时，切忌损伤子叶及摆动接穗。

任务二　茄果类蔬菜工厂化育苗

一、番茄

（一）基本理论

1. 识别要点

番茄（学名：*Solanum lycopersicum*，俗作蕃茄），在中国大陆部分地区被称为西红柿。番茄为茄科草本植物，包括有限生长型、半有限生长型和无限生长型。条件适宜时可多年生长。番茄原产于中美洲和南美洲，美国、苏联、意大利和中国为主要生产国。在欧洲、美洲的国家、中国和日本有大面积温室、塑料大棚及其他保护地设施栽培。中国各地普遍种植。栽培面积仍在继续扩大。

2. 生态习性

番茄性喜温暖不耐炎热。种子发芽的适宜温度为28～30℃，最低发芽温度为12℃。幼苗生长发育的适宜温度为20～25℃，夜间10～15℃。番茄具有半耐寒性的特性。根系吸水力较强。幼苗期为避免徒长和发生病害，基质含水量以最大持水量的60%～70%为宜。番茄喜阳光，对光照长短的反应不敏感。正常生长发育的光照强度为30000～35000lx。光饱和点为70000lx，光补偿点为2000lx。番茄幼苗生长要求基质肥沃疏松、透气良好。适宜的pH为5.5～7。

3. 应用价值

番茄富含蛋白质、脂肪、糖类、粗纤维、钙、铁、胡萝卜素、烟酸和多种维生素，此外，还含有较多的碘、锌以及其独特的番茄红素、柠檬酸和苹果酸等。番茄具有生津止渴、凉血平肝、清热解毒等功效。近代医学研究表明，番茄中的柠檬酸、苹果酸和糖类有助于促进食物的消化，可预防消化道的肿瘤，对肾炎患者有利尿的作用。番茄中的B族维生素含量丰富，维生素B_1有利于大脑发育，其缓解脑疲劳的作用十分明显。番茄中的胡萝卜素含量丰富，可保护皮肤弹性，促进骨骼钙化，还可防治小儿佝偻病、夜盲症和眼干病。番茄红素是一种天然色素成分，被称为藏在番茄中的“黄金”，有预防和抑制癌症的功效，可降低血清胆固醇，防治高胆固醇和高脂血症，减缓心血管疾病的发展。

4. 育苗方法

番茄的育苗既可以采用自根苗，也可以采用嫁接苗。在日本，番茄嫁接苗占据了90%的份额，而在我国，自根苗占据了主导地位。采用干籽直播的播种方法，穴盘选择72穴和128穴。

（二）技能操作

1. 基质配制

番茄育苗基质的配方根据季节变化而变化，主要选用的基质成分为草炭、珍珠岩、蛭石，4～9 月份育苗时播种基质草炭∶珍珠岩∶蛭石应为 7∶1∶2，有利于保水；1～3 月份、10～12 月份的基质配置草炭∶珍珠岩∶蛭石应为 7∶2∶1，有利于通风透气，便于排湿。有条件的可以配合 0.5%～1%的甜叶菊粉末，有利于提高种苗抗性。番茄育苗基质覆盖可以采用 3～7mm 大小的全蛭石覆盖。为了降低成本，也可以直接采用播种基质覆盖。

2. 播种

采用人工播种时应先装盘，保证每穴基质容量基本一致，压孔，深度在 1cm，播种，覆土厚度 1cm，浇水，夏季应使基质持水量 100%，冬季及支持水量 80%。在温度变化剧烈的季节，将播种好的穴盘放入催芽室，催芽，催芽温度 25～30℃，湿度 100%。待 70%以上种子萌芽，移至育苗厂的苗床上。在温度条件昼夜都可以达到 20℃时，可以将穴盘直接置于苗床上，覆膜，待种子 70%萌芽时去覆盖，此时基质温度应保证 25～30℃。

3. 苗期管理

播种后出苗前要保持较高的温度，白天温度控制在 26～27℃，夜间 20℃。幼苗出齐后，白天气温保持 20～25℃，夜温 17～18℃。两片子叶展平后应逐渐降低温度，白天气温保持在 20℃以上，以促进幼苗根系发育，健壮生长。播种后应浇透水，使基质最大持水量达到 200%以上，以利于出苗。苗出齐后不需要过多的水分，一般空气湿度控制在 45%～65%。子叶展开到二叶一心，基质水分含量为最大持水量的 65%～75%。三叶一心后，水分含量以 60%～65%为宜。白天应注意通风，降低空气温度。三叶一心后，结合浇水进行 1～2 次叶面喷肥即可。

4. 苗期药剂防治操作规程

选择适宜天气施农药。做到大风、大雨天不施农药，晴天施农药避开中午高温。夏天施农药最好是早上 10:00 前和下午 16:00 后。农药在兑配前必须摇匀才能进行配制。配制农药务必要进行二次稀释，先将所需药剂在小容器内稀释均匀，然后再倒入打药壶中，再次稀释，搅拌均匀。在喷洒农药过程中，应注意穿上长筒防水靴，戴上口罩，以避免不必要的伤害。

（三）知识拓展

番茄工厂化育苗中由于育苗面积小，容易徒长，必须用适量的植物生长调节剂控制，不同品种对激素的反应不同，大批量使用之前，应该先进行小规模的实验。常用的植物生长调节剂为多效唑和甲哌鎓。

多效唑为化学药剂，将其对水对秧苗喷洒后，能阻止秧苗顶端生长优势，促进侧芽（分蘖）滋生。秧苗外观表现为矮壮多蘖，根系发达。便于种植者耕种，延迟几天移植。

甲哌鎓为新型植物生长调节剂，对植物有较好的内吸传导作用，能促进植物的生殖生长；抑制茎叶疯长、控制侧枝、塑造理想株型，提高根系数量和活力，使果实增重，品质提高。

二、辣椒

（一）基本理论

1. 识别要点

辣椒（*C. frutescens*），是一种茄科辣椒属植物，一年或多年生草本植物，原产于南美洲热带地区，明朝末年传入中国。辣椒的果实因果皮含有辣椒素而有辣味，能增进食欲。辣椒中维生素 C 的含量在蔬菜中居第一位。

2. 生态习性

辣椒生长初为发芽期，催芽播种后一般 5～8 天出土，15 天左右出现第一片真叶，到花蕾显露为幼苗期。第一花穗到门椒坐果为开花期。坐果后到拔秧为结果期。辣椒适宜的温度在 15～34℃。种子发芽的适宜温度为 25～30℃，发芽需要 5～7 天，低于 15℃或高于 35℃时种子不发芽。苗期要求温度较高，白天 25～30℃，夜晚 15～18℃最好，幼苗不耐低温，要注意防寒。辣椒如果在 35℃时会造成落花、落果。辣椒对水分要求严格，它既不耐旱也不耐涝，喜欢比较干爽的空气条件。

3. 应用价值

辣椒中含有丰富的维生素 C、β-胡萝卜素、叶酸、镁及钾；辣椒中的辣椒素还具有抗炎及抗氧化作用，有助于降低心脏病、某些肿瘤及其他一些随年龄增长而出现的慢性病的风险；辣椒素不但不会引起胃酸分泌的增加，反而会抑制胃酸的分泌，刺激碱性黏液的分泌，有助于预防和治疗胃溃疡；有辣椒的饭菜能增加人体的能量消耗，帮助减肥；经常进食辣椒可以有效延缓动脉粥样硬化的发展及血液中脂蛋白的氧化。

4. 育苗方法

辣椒的育苗方法与番茄相似，既可以采用自根苗，也可以采用嫁接苗。在我国以自根苗为主。采用干籽直播的播种方法，穴盘可以选择 50 穴和 72 穴。

（二）技能操作

1. 基质配制

辣椒育苗基质的配置根据季节变化而变化，主要选用的基质成分为草炭、珍珠岩、蛭石，4～9 月份育苗时播种基质草炭：珍珠岩：蛭石应为 7：1：2，有利于保水；1～3 月份、10～12 月份的基质配置草炭：珍珠岩：蛭石应为 7：2：1，有利于通风透气，便于排湿。有条件的可以配合 0.5%～1%的甜叶菊粉末，有利于提高种苗抗性。辣椒育苗基质覆盖可以采用 3～7mm 大小的全蛭石覆盖。为了降低成本，也可以直接采用播种基质覆盖。

2. 播种

采用人工播种时应先装盘，保证每穴基质容量基本一致，压孔，深度1cm，播种，覆土厚度1cm，浇水，夏季应使基质持水量100%，冬季及支持水量80%。在温度变化剧烈的季节，将播种好的穴盘放入催芽室，催芽，催芽温度25～30℃，湿度100%。待70%以上种子萌芽，移至育苗厂的苗床上。在温度条件昼夜都可以达到20℃时，可以将穴盘直接置于苗床上，覆膜，待种子70%萌芽时去覆盖，此时基质温度应保证25～30℃。

3. 苗期管理

播种后出苗前要保持较高的温度，白天气温25～26℃、夜间18～20℃。子叶展平后应逐渐降低温度，以白天气温23～24℃、夜间14～15℃为宜，同时应保持较强的光照。成苗期白天气温控制在25～30℃、夜间15～18℃。定植前7～8天进行炼苗，白天气温保持在20℃左右，夜间逐步降至10～15℃，逐渐给以定植环境相同的条件。播种覆盖完成后，应浇透水，使基质最大持水量达到200%以上。子叶展开至二叶一心，基质水分含量以最大持水量的70%～75%为宜。三叶一心后水分含量以最大持水量的65%～70%为宜。并结合喷水进行2～3次叶面喷肥。

4. 嫁接方法

当砧木具有4～5片真叶，茎粗达5mm左右，接穗长到5～6片真叶时，为嫁接适期。嫁接用具主要是刀片和嫁接夹。

(1) 插接法　插接一般在播种后20～30天进行，砧木有4～5片真叶时为嫁接适期，辣椒苗应较砧木苗少1～2片叶，苗茎比砧木苗茎稍细一些。嫁接时，在砧木的第1片或第2片真叶上方横切，除去腋芽，在该处顶端无叶一侧，用与接穗粗细相当的竹签按45°～60°角向下斜插，插孔长0.8～1cm，以竹签先端不插破表皮为宜，选用适当的接穗，削成楔形，切口长同砧木插孔长，插入孔内，随插随排苗浇水，并扣盖拱棚保护。

(2) 靠接法　嫁接后接穗的根仍旧保留，与砧木的根一起栽在育苗钵中，嫁接后接穗不易枯死，管理容易，成活率高。每个育苗钵内栽1株砧木苗和1株辣椒苗，高度要接近，相距约1cm远。先在砧木苗茎的第2～3片叶间横切，去掉新叶和生长点，然后从上部第1片真叶下、苗茎无叶片的一侧，由上向下成40°角斜切1个长1cm的口子，深达苗茎粗的2/3以上。再在接穗无叶片的一侧、第1片真叶下，紧靠子叶，由下向上成40°角斜切1个1cm的口子，深达茎粗的2/3，然后将接穗与砧木在开口处互相插在一起，用嫁接夹将接口处夹住即可。

5. 嫁接后管理

嫁接苗愈合的适温，白天为25～26℃，夜间为20～22℃。温度过低或过高都不利于接口愈合，影响成活率。嫁接苗应及时移入小拱棚内，拱棚底部铺上地膜。充分浇水，盖上塑料膜，处于密闭状态，5天内不进行通风，温度保持在20～30℃，相对湿度保持在95%以上。5天后适当揭开塑料，给予通风直至完全成活。

(三) 知识拓展

育苗计划的制订与品种标记：每一批订单都应根据育苗时期确定育苗周期，以便按时播种，按时出圃。1～4月份、10～12月份辣椒的育苗周期为55～60天，5～9月份辣椒的育苗周期为45～50天。每一批播种都应标记好品种名称、产地、播种日期、管理负责人等信息，信息一份为纸质存档，一份用插地牌插于相应苗床。

三、茄子

（一）基本理论

1. 识别要点

茄子（学名：*Solanum melongena*）是茄科茄属一年生草本植物，热带为多年生。其结出的果实可食用，颜色多为紫色或紫黑色，也有淡绿色或白色品种，形状上也有圆形、椭圆形、梨形等各种。茄子是一种典型的蔬菜，根据品种的不同，食用方法多样。

2. 生态习性

种子发芽适温25～30℃，最低15℃，最高40℃，在30/20℃变温条件下发芽最好。干籽直播25℃出土快。秧苗生长适温22～30℃，7～8℃下时间稍长易受冷害，一般−1～−2℃冻死。低温白天24～25℃，夜间19～20℃能促进根的发育。茄苗光饱和点约40000lx。土壤水分充足时秧苗才能生长良好。茄苗对床土的保水性要求比较严格。

3. 应用价值

茄子的营养也较丰富，含有蛋白质、脂肪、糖类、维生素以及钙、磷、铁等多种营养成分。特别是维生素P的含量很高。维生素P能使血管壁保持弹性和生理功能，保护心血管、抗坏血酸，增强人体细胞间的黏着力，增强毛细血管的弹性，减低毛细血管的脆性及渗透性，防止微血管破裂出血，使心血管保持正常的功能，防止硬化和破裂，所以经常吃些茄子，有助于防治高血压、冠心病、动脉硬化和出血性紫癜，保护心血管、抗坏血酸。此外，茄子还有防治坏血病及促进伤口愈合的功效。

（二）技能操作

1. 浸种催芽

首先将种子放入55℃温水中，用水量为种子量的5～6倍，不断搅动，并保持55℃水温10～15min，然后在其自然下降的水温中浸种8～12h。茄子种皮厚，吸水困难，如果种子未经充分发酵更难发芽，要先用0.2%～0.5%的碱液清洗，并用清水反复搓洗，直至种皮洁净无黏液时再浸种。也可先用1%的高锰酸钾溶液浸泡30min后再行浸种。浸种过程中，每5～8h换1次水，当种子充分吸水后再用清水漂洗干净捞出，用多层湿布或麻袋布包好，甩掉水后放入容器中，置于温暖处催芽。茄子发芽适温为25～35℃，因种子成熟度不一，催芽袋中的温度和氧气不均，会造成种子萌芽不齐，因此，最好采用变温催芽，一天中适温30℃占8h，20℃占16h，5～6天后，即有75%的种子露白，出芽整齐一致。催芽期间要经常翻动种子包，有助于种皮气体交换。

2. 苗期管理

播种后室温要求25～30℃，光照均匀，5～6天后出苗。80%的幼芽出土后降低室温至白天20～25℃，夜间20℃，超过28℃时适量通风，通风量不可过大过猛。室温降至20℃左右时停止放风。在子叶已展开，第一片真叶吐尖时，可提高室温，白天25～27℃，夜间16～18℃，地温18～20℃，促其真叶生长顺利，直到移植。在土壤水分充足的条件下，茄子生长发育良好，水分不足时，花芽分化晚，结果期推迟，前期产量下降。茄子播种和移植前一定要将底水浇足，以后可根据幼苗生长情况，适当补充水分，以满足其生长所需。茄子幼苗对光照条件要求严格，光照充足不仅有利于花芽分化，而且使幼苗生长及发育得以顺利进行。光照不足时，花芽分化晚，幼苗徒长和出现畸形花，直接影响产量的形成。为了改善光照条件，可将育苗箱向南倾斜，争取光照。加大移植用的营养纸袋面积，排放密度合理，也有改善光照条件的作用。

3. 嫁接方法

当砧木长到6～7片叶，茎粗4～5mm，已达到半木质化时即可嫁接。嫁接方法有靠接和劈接。

（1）靠接　把砧本和接穗同时起出后，用刀片在第三叶片至第四叶片间斜切，砧木向下切，接穗向上切，切口深1～1.5cm、长度为茎的1/2，角度30°～40°，砧木切口上留2片叶，切除上部叶片，以减少水分蒸腾，然后把砧木和接穗切口嵌合，用嫁接夹固定。

（2）劈接　砧木苗留2～3片叶平切，然后在切1/2处中间向下垂直切1cm深的口，把接穗苗留2～3片叶，切掉下部，削成楔形，楔形大小与砧木切口相当（长度1cm），削完立即插入砧木切口中对齐后，用嫁接夹固定。

4. 嫁接后的管理

嫁接后栽到容器里，摆入苗床，床面扣小拱棚，白天保持25～28℃，夜间20～22℃，空气相对湿度要保持95%以上。前3天遮光，第4天早晚见光，以后逐渐延长光照时间。6～7天内不通风，密封期过后，选择温度、空气湿度较高的清晨或傍晚通风。随着伤口的愈合，逐渐撤掉覆盖物，增加通风，每天中午喷雾1～2次，嫁接后10～12天，伤口愈合后进入正常管理，靠接接穗苗断掉接穗根，撤掉嫁接夹。嫁接苗一般在嫁接后30～40天即可达到定植标准。

（三）知识拓展

目前生产中使用的茄子砧木主要是从野生茄子中筛选出来的高抗或免疫的品种。

（1）赤茄　也称红茄、平茄，是应用较广泛而又比较早的砧木品种。其主要优点是嫁接后对茄子枯萎病具有很好的抗性，中抗黄萎病。低温条件下植株生长良好。茎黑紫色、粗壮，节间较短，茎及叶上有刺。

（2）托鲁巴姆　该砧木同时抗4种土传病害。选用托鲁巴姆作嫁接茄子后，植株生长势较强，而且由于茄子根系更适应冬季温室内的低温环境，因而茄子的生长发育良好。

（3）耐病VF　该砧木是日本培育的一代杂种，抗病性很强，主要抗黄萎病和枯萎病。与栽培茄子的嫁接亲和力强，易成活。种子发芽容易，幼苗出土速度较快，因此，播种时只需比接穗提前3天即可。

任务三　叶菜类蔬菜工厂化育苗

一、生菜

（一）基本理论

1. 识别要点

别名：叶用莴苣、鹅仔菜、莴仔菜，属菊科莴苣属。为一年生或二年生草本作物，主要分球形的团叶包心生菜和叶片皱褶的奶油生菜（花叶生菜）。生菜是欧、美国家的大众蔬菜，深受人们的喜爱。生菜原产欧洲地中海沿岸，由野生种驯化而来。古希腊人、古罗马人最早食用。生菜传入我国的历史较悠久，东南沿海，特别是大城市近郊和两广地区栽培较多，台湾种植尤为普遍。近年来，栽培面积迅速扩大，生菜也由宾馆、饭店进入寻常百姓的餐桌。

2. 生态习性

生菜属半耐寒性蔬菜，喜冷凉湿润的气候条件，忌高温干旱，耐霜怕冻。生长适温为15～20℃，最适宜昼夜温差大、夜间温度较低的环境。结球适温为10～16℃，温度超过25℃，叶球内部因高温会引起心叶坏死腐烂，且生长不良。种子发芽温度为15～20℃，高于25℃，因种皮吸水受阻，发芽不良。生菜喜光怕阴。光照充足有利于植株生长，叶片厚实，产量高。长日照条件可促使抽薹开花。生菜性喜微酸的土壤（pH 6～6.3最好），以保水力强、排水良好的沙壤土或黏壤土栽培为优，过酸、过碱都不利于生长。生菜需要较多的氮肥，故栽植前基肥应多施有机肥，生长过程中，不再施有机肥。生长期间不能缺水。

3. 应用价值

生菜中膳食纤维和维生素C较白菜多，有消除多余脂肪的作用，故又叫减肥生菜；生菜的茎叶中含有莴苣素，故味微苦，具有镇痛催眠、降低胆固醇、辅助治疗神经衰弱等功效；生菜中含有甘露醇等有效成分，有利尿和促进血液循环的作用；生菜中含有一种“干扰素诱生剂”，可刺激人体正常细胞产生干扰素，从而产生一种“抗病毒蛋白”抑制病毒。

4. 育苗方法

生菜种子小，发芽出苗要求良好的条件，因此多采用育苗移栽的种植方法。生菜的育苗可以采用先平盘后移栽穴盘的育苗方法，也可以采用先较小孔穴穴盘后移栽较大孔穴穴盘的育苗方法。

（二）技能操作

1. 种子处理

将种子用水打湿放在衬有滤纸的培养皿或纱布包中，置放在4～6℃的冰箱冷藏室中处理一昼夜，再行播种。为使播种均匀，播种时将处理过的种子掺入少量基质，混匀，再均匀撒播，覆盖基质0.5cm。冬季播种后盖膜增温保湿，夏季播种后覆盖遮阳网或稻草保湿、降温促出苗。

2. 基质的配制

生菜的育苗基质应选用纯草炭配合少量珍珠岩和蛭石（草炭：珍珠岩：蛭石=8：1：1）。减少珍珠岩和蛭石的使用，降低育苗成本。育苗基质覆盖可以采用3～7mm大小的全蛭石覆盖，或者直接采用播种基质覆盖。

3. 苗期管理

苗期温度白天控制在16～20℃，夜间10℃左右，在2～3片真叶时进行分苗，可采用营养钵和分苗床两种方式，营养钵分苗能更好地保护根系，定植后缓苗快。分苗前苗床先浇一水，分苗畦应与播种畦一样精细整地，施肥，整平，移植到分苗畦按6～8cm栽植，分苗后随即浇水，并在分苗畦上覆盖覆盖物。缓苗后，适当控水，利于发根、壮苗。不同季节温度差异较大，一般4～9月育苗，苗龄25～30天，10月至翌年3月育苗，苗龄30～40天。

（三）知识拓展

散叶生菜苗龄25天左右，4～6片真叶时可定植，株距为15～17cm，行距为15～20cm。结球生菜苗龄30～35天，5～6片真叶时定植，株距为15～25cm，行距为15～30cm。每亩栽苗5000～6000株。

二、甘蓝

（一）基本理论

1. 识别要点

甘蓝属十字花科（Cruciferae）芸薹属（*Brassica*）的一年生或二年生植物。除芥蓝原产中国外，甘蓝的各个变种都起源于地中海至北海沿岸。早在4000～4500年前古罗马和古希腊人就有所栽培。甘蓝的野生种原为不结球植物，经过自然与人工的选择逐级形成了多种多样的品种和变种。有供观赏和食用兼用的羽衣甘蓝（var. *acephala* DC.）；有供食用叶球的结球甘蓝（var. *capitata* L.）；有供观赏和食用兼用的赤球甘蓝（var. *rubra* DC）、皱叶甘蓝（var. *bullata* DC.）、抱子甘蓝（var. *gemmifera* Zenk.）；有供食用肥大肉质茎的球茎甘蓝（var. *caulorapa* DC.）；有供食用肥大花球的花椰菜（var. *boteytis* DC.）和青花菜（var. *italica* P.）；还有以食用菜薹为主的芥蓝（*Brassica alboglabra* Bailey）。

2. 生态习性

球茎甘蓝喜温和湿润、充足的光照。较耐寒，也有适应高温的能力。生长适温15～20℃。肉质茎膨大期如遇30℃以上高温肉质易纤维化。对土壤的选择不很严格，但宜于腐殖质丰富的黏壤土或沙壤土中种植。

3. 应用价值

甘蓝性味甘平，具有益脾和胃、缓急止痛的作用，可以治疗上腹胀气疼痛、嗜睡、脘腹拘急疼痛等疾病。含有丰富的维生素、糖等成分，其中以维生素A最多，并含有少量维生

素 K_1、维生素 U、氯、碘等成分，其中维生素 K_1 及维生素 U 是抗溃疡因子，因此，常食用甘蓝对轻微溃疡或十二指肠溃疡有纾解作用，适合任何体质长期食用。另外，含有一些硫化物的化学物质，是十字花科蔬菜的特殊成分，具有防癌作用，其中又以甘蓝菜和胡萝葡、花椰菜最著名，并称为“防癌的三剑客”。

4. 育苗方法

甘蓝种子小，因此多采用育苗移栽的种植方法。甘蓝的育苗可以采用先平盘后移栽穴盘的育苗方法，也可以采用先较小孔穴穴盘后移栽较大孔穴穴盘的育苗方法。

（二）技能操作

1. 基质的配制

甘蓝的育苗基质可采用与生菜相同的育苗基质，选用纯草炭配合少量珍珠岩和蛭石（草炭∶珍珠岩∶蛭石＝8∶1∶1）。减少珍珠岩和蛭石的使用，可降低育苗成本。育苗基质覆盖可以采用 3～7mm 大小的全蛭石覆盖，或者直接采用播种基质覆盖。

2. 种子处理

播种前，需用温汤或药剂浸种消毒。温水浸种，先将种子浸湿，然后放入 55～60℃的温水中，搅拌 10～15min 后用清水浸种 10～12h；药剂浸种，选用 75％百菌清 800 倍液浸种 10～12h。浸种消毒后，保湿催芽 20～24h 播种。如果是包衣种子就不需种子处理。

3. 苗期管理

（1）温度管理　甘蓝喜温和气候，也能抗严霜和耐高温。2～3℃时能缓慢发芽，但以 18～25℃出苗最快。出苗后的子叶期应降温至 15～20℃，真叶时期应升温至 18～22℃，分苗后的缓苗期间温度应提高 2～3℃。冬春育苗 3～4 片真叶以后，不应长期生长在日平均温度 6℃以下，防止通过春化阶段。定植前 5～7 天又要逐渐与露地温度一致。特别是冬春育苗的秧苗，必须给以足够的低温锻炼。

（2）水肥管理　播种前浇足底水，出苗后应在苗床地表干燥时浇透水，次少透浇，保持苗床湿润，如小水勤浇，很易徒长。4 片真叶时追施 1 次氮肥，每平方米 10g 尿素，随后喷水。

（3）光照管理　冬、春保护设施内育苗应充分见光。当出苗整齐后，应立即除去上面的覆盖物，不要过长时间覆盖，防止出现高脚苗影响苗的质量。

任务四　其他蔬菜工厂化育苗

一、马铃薯

（一）基本理论

1. 识别要点

马铃薯，又称土豆、洋芋、山药蛋等。茄科茄属一年生草本植物，地下块茎可供食用，是重要的粮食、蔬菜兼用作物。马铃薯的人工栽培最早可追溯到公元前8000～5000年的秘鲁南部地区。

2. 生态习性

马铃薯性喜冷凉、怕霜冻、忌炎热。块茎在土温5～7℃时开始发芽，18℃生长最好；茎叶生长适温为20℃，块茎膨大要求较低温度，适宜土温为15～18℃，超过25℃停止生长膨大，高温季节易发生病毒病而引起退化。马铃薯是喜光作物，生长期间多雨，光照不足会使茎叶徒长，块茎发育不良，产量低。马铃薯耐酸不耐碱，要求在pH值为5.5～6.0的微酸性疏松的沙壤中生长，生长期间肥水充足。

3. 应用价值

马铃薯的赖氨酸含量较高，且易被人体吸收利用。矿物质比一般谷类粮食作物高1～2倍，含磷尤其丰富。在有机酸中，以含柠檬酸最多，苹果酸次之，其次有草酸、乳酸等。马铃薯是含维生素种类和数量非常丰富的作物，特别是维生素C，每百克鲜薯含量高达20～40mg，一个成年人每天食用250g鲜薯即可满足需要。土豆能改善肠胃功能，对胃溃疡、十二指肠溃疡、慢性胆囊炎、痔疮引起的便秘均有一定的疗效。土豆中还含有丰富的钾元素，可以有效地预防高血压。

4. 育苗方法

马铃薯多直接栽植。为提早成熟，可以选择育苗栽培。生产上常规育苗可以用种薯育苗，即利用小整薯切块后育苗，然后定植，也可以采用茎尖脱毒技术和有效留种技术结合应用，并建立合理的良种繁育体系，大幅度提高马铃薯的产量和质量。

（二）技能操作

1. 常规种薯育苗

（1）切种　一般在播种前2～3天切块。50g以下小薯可整薯播种；51～100g薯块，纵向一切两瓣；100～150g薯块，一切三开纵斜切法，即把薯块纵切三瓣；150g以上的薯块，从尾部根据芽眼多少依芽眼螺旋排列纵斜方向向顶斜切成立体三角形的若干小块，并要有2个以上健全的芽眼。单块重在38～45g，每个薯块保证带有2个以上芽眼。

（2）切刀消毒　切块使用的刀具用75%的酒精或0.3%的高锰酸钾水溶液消毒，做到一刀一沾，两把刀轮流使用，当用一把刀切种时，另一把刀浸泡于消毒液中，换一把刀，防止切种过程中传染病害。方法是：发现病烂薯时及时淘汰，切刀切到病烂薯时要把切刀擦拭干净后再用消毒液等进行消毒。

（3）种薯药剂处理　切块后要促进伤口愈合以及防止杂菌感染，用药剂处理是非常必要的。通常用3%克露＋2%甲托＋95%滑石粉处理种薯。

（4）播种　马铃薯种薯块根据大小的不同，可以先播种在32穴的穴盘中，也可以播种在营养钵中。基质可以直接采用草炭。一是种芽朝下，此法长出的土豆根长苗壮，土豆少但块大，但苗晚2～3天；另外的方法是种芽朝上，此法长出的土豆根相对较短，土豆个小但多，且苗早2～3天。

2. 组培脱毒种薯繁育

(1) 材料选择和消毒　培养材料可直接取自生产大田，顶芽和腋芽都能利用，但顶芽的茎尖生长要比取自腋芽的快，成活率也高。为了减少污染，可将块茎消毒后在无菌的盆土中培养。对于田间种植的材料，也可以切去插条，在实验室的营养液中生长，由这些插条的腋芽长成的枝条比直接取自田间的枝条污染少得多。也可将马铃薯块茎放置在较低温度和较强光照条件下促使其萌发，取其粗壮顶芽。另外，给植株定期喷施0.1%多菌灵和0.1%链霉素的混合液也十分有效。

如果供试材料存在一些较难除去的病毒，如马铃薯X病毒、S病毒、纺锤块茎病毒等，可采用热处理法与茎尖培养相结合，才能达到彻底清除病毒的目的。具体方法是将块茎放在暗处使其萌芽，伸长1～2cm时，用35℃的温度处理1～4周，然后再取茎尖培养。对极难去除的马铃薯纺锤块茎病毒，需对植株进行两次热处理。第一次进行2～14周的热处理，经茎尖培养后，选取只有轻微感染的植株再进行2～12周的热处理，再取茎尖培养。通过两次热处理产生的植株能完全不带病毒。有时连续高温处理，特别是对培养茎尖连续高温处理会引起受处理材料的损伤，可采取40℃（4h）、20℃（20h）两种温度交替处理，比单用高温处理效果更好。

消毒方法是切取1～2cm长的顶芽或侧芽，除去外部可见的小叶，先用自来水冲洗1h左右，再用70%酒精处理30s，然后用10%漂白粉溶液浸泡5～10min，最后再用无菌水冲洗2～3次即可。

(2) 茎尖剥离和接种　将消毒后的材料放在10～40倍的双筒解剖镜下，用解剖针剥去外部幼叶和大的叶原基，直至露出圆亮的生长点，再用解剖刀切取0.1～0.3mm、带有1～2个叶原基的茎尖，并迅速接种到诱导培养基上。

要注意确保切下的茎尖不能与已经剥去部分、解剖镜台面或持芽的镊子接触，尤其是当芽未曾进行过表面消毒时更需如此。解剖时必须注意使茎尖暴露的时间越短越好，因为超净工作台上的气流和酒精灯发出的热都会使茎尖迅速变干，在材料上垫上一块湿润的无菌滤纸也可达到保持茎尖新鲜的目的。

茎尖脱毒的效果与切取的茎尖大小直接相关，茎尖越小脱毒效果越好，但茎尖越小再生植株的形成也越困难。病毒脱毒的情况也与病毒的种类有关。如由只带一个叶原基的茎尖培养所产生的植株，可全部脱除马铃薯卷叶病毒，约80%的植株可脱除马铃薯A病毒和Y病毒，约50%的植株可脱除马铃薯X病毒。

(3) 初代培养　马铃薯茎尖分生组织培养采用MS和Miller两种基本培养基的效果都很好。附加少量（0.1～0.5mg/L）的生长素或细胞分裂素或两者都加，能显著促进茎尖的生长发育，其中生长素NAA比IAA的效果更好些。在培养前期加入少量的赤霉素类物质（0.1～0.8mg/L）有利于茎尖的成活与伸长。但浓度不能过高，使用时间不能过长，否则会产生不利影响，使茎尖不易转绿，叶原基迅速伸长，生长点并不生长，最后整个茎尖褐变而死。

培养条件一般要求温度25℃，光照强度前4周1000lx，4周后可增至2000～3000lx，光照16h/天。在正常情况下，茎尖颜色逐渐变绿，基部逐渐增大，茎尖逐渐伸长，大约1个月就可见明显伸长的小茎，叶原基形成可见的小叶，继而形成幼苗。

成苗后按照脱毒苗质量检测标准和病毒检测技术规程进行病毒检测，检测无毒的为脱毒苗。

（4）继代培养　将脱毒苗的茎切段，每个茎段带1～2个叶片和腋芽，转入增殖培养基（MS＋0.8％琼脂或MS＋3％蔗糖＋4％甘露醇＋0.8％琼脂）中培养，每瓶接种4～5个茎段。培养温度22℃，光照16h/天，光照强度1000lx。经20天左右的培养可发育成5～10cm高的小植株，可再进行切段繁殖，此法速度快，每月可繁殖5～8倍。

（5）生根培养　待苗长至1～2cm高时，转入生根培养基（MS＋IAA 0.1～0.5mg/L＋活性炭1～2000mg/L），培养7～10天生根。

（6）试管苗驯化与移栽　移植前7天左右，将长有3～5片叶、高2～3cm的试管苗在不开瓶口的状态下，从培养室移至温室排好。移植时，将装好基质的营养钵紧密地排放于温室内，可采用珍珠岩作为基质。1m² 排放营养钵300个左右。排好后用喷壶浇透水，将经光、温锻炼好的试管苗从瓶内用镊子轻轻取出，放到15℃的水中洗去培养基，放入盛水的容器中，随时扦插，防止幼苗失水。大的幼苗可截为2段，每个营养钵插一个茎段，上部茎段和下部茎段分别扦插到不同的钵内。一般情况下，扦插后的最初几天，每天上午喷一次水，保持幼苗及基质湿润。但喷水量要少，避免因喷水过多造成温度偏低而影响幼苗生长和成活。切忌暴晒时用凉水浇苗。为提高水温，可提前用桶存水于温室中。随幼苗生长逐渐减少浇水次数，但每次用水量逐渐加大。在幼苗生长及整个切繁期，温室内的相对湿度保持在85％以上，白天温度控制在25～28℃，夜间温度保持在15℃以上。基础苗切繁前和培育大田定植苗时，一般不再追肥。但基础苗开始切繁后2～3天要喷一次营养液，此后每隔10天喷一次，直至切繁终止。

（7）脱毒苗切繁　脱毒苗切繁主要是剪取顶部芽尖茎段（主茎芽尖和腋芽芽尖）直接扦插。正确的切繁原则是保证每次剪切后，基础苗仍能保持较好的株型、营养面积与较多的茎节，不仅生长正常，而且又能萌发出多个腋芽供下次剪切，具体方法是：扦插约15天后，当基础苗长有4～5个展出叶、苗高3.5～4cm时进行首次切繁。从基础苗茎基部2～3个茎芽上方，用锋利刀片将上部茎芽切下（茎段不小于1cm），扦插到浇透水的营养钵内。此法可培育供大田定植的脱毒苗，也可以培育作为供切繁的基础苗。

（三）知识拓展

病毒检测是马铃薯茎尖脱毒不可缺少的环节，常用方法有目测法和指示植物鉴定法。

（1）目测法　根据脱毒苗和带毒苗在形态、长势上的差异来进行鉴定。脱毒苗生长快，叶色浓，叶平展，植株健壮。带毒苗长势弱、叶色淡，叶片上出现花叶和褪绿斑。在培养过程中应时常观察，及时将带病毒症状明显的试管苗去除。

（2）指示植物法　常用的马铃薯病毒鉴定的指示植物有苋科植物千日红和藜属植物苋色藜。鉴定方法是取被鉴定植株幼叶1～3g，置于等体积的缓冲液（0.1mol/L磷酸钠）中研成匀浆，再在汁液中加入少许600号金刚砂，作为指示植物的摩擦剂，使叶片造成小的伤口，又不破坏表皮细胞。然后用棉球蘸取汁液在指示植物叶面上轻轻涂抹几次进行接种，约5min后用清水冲洗叶面。接种时也可用纱布垫、海绵、塑料刷子及喷枪等来接种。把接种后的植物放在温室或者防虫网内，保温15～25℃，株间与其他植物间都要留一定距离。症状的表现取决于病毒性质和汁液中病毒的数量，一般需要6～8天或几周，指示植物即可表现症状。凡是出现枯斑、花叶等病毒症状的茎尖苗为带毒苗，将相应的试管苗淘汰。

二、红薯

（一）基本理论

1. 识别要点

红薯（学名：*Ipomoea batatas*），又称甘红薯、番薯、甘薯、山芋、地瓜、线苕、白薯、金薯、甜薯、朱薯、枕薯、红苕等，旋花科一年生植物，是常见的一年生双子叶草本植物，其蔓细长，茎匍匐地面。块根，无氧呼吸产生乳酸，皮色发白或发红，肉大多为黄白色，但也有紫色。除供食用外，还可以制糖和酿酒、制酒精。

2. 生态习性

喜暖怕冷，低温对其生长有害，当气温降到15℃就停止生长，低于9℃，薯块将逐渐受冷害而腐烂；在18～32℃范围内，温度越高，红薯的生长速度越快，超过35℃则对生长不利。块根形成与膨大的适宜温度是20～30℃，以22～24℃最适宜。红薯的地上部和地下部产量都很高，茎叶繁茂，根系发达，生长迅速，蒸腾作用强，红薯需水量较大。土壤相对含水量在生长前期和后期保持在60%～70%为宜，生长中期是茎叶生长盛期和薯块膨大期，土壤相对含水量以保持在70%～80%为宜。红薯喜光喜温，属不耐阴的作物。光照不足，叶色变黄，严重的脱落。受光不好的一般减产20%～30%。红薯是短日照作物，每天日照时数在8～10h范围内能诱导红薯开花结实。对土壤的适应性强，耐酸碱性好，能够适应土壤pH 4.2～8.3的范围。

3. 应用价值

红薯块根中含有60%～80%的水分，10%～30%的淀粉，5%左右的糖分及少量蛋白质、油脂、纤维素、半纤维素、果胶、灰分等，若以2.5kg鲜红薯折成0.5kg粮食计算，其营养成分除脂肪外，蛋白质、糖类等含量都比大米、面粉高，且红薯中的蛋白质组成比较合理，必需氨基酸含量高，特别是粮谷类食品中比较缺乏的赖氨酸在红薯中含量较高。此外，红薯中含有丰富的维生素E、维生素B_1、维生素B_2、维生素C，其淀粉也很容易被人体吸收。

4. 育苗方法

红薯是一种采用无性繁殖的杂种优势作物。由于以块根无性繁殖易导致病毒蔓延，致使产量和品质降低，种性退化。现已知的侵染红薯的病毒有10多种，病毒病已成为我国红薯生产的最大障碍之一。采用茎尖脱毒是目前防治红薯病毒病最有效的方法，用脱毒种薯生产可增产50%。

（二）技能操作

1. 茎尖培养和消毒

（1）材料选择和消毒　选择适宜当地栽培的高产、优质或特殊用途的生长健壮的红薯品种植株作为母株，取枝条，剪去叶片后切成带1个腋芽或顶芽的若干个小段。剪切好的茎段用自来水流水冲洗数分钟后，用70%酒精处理10s，再用0.1%升汞消毒10min，然后用无菌水冲洗4～5次，或用2%次氯酸钠溶液消毒5min，用无菌水冲洗3～4次。

（2）茎尖剥离和培养　把消毒好的材料放在解剖镜下，用解剖刀剥去顶芽或腋芽上较大的幼叶，切取0.3～0.5mm、带有1～2个叶原基的茎尖分生组织，并迅速接种到制备好的培养基上。红薯茎尖培养较理想的培养基为MS+IAA 0.1～0.2mg/L+BA 0.1～0.2mg/L+蔗糖30g/L，若再加入GA_3 0.05mg/L对茎尖生长和成苗有促进作用。培养基pH值为5.6～6.0。培养条件：温度25～28℃，光照强度1500～2000lx，14h/天。

不同品种的茎尖生长有差异，一般培养10天左右茎尖膨大并转绿，20天左右茎尖形成2～3mm的小芽点，且在基部逐渐形成黄绿色的愈伤组织。此时应将培养物转入无激素的MS培养基上，以阻止愈伤组织的继续生长，使小芽生长和生根。芽点基部少量的愈伤组织对茎尖生长和成苗有促进作用，但愈伤组织过度生长对成苗则非常不利，有明显的抑制作用。

2. 初级快速繁殖

当薯苗长至3～6cm高时，将小植株切断进行短枝扦插，除顶芽一般带有1～2片展开叶片外，其余的切段都是具一节一叶的短枝。切段直插于三角瓶内无植物生长物质的MS培养基中，培养条件同茎尖培养。2～3天内，切段基部即产生不定根，30天后长成具有6～8片展开叶的试管苗。

3. 脱毒苗快速繁殖

试管苗经严格检测认为是脱毒苗后，可进行试管切段快速繁殖。试管繁殖脱毒苗一般30～40天为一个繁殖周期，一个腋芽可长出5片以上的叶，繁殖系数约为5。为降低人工培养的成本，可使用白糖代替蔗糖；将培养基中的大量元素减半，甚至用1/4 MS（大量元素）培养基；尽可能利用自然光照培养；也可用经检验合格的自来水代替蒸馏水或去离子水。

4. 试管苗驯化移栽

取株高达到3～5cm的健壮苗，将瓶塞打开，置适温和自然光照下锻炼2～3天，使幼苗逐渐适应外界的环境条件。移栽时倒入一定量的清水，振摇后松动培养基，小心取出幼苗。洗去根部的培养基以防杂菌滋生，再移至灭菌的蛭石或沙性土壤中。待苗生根、长出新叶后再移植于土壤中，有利于苗的快速生长。

基质温度是根系成活的关键，但不宜过湿。应维持良好的通气条件，促使根生长。空气也应保持湿润，以防试管苗失水枯死。移栽初期，可用塑料薄膜覆盖。温度以25～30℃为宜，并注意遮阳，避免日晒。

(三) 知识拓展

生产上红薯病毒检测的常用方法有目测法和指示植物鉴定法。

红薯病毒为系统感染，薯苗薯块均可带病。薯叶上的主要症状有花叶、皱缩、明脉、脉带、紫色斑、斑枯、卷叶等。薯块外表面排列成横带状的褐色裂纹，有的薯块表面完好，内部却木栓化，薯块剖面可见黄褐色斑块。红薯病毒症状受病毒种类、红薯品种、生长阶段、环境条件等诸多因素的影响而复杂多变，并有隐性症状，因此，根据症状只能做初步诊断。

常用红薯病毒鉴定的指示植物有巴西牵牛，该植物对红薯的多种病毒敏感，受病毒侵染后叶片上易产生系统病状。可用汁液涂抹法或嫁接法进行检测。

项目九　常见花卉工厂化育苗技术

知识目标

- 理解几种常见花卉的生物学特性、栽培状况及栽培价值。
- 掌握几种常见花卉的工厂化育苗技术。

技能目标

- 能够综合运用所学理论知识和技能，独立从事花卉工厂化育苗的生产与管理。

花卉由于种类繁多，如草本花卉、木本花卉、藤本花卉、多肉多浆花卉等，它们的工厂化育苗方法也存在较大区别，一、二年生的草花主要以穴盘播种方式育苗；宿根花卉主要以无性繁殖方式育苗；而球根花卉主要以分球繁殖育苗为主；木本花卉和藤本花卉以扦插繁殖育苗为主；几乎所有的花卉植物都可以通过组培的方式来培育无病毒苗。

任务一　草花类花卉工厂化育苗

（一）基本理论

草花类花卉通常是指一、二年生花卉，包括一年生花卉、二年生花卉以及多年生作一、二年生栽培的花卉。

一年生花卉是指在一个年度内完成整个生活周期的花卉，这些花卉不耐低温和霜冻，一般春天播种、发芽、营养生长，夏秋开花结实，入冬前天气变冷时死亡，如万寿菊、凤仙花、鸡冠花、百日草、半枝莲、翠菊等。

二年生花卉是指跨 2 个年度完成其生活周期的花卉，这类花卉耐寒力较强，但不耐高温，即头年秋天播种后只进行营养生长，第二年春天开花结实，夏季高温时死亡，如风铃草、毛地黄、紫罗兰、羽衣甘蓝等。

多年生作一、二年生栽培的花卉是指本为多年生习性，但在实际生产应用中常作一年生或二年生栽培的花卉，如矮牵牛、一串红、彩叶草等常作一年生栽培，金盏菊、三色堇、桂竹香等常作二年生栽培，美女樱、金鱼草、瓜叶菊、石竹等可作一、二年生栽培，可以在秋季播种，也可以在早春播种。

在设施育苗和栽培条件下，一、二年生花卉的播种时间可以更加灵活，以便通过调节播种期对其花期进行调控。

目前，一、二年生草花工厂化育苗生产主要是通过工厂化穴盘育苗的方式来完成的。所有草花的工厂化穴盘育苗的操作过程基本相同，只是育苗的环控条件根据植物特性的不同而进行不同的设置。因此，要正确掌握穴盘育苗的生产技术，培育出高质量的草花种苗，不但必须明确种苗生长的基本过程和规律。而且还要注意的是在育苗过程中，不同的花卉种类在不同的育苗阶段，对温度、光照、水分、养分等环境条件有不同的要求。用组培方式可以培育无病毒苗，对种苗起到提纯、复壮的作用。

(二) 基本操作

1. 工厂化穴盘育苗

(1) 穴盘选择与处理　目前国内常用的穴盘规格有 50 穴、72 穴、128 穴、200 穴、288 穴等，各种盘的容量不相同。在实际应用中一般根据所育品种、计划育成品苗的大小等选择穴盘的规格。育苗前的穴盘，不论是新穴盘还是旧穴盘，都应该进行彻底清洗和消毒。特别是旧穴盘，育苗过程中会感染一些病菌，应用刷子刷洗后冲净，然后进行消毒。消毒可用 40%甲醛溶液 100 倍液密闭浸泡 30min，或用漂白粉 100 倍液浸泡 8～10h，取出后晾干备用。

(2) 种子处理

① 种子选择。培育优质穴盘草花苗，应选择品质优、纯度高、洁净无杂质、籽粒饱满、高活力、高发芽率的种子，以使种子萌发整齐一致。尽量选择一些品牌公司销售的种子，确保育苗质量。

② 种子消毒。常规采用温水浸种：将种子放入 50～60℃的温水中搅拌 20～30min，至水温降至室温时停止搅拌，然后在水中浸泡一段时间，漂去瘪籽，用清水冲洗净后滤去水分，将种子风干后备用。也可进行干热处理：将干燥的种子置于 70℃的干燥箱中放置 2～3 天，可使种子上附着的病毒钝化，失去活力。用磷酸三钠、GA 溶液等化学药剂对发芽迟缓的种子进行活化处理。若要通过机械精量播种，就要对太小及形状不规则的种子进行丸粒化处理。

(3) 基质准备

① 基质选择。我国穴盘育苗基质的主要成分是草炭、蛭石、珍珠岩。由于加入珍珠岩后，基质容易产生青苔，故多数育苗均采用草炭＋蛭石作为育苗基质。在实际生产中的配方为泥炭∶蛭石为 2∶1，每立方米加入膨化鸡粪 10kg、三元复合肥 5kg。

② 基质消毒。育苗基质在使用之前必须进行消毒，可采用化学药剂进行消毒，如用 40%的甲醛稀释 50～100 倍喷洒基质，每立方米基质喷洒 10～20kg；或每立方米基质加 50%福美双 20～30g 和 70%五氯硝基苯 20～50g，不宜过多，拌匀后使用。有条件的地方也可以采用蒸汽消毒。

(4) 装盘与播种

① 装盘。全自动机械播种的作业程序包括装盘、压穴、播种、覆盖和喷水，播种之前要先调试好机器，使各工序运转正常。一穴一粒的准确率达到 95%以上，即可获得较好的

播种质量。如没有自动机械播种仪，可采用人工装盘、播种。将基质装入穴盘后，用木片刮平，然后采用浸盆法或用细孔喷壶浇透水后即可以播种了。

② 播种

a. 大粒种子：一串红、万寿菊、孔雀草、百日草等，按每穴 1～2 粒种子播入穴孔中央，播完后，覆盖 2～3 倍于种子厚度的基质（个别种子如一串红等，种子发芽需见光，应尽量少覆土）。上盖薄膜保湿。

b. 小粒种子：矮牵牛、鸡冠花、四季海棠、彩叶草、三色堇等，将种子按 1∶10 的比例与沙子混合，播于穴盘中，少量覆土或不覆土。上盖薄膜保湿。

(5) 养护管理 穴盘育苗需要光、温、水、肥、气五个环境因素的共同作用，才能使种苗茁壮成长。不同育苗阶段对五因子的要求不同。

① 种子萌发期

a. 温度：播种后要保证一定的温度，温度过高或过低都会影响出苗率，如万寿菊、鸡冠花、一串红，温度在 20～25℃，第 3 天开始出苗，2～3 天即可出齐，出苗率可达 95%；如温度在 10～15℃，第 8 天开始出苗，可持续 2 周，而且出苗率只有 50%～60%。

b. 湿度：一般育苗温室的空气相对湿度为 60%～80%为宜，播种至发芽期的基质水分含量应保持在 85%～90%。浇水以穴盘底部刚好有水渗出最为适宜，这样出苗整齐，而且出苗率高。水分过少，出苗率低而且不整齐；水分过多，出苗率也会降低，且幼苗较嫩，易猝倒。

② 幼苗期

a. 光照：光照不仅能提供育苗温室部分热量来源，同时也是幼苗进行光合作用的能源，是培育壮苗不可缺少的因素，应掌握好光强和光照时数对育苗的影响。当叶子开始出土时，去掉上面的覆盖物，使幼苗充分接受阳光的照射，最少保证每天 4h 以上的直射光照，这样育的苗健壮，而且病害少；如果光照不足，苗又黄又弱，最易染上猝倒病等病害。

b. 温度：幼苗出土后，要保证一定的温度。昼夜温差对培育壮苗也有极其重要的作用。一般矮牵牛、鸡冠花、一串红幼苗期的适宜日温为 25～28℃，夜温为 18～21℃，万寿菊幼苗的适宜日温为 20～23℃，夜温为 15～18℃，成苗期的适宜日温均为 16～21℃，夜温为 10～16℃。温度过高，苗易徒长，影响质量；温度过低，生长缓慢或停止，造成不能如期开花、分枝少、形状较小等。

c. 湿度：幼苗出土后要尽量控制水分，基质过湿易引起幼苗猝倒等病害。阴雨天一般不要洒水，基质较干时，可在晴天用喷雾器或细眼洒壶喷少量的水，特别是在夏季，温度高，蒸发量大，洒水次数要多一些。总之，幼苗期要尽量蹲苗，以防水分过大而使幼苗徒长，影响质量。

d. 肥料：当幼苗长出 3～4 片真叶时可适当追肥，氮肥施用量过大会引起植物徒长。对易徒长植物要减少肥料施用量，特别是在多云天气，铵态氮肥使穴盘苗生长柔弱，而硝酸钾和硝酸钙类的硝态氮肥则使植物生长健壮。所以，冬季要控制穴盘苗高度应施用含铵态氮低的肥料。同时，中度磷缺乏使植物生长矮小，当缺磷持续下去症状会变得严重，以致移植后不能正常发育，在施肥中磷的适宜比例是氮、钾和钙的 1/5～1/10。

e. 气体：育苗温室的气体主要指二氧化碳及氧气条件，育苗基质中的气体是指基质中氧的含量，当氧含量充足时，根系才能生成大量的根毛，形成强大的根系。所以，要对育苗温室及时进行通风换气，栽培基质透气性要好，基质湿度不宜过大，以满足幼苗对气体的要求。

f. 化学调控：要培育壮苗，必须控制种苗徒长。除了通过环境控制徒长外，最直接的控制徒长方法是使用植物生长调节剂，如多效唑、B_9 等，但要严格控制药剂的浓度。

g. 病虫害防治：草本花卉穴盘苗的主要病害是猝倒病、立枯病，虫害主要是蚜虫。防治猝倒病、立枯病，一般措施是播种前进行基质消毒，控制浇水，浇水后放风，降低空气湿度。发病初期喷施多菌灵或代森锌 800 倍液。蚜虫的防治一般是喷施蚜螨净。

（6）炼苗　在销售出厂前，进行控水、控温等炼苗操作，以提高种苗的抗逆性，减少损失。

2. 组培脱毒育苗

草本花卉脱毒苗培育技术示例——矮牵牛脱毒技术。

矮牵牛经过种子繁殖，特别是营养体扦插繁殖后，很容易感染烟草花叶病毒、黄瓜花叶病毒等病毒病。为了恢复矮牵牛的种性，提高其开花数，可以用茎尖生长点为材料进行脱毒培养。

（1）初代培养　选取矮牵牛的茎尖组织部分，按照外植体常用消毒方法灭菌后，在无菌条件下切取 0.1～0.2mm 大小的茎尖分生组织作为外植体，初代培养基：White＋0.1mg/L IAA＋10％椰乳，2～6 个月后才能分化出 1～2cm 大小的丛生芽。

（2）继代增殖培养　将矮牵牛丛生芽经切割后转接到继代增殖培养基上，转接一次。

（3）生根培养　将培养的无根苗转接至 Kassanis 培养基上进行培养，可再生完整植株。

（4）驯化和移栽　再生苗移栽至土壤中后，表现出生长旺盛、叶大、株高、开花多的性状，经脱毒鉴定后可作为无病毒母株进行扩繁。

任务二　宿根类花卉工厂化育苗

宿根花卉是指地下部分的器官没有变态成球状或块状的多年生草本观赏植物，但不包括水生花卉、兰科花卉、观叶植物、多浆植物等种类。根据其耐寒力不同可分为耐寒性宿根花卉和不耐寒性宿根花卉。耐寒性宿根花卉一般原产温带，可以露地栽培，冬季地上部分全部枯死，地下部分进入休眠，到春季气候转暖时再重新萌芽生长、开花，如菊花、芍药、鸢尾等；不耐寒性宿根花卉大多原产热带、亚热带及温带的温暖地区，冬季需在室内或温室栽培，温度不太低时叶片保持常绿，如非洲菊、红掌、君子兰等。

生产上宿根花卉通常采用无性繁殖，如利用其萌蘖、匍匐茎、根茎、吸芽、侧枝等进行分株和扦插繁殖，或者采用其营养器官进行组培快速繁殖，有利于保持品种的优良特性，维持商品苗的一致性。另外，大多数宿根花卉也可通过播种繁殖，有些种类甚至经常进行穴盘育苗，如盆栽非洲菊、四季秋海棠、天竺葵、新几内亚凤仙等。

宿根花卉的工厂化育苗方式主要有扦插育苗、穴盘育苗和组织培养。种苗生产应根据花卉的具体种类和品种，结合其繁殖特点、生产要求、育苗成本等因素，采取合理的育苗方法。

一、菊花

（一）基本理论

菊花是菊科菊花属多年生宿根草本植物。菊花原产我国，具有悠久的栽培历史，现已成为全世界普遍栽培的重要花卉。菊花花色多样，形态各异，种类繁多，既可用于观赏，又有药用功效，是我国十大名花之一。

菊花可采用无性繁殖和播种繁殖，无性繁殖包括扦插、分株、嫁接、组织培养等方法，种苗生产时常用扦插繁殖，但病毒逐代累积，含量不断增高，直接影响植株的生长势、花形、花色及产量。可通过组培培育出无病毒苗，以恢复菊花的优良种性，提高其质量，然后再进行大量扩繁。

（二）基本操作

1. 无病毒苗培育

（1）外植体的选取、灭菌及接种　菊花是一种比较容易进行组织培养的植物，其叶片、茎段、花托、花瓣等器官均能再生植株，但以快速繁殖为目的最好选用茎尖、带芽茎段或花蕾作外植体。若以培养无病毒苗为目的，则必须选取茎尖作为外植体。

在田间选取无病虫害、生长健壮的菊花植株，切取顶芽或腋芽3～5cm，用自来水洗净附着的泥土，用70%酒精浸泡40～60s，再用0.1%氯化汞浸泡8～10min，最后用无菌水冲洗3～5次。在超净工作台上借助解剖镜切取0.5mm茎尖分生组织，可带2个叶原基，迅速将茎尖朝上接种到培养基上。

培养基：MS＋2.0～3.0mg/L 6-BA＋0.02～0.2mg/L NAA＋10%椰乳，或MS＋1.0～2.0mg/L Kt＋0.3～3.0mg/L IAA＋10%椰乳。

整个培养阶段的温度控制在22～28℃，以24～26℃最好，每天光照12～16h，光照强度为1000～4000lx。

（2）不定芽分化及增殖　外植体经培养4～6周后，均可通过茎尖分生新芽；侧芽萌发产生丛芽，或经愈伤组织生长分化新芽等方式再生出嫩茎。可将嫩茎插入MS＋0.1mg/L NAA的培养基中培养，4～5周后，腋芽即可生长成新的小植株。此外，还可将具有分生能力的愈伤组织转接至MS＋2.0mg/L Kt＋0.02mg/LNAA的培养基中增殖，再转入MS＋0.5～2.0mg/L Kt＋0.04mg/L GA的琼脂培养基上，6～12周即可形成植株。

（3）生根培养　菊花无根苗生根较容易。可切取3cm左右的无根嫩茎，插入无激素培养基，或1/2 MS＋NAA 0.1mg/L培养基上，经过2周左右即可生根。

（4）驯化与移栽　菊花的生根试管苗高2～3cm时即可炼苗移植。首先将生根苗从培养容器内取出，洗净根部的培养基，栽入珍珠岩基质中，保持空气湿度在75%～85%，遮光率为40%，环境温度20～26℃，20天左右移栽成活，并长出新根新叶。经1～2个月的管理便可定植。注意菊花忌高温，喜凉爽，试管苗定植后不可直接接受过强的日光照射，应该采取先遮阴再逐渐增加光照的管理办法。

2. 扦插育苗

扦插是菊花生产中最主要的育苗方法之一。

（1）组培苗扦插　利用菊花嫩茎易于生根的特点，直接将2～3cm的组培无根苗插植到珍珠岩或蛭石中，加强插后管理，12天后即可生根。

（2）常规扦插育苗

① 插穗准备：选用表现优良、无病虫害、生长强健植株的越冬脚芽，或经脱毒后的成株苗，剪取其营养生长健壮的顶梢，长8～10cm，摘除基部2～3片叶。

② 扦插基质：扦插基质可用河沙、珍珠岩或混合基质，床土应保持良好的通透性和保水性，pH为6.0～6.7。也可以通过穴盘扦插育苗。

③ 扦插及扦插后管理：将插穗插入基质2～3cm，株行距（2～3)cm×(3～5)cm。扦插后及时浇水，适当遮阴，保持基质温度18～21℃，空气温度15～18℃，10～20天根长到2cm时，可起苗销售定植或冷藏于0～3℃等待出售。

二、红掌

（一）基本理论

红掌又名花烛、安祖花、红鹤芋等，为天南星科花烛属常绿草本花卉。原产美洲热带雨林地区，现已成为世界上广泛栽培的重要名贵切花和盆花，我国在广东、上海、海南等地有较大规模的生产。其繁殖可用播种、分株和组培，但生产中主要采用组织培养进行工厂化育苗。

（二）基本操作

1. 外植体选取与灭菌

红掌植株上的任何器官均可诱导产生愈伤组织，如叶片、叶柄、茎尖、嫩茎段、幼嫩肉质花序等，最常用的外植体为叶片。选取温室栽培的健壮植株，取未展开或刚展开的幼嫩叶片，在含0.02%洗涤灵的自来水中漂洗5min，再用自来水冲洗20min。在超净工作台上用75%乙醇浸泡1min，无菌水冲洗3～4次，再用0.1%升汞溶液消毒10min，无菌水冲洗3～4次，最后切成1cm见方的小块，接种于愈伤组织诱导培养基即改良MS培养基（将NH_4NO_3用量减少至1/8～1/4)+1mg/L 6-BA+0.1mg/L 2,4-D中。

2. 愈伤组织诱导

接种后，在25℃下进行暗培养，60天后可诱导出大量的愈伤组织。

3. 继代培养

通常愈伤组织增殖和植株再生是同时进行的，将前期诱导出的愈伤组织转接到继代培养基上，培养适宜温度25℃，光照强度1000～2000lx，每天光照14h。继代培养基中的BA含量可以随继代培养代数适当下调，继代培养5代后，每隔1代采用一次不加激素的MS培养基。培养30～35天后，再转入适量6-BA的MS培养基上，以减少变异比例，增加植株生长和提高壮苗率。另外，在继代培养基中添加1g/L活性炭可提高壮苗率。

4. 生根培养

将继代培养的壮苗转接到生根培养基1/2 MS+0.1mg/L NAA上，培养10天左右，幼苗基部会长出细根，再培养30天，逐渐形成根系，小苗可长至3～4cm。

5. 驯化移栽

选粗壮且有5～6条根的幼苗，用10%的多菌灵溶液浸泡20min，直接栽植到蛭石、珍珠岩和少量泥炭的基质中。驯化温度以25℃为宜，相对湿度控制在90%，逐步降低到50%，光照强度应逐步提高，从2000～3000lx加强到10000～20000lx，每天光照14h。红掌组培苗驯化成活后一般在温室生长1年后即可出售。

三、香石竹

（一）基本理论

香石竹又名麝香石竹、康乃馨，原产法国、希腊一带，为石竹科石竹属常绿亚灌木，属多年生草本植物，具备品位高、色彩丰富、芳香、花期长、装饰效果好等特点，可做花篮、花束、花盘、花瓶及胸花，现在世界各地广泛栽培，生产上一般作宿根花卉或一、二年生栽培。露地栽培种，作二年生花卉栽培；温室栽培种，主要作切花栽培。香石竹切花代表慈祥、温馨、真挚和不求代价的母爱，是著名的“母亲节”之花。香石竹在世界四大切花中的生产量仅次于菊花，占整个切花生产的17%左右，我国从20世纪80年代中期开始进行香石竹的大规模生产，主要产地有上海、云南、广州等，现已成为我国四大主产切花之一。

生产上香石竹可用播种、扦插和组织培养繁殖，其中播种主要用于一季开花类型（花坛或盆栽用香石竹），切花生产多用扦插繁殖，组织培养则用于脱毒母株的繁殖。

（二）基本操作

1. 穴盘育苗

采用288穴穴盘，种子播后用蛭石稍加覆盖，淋透水。发芽温度18～21℃，5～7天开始出芽，发芽的第二阶段可施用50～75mg/kg的14-0-14肥料一次；幼苗生长期保持基质和环境温度17～18℃，每周追施100～150mg/kg的20-10-20肥料或14-0-14肥料一次；4～5周后即可炼苗移栽。凉爽、低肥（EC值0.75mS/cm）、低铵（小于10mg/kg）、高光照强度（大于30000lx）有利于香石竹的幼苗生长，控水、控肥可控制植株生长。

2. 扦插育苗

香石竹的插穗可以采自切花生产植株中下部的营养性侧枝，但最好培养专用的采穗母株，利用其顶芽作插穗。采穗母株应选择无病虫、遗传性状一致的优良植株，在隔离区单独培育，定期喷洒药剂，以延缓种性退化。香石竹在栽培过程中很容易受病毒侵染，因此，一般用茎尖脱毒培养的植株来培育采穗母株。

母株的定植时期、定植密度、摘心方法等对于插穗的生产效率和插穗品质的影响较大。一般定植株行距为20cm×20cm，定植后20天进行第一次摘心，保留5～6节，摘心后发生4个分枝，经40～50天后第二次摘心，每分枝保留5～6节，再经50～60天各分枝上发出的新梢即可作为插穗。为了防止扦插期间插穗腐烂，采穗前可用克菌丹等杀菌剂喷洒母株。所采插穗如不立即扦插，可装入塑料袋中保湿，冷藏于（0±0.5)℃的条件下，便于按需定植，控制花期。

扦插时间依定植时期和产花计划而定。扦插前插床与基质必须消毒，扦插基质可用泥炭土与珍珠岩按1∶2混合，也可用细沙。株行距取决于插穗大小，约2cm×5cm。扦插深度在不倒的前提下以浅为好，注意保湿，保持床温21℃，气温13℃，约15天生根，根长1～2cm时起苗。定植前，幼苗可移栽1～2次，以促发根系与分枝。

3. 组培育苗

香石竹的组培研究技术较成熟，目前已可以通过茎尖、腋芽、茎段、叶片、花瓣、萼片、胚珠、花粉、原生质体等多种外植体获得再生植株，生产上主要用茎尖或者带侧芽的茎段作为外植体。

（1）初代培养　在田间或盆栽植物中选取生长健壮的植株的茎尖或者带侧芽的茎段，用自来水洗净，接着用70%酒精消毒30～60s，再用0.1%升汞和适量吐温溶液消毒6～10min，最后用无菌水冲洗3～5次。在超净工作台上，切取1～2mm的茎尖，若是脱毒培养，应将材料在20～25倍解剖镜下用解剖刀剥去外层嫩叶，切取0.3～0.4mm的茎尖，迅速接种到培养基上，以防止茎尖失水干燥。初代培养基：MS+0.5mg/L Kt+0.1mg/L NAA，培养温度以20～25℃最佳。光照时间通常以每天16h为宜，光照强度800～2000lx，也可用24h连续光照。如果温度高，光照弱，光照时数少，会产生水渍状半透明的"玻璃化苗"，对丛生苗的生长不利。

（2）继代增殖培养　材料培养4周后，即可在茎尖基部长出淡绿色芽丛，然后将其转入MS+2.0mg/L Kt+0.1mg/L NAA液体培养基进行液体振荡培养，使不定芽增殖。此外，还可将芽丛转接至MS+2.0mg/L 6-BA+0.2mg/L NAA的固体培养基上进行增殖培养，5～6周即可得到大量芽丛。

（3）生根培养　将2～3cm长的芽丛进行分割，转接至1/2 MS+0.1～1.0mg/L NAA+0.1～1.0mg/L IBA+10g/L活性炭生根培养基上，2～3周即可以生根。

（4）驯化移栽　再生苗移栽前应炼苗3～5天，移栽时应洗净根吸附着的培养基，将试管苗基部的老叶摘去，放入0.1%～0.2%的多菌灵或甲基托布津溶液中浸泡2～3min，然后按3cm×3cm的间距浅植于疏松、透气、灭过菌的基质中，浇定根水，之后注意遮阴和保湿。10天后开始长出新根，可逐渐揭开遮阳网，每3～4天喷施一次营养液；20天后转入常规管理，尽量增加光照时间，苗高4～6cm，有8～10片叶时便可进行定植。

任务三 球根类花卉工厂化育苗

球根花卉是指多年生草本观赏植物中地下部的茎或根发生变态，膨大成球状或块状的一类花卉。根据其地下部器官的变态形式可分为鳞茎、球茎、块茎、根茎和块根五大类，鳞茎类花卉如百合、郁金香、风信子、水仙、朱顶红等，球茎类如唐菖蒲、小苍兰、番红花、球根鸢尾等，块茎类如仙客来、大岩桐、球根秋海棠等，根茎类如美人蕉、六出花、姜花等，块根类如大丽花、花毛茛等。

球根花卉在长期的进化过程中形成了对不良环境的特殊适应能力。在原产地，它们于寒冷的冬季或干旱炎热的夏季以地下球根的形式进入休眠，至环境条件适宜时再度活跃生长，展叶开花，并重新形成新的地下膨大器官或增生子球进行繁殖。栽培中根据这一特点，主要采用分生新球或子球进行球根花卉种苗的大量繁殖和生产。

一、百合

（一）基本理论

百合（*Lilium brownii* var. *viridulum*）为百合科百合属植物的总称，属鳞茎类球根花卉。该属全球有 90 余种，主要分布在北半球的温带和寒带地区，就目前的生产情况来看，百合已成为继世界四大切花之后的第五大切花。我国是世界百合属植物的主产地之一，也是世界百合的起源中心。当前世界百合生产占主导地位的国家有荷兰和日本，在我国，随着花卉产业的不断发展，大量优良的观赏百合栽培品种陆续从荷兰等国引进，现已成为国内花卉市场中重要的高档切花和盆栽种类。

由百合母鳞茎分生的子鳞茎和小鳞茎是种球繁育的主要材料，此外，也可采用播种、鳞片扦插、茎段扦插、分珠芽及组织培养等方法进行繁殖，一般采用自然分生的子球或由鳞片扦插和组织培养繁殖的子球来生产商品种球。

（二）基本操作

1. 分生繁殖

（1）种球繁育基地的选择　百合在夏季生长时要求平均最高气温不超过 22℃，而我国大部分平原地区夏季炎热，7 月份平均气温在 22℃以上，不适合百合生长。为了保持种性优良和防止退化，必须选择高海拔山区或冷凉地作为百合优良种球的繁育基地。同时，应选择疏松肥沃、富含腐殖质、排灌良好的沙质壤土，pH 6～7。此外，还需有便利的交通条件等。

（2）整地作畦　种植地每亩施过磷酸钙 50kg、农家肥 1000～1500kg，混合均匀后整成高畦，畦宽 100cm，畦高 30cm，畦间沟宽 30～35cm。整好畦后，晾晒 15～20 天，使土壤充分熟化，提高肥力和土壤的通透性，以利于栽植后小鳞茎的生长。

(3) 子球的准备　播种用子球可通过自然分球、鳞片扦插或组织培养繁殖。种植前可根据大小进行分级，一般直径2cm以上的子球培育一年便可成为商品球；直径1.5cm以下的子球需培养两年才能成为商品球。同时，子球应用800倍60%代森锰锌+70%甲基托布津浸泡30min进行消毒，阴干后备用。

(4) 播种　多在秋末（10月中旬至11月上旬）进行，播前将畦面喷透水。小子球开沟撒播，行距5～8cm，覆土2～3cm；大子球采取沟栽，行距20～30cm，沟深7～8cm，栽后覆土盖平沟面。

(5) 播后管理　为保证子球充分生长发育，出芽后，每10天追施一次比例为5∶10∶10的氮、磷、钾液态复合肥，浓度控制在2.5～3.0g/L。幼苗期间经常保持土表疏松，防止滋生杂草，翌年4～5月部分鳞茎抽生花茎，应及早除蕾，以利于养分集中供应鳞茎，促其增大。

(6) 种球的采挖与分级　10～11月份，地下鳞茎发育成熟，便可收获种球。采挖种球应选择晴天为宜，首先将地上部分的枯茎集中烧毁，然后将种球轻轻挖起，注意不要损伤鳞片及子球，以防腐烂。种球采挖后需进行大小分级，种球周径12cm左右，可作为商品球用于切花生产，周径小于12cm者需再进行培养。

2. 组培育苗

(1) 初代培养　百合的鳞片、鳞茎盘、珠芽、叶片、茎段、根、花器官等均可用作外植体，并且能够再生幼苗。利用百合生长点进行离体培养再生无病毒苗，往往具有较好的去除病毒的效果。将材料经过严格的药剂灭菌后，无菌水冲洗3～5遍，切割成4～8mm的小块，接种到初代培养基上：MS+0.1～1.0mg/L NAA。若是脱毒培养，应将小鳞茎按照外植体常规消毒方法灭菌后，借助解剖镜切取0.2～0.4mm的生长点进行培养。整个培养阶段温度保持在20～25℃，每天光照9～14h，光强800～1200lx。

(2) 继代培养　将初代培养所得到的小鳞茎转接到MS+3～5mg/L 6-BA+0.5mg/L NAA培养基上进行培养，2个月转接一次，会得到很多小鳞茎。若用液体培养，效果更好。

(3) 生根培养　将无需继代的小鳞茎小苗转接入1/2 MS+5%活性炭的生根培养基中进行生根培养。也可将培养1个月的材料转接至MS+0.2mg/L 6-BA+1.0mg/L IAA培养基上进行培养，也能很好生根并再生健壮植株。

(4) 驯化与移栽　当苗高3～4cm并已生根时，打开瓶口炼苗3～5天，然后移入沙∶土（1∶1）的基质中，所用沙土最好是经过灭菌的，因用未灭菌的沙土，小苗茎部容易受细菌和霉菌的侵染而腐烂，影响成活率。保持温度15～25℃，湿度70%以上，50%自然光照，可得到较高的成活率。

二、郁金香

(一) 基本理论

郁金香又名洋荷花、草麝香，为百合科郁金香属多年生鳞茎花卉。郁金香作为切花生产是继世界四大切花之后的又一新秀。花单生茎顶，亭亭玉立，花色艳丽，外表端庄，博得各国人民的喜爱，为世界名花之一。荷兰将其尊为国花。

目前，大量生产郁金香的国家有荷兰、美国、日本、德国、丹麦等 12 个国家，其中荷兰是世界上最大的郁金香种球和切花生产国，占全球郁金香栽培面积的 60%以上，每年出口种球及鲜花的价值约 18 亿美元。我国商业化栽培郁金香的历史较短，大面积种植主要出现在 20 世纪 90 年代以后，目前云南、辽宁、上海、北京、甘肃、陕西、四川等地已开始规模化生产，但栽培的种球主要从国外进口。

郁金香常用的繁殖方式有分球、播种和组织培养，而生产中以自然分球繁殖为主，组织培养可用于脱毒种球的生产。

（二）基本操作

1. 分球繁殖育苗

子球栽植一般在秋季 9～10 月份进行，南方可延至 10 月末至 11 月初。大者 1 年，小者 2～3 年可培育成开花球。荷兰利用其气候优势，大量进行种球生产，通常采用分级繁育法，即用周径为 8～9cm、10～11cm 的培植种球经一年种植，分别培育成周径为 11～12cm、12cm 以上的商品球。

我国引种郁金香后，更新球极易发生退化现象，表现为鳞茎变小、开花率降低、花色浅、花小等。为有效保存和繁育良种，应选择气候冷凉地或海拔 800～1000m 的山地进行种球复壮栽培，采用冷凉条件越夏储藏，掌握种植适期（温度应降至 6～9℃）及合理的定植密度和深度，施用合理的配方基肥，加强苗期管理并及时摘花，后期进行遮阳，适时收获种球等措施。

2. 组培育苗

用于组培快繁的郁金香外植体可选用其鳞茎、鳞片、幼茎或心叶切块。

（1）方法一　以鳞片作为外植体，消毒、洗净后用解剖针切去外层鳞片，将里面的鳞片切成 5～8mm^2 的小块，将这些小块接种到 MS＋1mg/L 6-BA＋500mg/L 水解酪蛋白＋3%糖＋0.8%琼脂、pH 5.8 的培养基上，培养温度 25～27℃，1 个月小芽即可分化。3 个月后形成小苗，转移到 MS＋1mg/L 6-BA＋0.5mg/L GA＋500mg/L 水解酪蛋白＋2%糖＋0.7%琼脂、pH 5.8 的培养基上，再结合 4℃低温处理，逐渐出现鳞茎的分化。

（2）方法二

① 初代培养：先将鳞茎经低温预处理 1 个月，然后取其鳞片作为外植体，消毒、洗净后用解剖针切去外层鳞片，将里面的鳞片切成 5～8mm^2 的小块，将这些小块接种到培养基 MS＋3～4mg/L NAA＋2～3mg/L 6-BA 中，以诱导鳞片切块和带有基盘的鳞片切块的外植体产生愈伤组织。

② 继代分化培养：将初代诱导产生的愈伤组织转接到培养基 MS＋1～2mg/L 6-BA＋0.5mg/L NAA 中；接种后，在黑暗条件下培养 1 个月，带基盘的鳞片切块从鳞片间萌发出小芽，随后移入光下培养。

③ 生根培养：当叶逐渐长至 2cm 左右时，可将芽切下，转入如下生根培养基中：1/2 MS＋0.1～1.0mg/L NAA＋2%蔗糖＋0.8%琼脂，pH 5.8。20 天后在芽苗基部膨大处有根

长出。而鳞片切块则发生少量紧密的瘤状愈伤组织团，移入光下后，愈伤组织团不断增大。如转移到分化培养基上，可陆续分化出芽。芽长至2cm时，可切下移到生根培养基上，给予10℃左右的低温，10天后就有根长出。而瘤状愈伤组织团继续放回分化培养基上增殖、分化出苗，周而复始的繁殖、生根。郁金香小苗有少数根后需及时移栽。因为时间长了，根会变褐。

三、仙客来

（一）基本理论

仙客来又名兔子花、萝卜海棠、篝火花、一品冠，原产南欧，为报春花科仙客来属多年生草本植物。仙客来适合种植于室内花盆，冬季则需温室栽培，是一种重要的温室盆栽花卉。其园艺品种繁多，色彩丰富，花期可控制在圣诞节、元旦及春节期间，开花时间长达4～5个月，因而是国际花卉市场的主要商品花之一。仙客来的块茎不能自然分生子球，生产中主要采用种子繁殖，尤其是一些杂种F_1代品种；对于不易获得种子的品种，可通过组培法进行大量育苗。

（二）基本操作

1. 穴盘育苗

仙客来的育苗时间较长（9～10周），通常使用288穴或128穴穴盘以避免不必要的移植。采用含全素营养的复合基质，pH控制在6.0～6.2。播种前可用清水浸种24h或用30℃温水浸种2～3h，然后置于25℃下催芽2天，可明显提高发芽速度。仙客来种子为嫌光性，播后需用基质覆盖，凉爽、高湿、黑暗的环境有利于种子发芽，适宜温度为18～20℃，3～4周后开始出芽。出芽后逐渐增加光照（不超过15000lx），保持温度18～20℃，相对湿度维持在90%左右，每周追施一次50～75mg/L的硝酸钙（15-5-15）。第一片真叶出现后（第三阶段），每周交替施加75～100mg/L的氮肥（21-5-20）和硝酸钙（15-5-15），适当控水以促进植株发根，光照不超过25000lx。第四阶段的水肥管理与第三阶段相同，相对湿度可降至75%～80%，昼温18～20℃，夜温降至16℃，光照不超过35000lx。幼苗完全覆盖穴盘后应及时移植，防止因拥挤而向外延伸。

2. 组培育苗

（1）初代培养　以幼嫩的叶片作为外植体效果较好。叶片消毒后切成$0.5cm^2$的小块，接入诱导培养基MS+2.0mg/L BA+0.1～0.2mg/L Kt+0.1～0.2mg/L NAA中。培养20天后，叶片边缘产生愈伤组织，30天左右愈伤组织表面便会分化出不定芽丛。

（2）继代增殖培养　将其切下，转接到MS+1.0mg/L BA+1.0mg/L IAA中增殖培养，通过丛生苗的分割和继代可以得到大量试管苗。

（3）生根培养　当丛生苗达到一定高度时，将其切成单株，于MS+0.1～0.2mg/L IBA中进行生根培养。当苗高2～3cm并生有3～4条1cm左右长的新根时即可移栽出瓶。

任务四 兰科类花卉工厂化育苗

兰科花卉即广义的兰花（orchids），是指兰科中具有观赏价值的所有种类，因其在形态、生理、生态等方面具有共同性和特殊性而单独成为一类花卉。兰花为多年生草本植物，根据其产地、观赏特点等可分为国兰（如春兰、蕙兰、建兰、寒兰、墨兰等）和洋兰（如卡特兰、蝴蝶兰、石斛兰、兜兰等）两大类。兰花的繁殖有播种、扦插、分株和组培等方法，但目前规模化生产主要是通过组织培养进行工厂化育苗，特别是在洋兰上应用广泛；对于国兰，各种类的快速繁殖已见报道，但真正用于新品种繁育的还很少。下面以国内生产量较大的三种兰花为例阐述其具体的繁殖育苗技术。

一、蝴蝶兰

（一）基本理论

蝴蝶兰属兰科热带气生兰类，其花形大而美丽，色彩丰富，花期长，有“洋兰之后”的美誉，是近年来最受欢迎的盆花之一，也是名贵的高档切花材料。蝴蝶兰为单轴分枝的单茎性植株，极少发生侧芽，因而很难进行常规的无性繁殖；蝴蝶兰的种子极小，且发育不全，没有胚乳，只有一层极薄的种皮，在自然状态下播种出芽率相当低。生产上一般都采用 2 种组织培养的方法对其进行快速繁殖，一种是无菌播种的实生苗生产途径，另一种是通过茎尖、叶片、花梗腋芽、节间和根尖等营养器官培养的组培苗生产途径。

（二）基本操作

1. 实生苗培育

（1）外植体种荚的采集、消毒与接种　选择品种优良、生长健壮、授粉后 100～120 天还没有破裂的种荚，1 个种荚的种子数量达数万至几十万之多，可繁殖成千上万棵植株。成熟度好的种荚其种子颜色呈金黄色。

将采下的成熟的蝴蝶兰种荚用肥皂水漂洗 10～15min，自来水冲洗干净后，在超净工作台内用 75%酒精消毒 30s，再用 0.1%升汞消毒 12～15min，然后用无菌水反复冲洗 3～5 次，最后用无菌滤纸吸干种荚表面的水分。用解剖刀拨开种荚，将种子倒入无菌水中制成稀薄的悬浮液，再均匀地播种到初代培养基中培养。播种培养基为 1/10 MS＋2.5g 花宝 1 号＋15%苹果汁＋2.0%蔗糖＋6～7g 琼脂粉。播后将培养瓶移入培养室中，温度保持在 20～28℃，光照强度为 2000～3000lx，每天光照 10～14h，4～6 周种子变成绿色，2～3 个月第一枚叶片生出。

（2）继代生长培养　将长出 1～2 枚幼叶、根 0.1～0.4mm 长的小苗转入生长培养基中，生长培养基成分为 1/4 MS＋2.5g 花宝 1 号＋30g 蔗糖＋6g 活性炭＋250g 香蕉＋25g 胡萝卜＋12g 琼脂，经 6～7 个月生长培养可出瓶炼苗。

2. 组培苗培育

（1）初代培养　蝴蝶兰的快速繁殖可选用的外植体有茎尖、茎段、叶片、花梗腋芽、花梗节间、根尖等，但工厂化生产一般选用花梗腋芽作为外植体，原因是取材方便、量大、易于消毒、成功率高，而且不损害母本植株。

剪取性状优良、无病虫害的蝴蝶兰花梗，用 75％酒精棉球擦拭，切成约 5cm 的每节带芽小段，仔细除去苞片，防止伤及嫩芽，然后用 2％次氯酸钠溶液消毒 20min，其间不停地摇动。消毒后用无菌水冲洗 3～5 次，放到培养皿中。用 4 号解剖刀将两端各切去 0.5cm，芽体朝上插接在 1/2 MS＋3mg/L 6-BA 培养基上。培养基中还需加入 20g/L 蔗糖、1g/L 水解乳蛋白、8g/L 琼脂、1g/L 活性炭，调 pH 值为 5.6。

（2）继代培养　蝴蝶兰早期原球茎状球体外观像瘤状愈伤组织，继续培养可见表面突起一个个圆球，部分表面细胞分化出根毛状物。在原球茎球状体形成后，无菌条件下将原球茎取出切割成几小块，切块不可太小（直径＞2mm），转入 MS＋2.0mg/L 6-BA＋0.5mg/L NAA（加 20g/L 蔗糖、12g/L 琼脂、200mL/L 椰汁）继代培养基中，进行增殖培养。或在原球体诱导时，以 1/2 MS 为基本培养基，激素以 2mg/L 6-BA＋0.2mg/L NAA，配方中均加入 20g/L 糖、8g/L 琼脂，调 pH 值为 5.6，也可获得理想的效果。培养 60 天左右再进行分割转移。通过这种方式，原球茎可成倍增长。

（3）壮苗与生根培养　将不需继代的原球茎在无菌条件下切开丛生小植株，将小植株转入生根培养基上培养。生根培养基可选用 1/2 MS＋1.5mg/L IBA＋0.05mg/L NAA，并加入 20g/L 蔗糖、12g/L 琼脂、5g/L 活性炭、200mL/L 椰汁；或 2/3 MS＋100g/L 香蕉，加 30g/L 蔗糖、7g/L 琼脂。此后，将其转入 1/2 MS＋0.8mg/L NAA 的生根培养基上。不久，小植株生根。当小植株长到一定大小时，移入温室。切离丛生小植株时，基部未分化的原球茎及刚分化的小芽应接入诱导培养基中作为种苗。一段时间后，将长大的种苗移出，种植，小苗及原球茎可继续增殖与分化。

（4）组培苗驯化与移栽　当小植株长至 4cm 左右、叶 3～4 片、根 2～3 条时，即可移栽。此时将小植株带瓶移入温室内，1～2 周后，再将瓶塞半开或完全打开炼苗3～5 天后，取出组培苗，用自来水洗净其根部的培养基，将根部放于 50％多菌灵水溶液中消毒 2h，药液浓度为 1000 倍，晾干后即可栽植于水苔穴盘中。刚定植的植株，温度白天以 20～25℃为宜，夜间以 18～23℃为宜。以后，温室内昼温以 25～29℃为宜，夜温以 20～23℃为宜。湿度以 80％～90％为好，以后逐渐保持在 70％左右。初期光照不宜太强，一般以 1500～2500lx 为佳。多采用遮阳网，春秋用一层遮阳网遮光 50％左右，夏季用双层遮阳网遮光 70％左右，冬季可适当减少遮阴。缓苗后（两周左右）逐步提高光照强度至 6000～8000lx。蝴蝶兰根部忌积水，水分过多易引起根系腐烂。刚出瓶的小苗应勤补水，中苗或大苗根据干湿程度浇水；一般情况下，在盆内基质表面已变干，盆面水草微发白时再浇水。春季可4～5 天浇水 1 次，保持盆内基质潮湿即可。浇水时要让整个基质湿透。浇水时间以上午或清晨为佳。幼苗移栽初期不可施肥，定植后 1 个月，可喷施液肥。

二、大花蕙兰

（一）基本理论

大花惠兰是兰科兰属多年生常绿草本花卉，别名喜姆比兰、虎头兰，大花蕙兰株形丰满，叶长碧绿，花姿粗犷，豪放壮丽，是高档的冬春季节日用花，被称为世界著名的“兰花新星”。

大花惠兰与其他兰科植物一样，每一颗果实中有数十万个种子，种子之小使其在自然条件下很难繁殖，但在杂交育种研究中是不可缺少的重要技术环节；传统的繁殖方法只能采取分株和假鳞茎繁殖，再加上兰属植物生长缓慢，很难做到种苗的大量繁殖。目前，大花惠兰的工厂化育苗主要采用组织培养技术获得克隆苗，它的优点是既能确保种苗数量，也能保持品种的优良特性。

（二）基本操作

1. 初代培养

（1）外植体选择　在开花期进行优良单株的选择，选择具有品种典型形态特征、叶片大小适中、花色纯正、没有发生特定病害侵染的植株。外植体选取4～8cm长的幼芽。

（2）外植体的诱导培养　用解剖刀紧贴芽基部切离，放在自来水下冲洗干净，在无菌条件下切去外植体的上半段，剥去外层的小叶，用75%酒精消毒30s后放入10%的次氯酸溶液中消毒10min，稍加摇动，用无菌水冲洗3次。在无菌条件下剥出约5mm长的茎尖，放入5%的次氯酸溶液中消毒5min，无菌水冲洗3次，用解剖刀把茎尖切成约4mm^{2}的小块，接种到诱导培养基上。诱导培养基为MS＋1.0～2.0mg/L 6-BA＋0.1～0.5mg/L NAA＋0.3g/L活性炭＋100g/L香蕉泥＋20g/L蔗糖＋7g/L琼脂（pH 5.5左右）。置于培养室中进行培养，光照强度1000～1500lx，光照时间14h/天，培养温度25℃。10～15天后芽开始萌动。

（3）原球茎诱导与分化　诱导约30天后，待小苗长至3～4cm，其基部膨大时，将苗切离基部，并将膨大基部纵切成厚3～4mm的薄片，切口向下重新放入相同的新鲜培养基中。经过30～35天，从下端切口部位可以长出类似愈伤组织的类原球茎。第一次从外植体分化出来的原球茎形态不典型，质地较硬，很容易转变为不定芽，应经常观察，根据每一个原球茎的具体情况，及时切除原球茎萌生的芽尖，继续纵切成块，使其沿着原球茎的方向发展。经过数次诱导方能形成质地柔嫩、生长迅速的原球茎团。将分化苗和生根苗剥离叶片，切除根茎后，放入诱导培养基中进行诱导，也可以诱导出原球茎。利用这一方法，可以周年进行诱导，极大地改善了生产上原材料少的限制，加快组培材料的积累。

2. 继代增殖培养

将营养芽、分化苗或生根苗芽尖诱导出的原球茎接种于继代培养基1/2 MS＋0.5～2.0mg/L 6-BA＋0.1～0.5mg/L NAA＋0.5g/L活性炭＋120g/L香蕉泥＋20g/L蔗糖＋7.2g/L琼脂（pH 5.5左右）上，置于培养室中培养，培养温度25℃左右，光照强度3000lx，光照时间10h/天。每45～50天继代一次，增殖倍数可达10倍以上。继代增殖初期用1.5～2.0mg/L的6-BA可以较快地累积材料。随着继代次数的增加，特别是15代以后或变异株开始出现后，只能用0.5～1.5mg/L的6-BA，并在生产中及时清除变异的原球茎。变异的原球茎表面只是光滑一片，没有芽尖，不能分化出芽苗。

3. 生根与壮苗培养

当苗长至3～4cm、2～3片叶时，即可将苗小心切离基部，转入壮苗生根培养基1/2 MS＋1.0mg/L NAA＋31.0mg/L GA＋1.0g/L活性炭＋150g/L香蕉泥＋25g/L蔗糖＋7.5g/L琼脂（pH 5.5左右）上，置于培养室中培养，培养温度25～28℃，光照强度5000～6000lx，光照时间12h/天，20天左右开始生根，35天即可进行炼苗处理。

4. 驯化和移栽

（1）炼苗驯化　将待移栽大花蕙兰瓶苗先移入温室内，在自然散射光（7000～8000lx）、光照时间8～12h/天的环境下生长15～20天，可以明显提高瓶苗的质量和栽植成活率。打开瓶口再培养1～2天。

（2）移栽　小苗出瓶时要特别小心，先往培养瓶里注少量水，再轻轻抖动瓶子，固体培养基抖松后，用长镊子把兰苗取出来，尽量减少伤害到兰根与兰叶。取出苗后，洗净根部的培养基。将根部放于70%甲基托布津溶液中消毒4h，药液浓度为1500倍。将苗吸干水分后，大、小苗分级并在阴凉处放置1h左右，然后移栽到1.5寸或1.7寸的白色塑料钵中，小苗移栽到1.5寸钵中，而大苗移栽至1.7寸钵中。

刚定植的植株要求光照弱，应遮光50%左右，温度控制在18～28℃，湿度以80%～90%为宜，以后逐渐保持在70%左右。缓苗后（两周左右）逐步提高光照强度至6000～8000lx，种后用喷雾器将苗株与植材喷湿。每天向叶片喷水数次，但要严格控制，切忌过干、过湿，每次浇水都用喷雾器喷洒。两周后，每星期喷洒一次杀菌杀虫剂。20天以后新根长出后，逐渐增加光照，每周进行一次根外追肥，可用“花宝1号”或“通用肥”，稀释2000倍喷洒。6～8个月后即可移植于2.5寸软盆单株种植。

三、墨兰

（一）基本理论

墨兰又名报岁兰、报春兰、丰岁兰，是一种观赏价值较高的地生兰。植株基部假鳞茎粗壮；叶4～5枚丛生，近革质，直立而上向外弯折，剑形，长60～80cm，宽1.5～3.5cm，顶端渐尖；花莛直立，具数朵至20余朵花，花色多变，有香气，花期长达2～3个月。墨兰的适应性广，全国各地广为栽培、品种丰富。常规繁殖采用分株法，繁殖速度较慢。

（二）基本操作

1. 实生苗培育

（1）初代培养　取墨兰约八成熟未开裂的蒴果1粒，冲洗干净，在超净工作台上用70%酒精浸泡2min，再用0.1%升汞溶液灭菌20min，然后用无菌水冲洗3次。消毒后，用无菌吸水纸吸干，切开果皮，取出中间粉末状白色种子，接种于初代诱导培养基上MS或

Knudson C+0.5mg/L 6-BA+0.2mg/L NAA+50mL/L 椰乳汁+25g/L 蔗糖，置于（25±2)℃、光照强度2000lx、光照时间12h/天的培养室内培养。

培养4个月后，可见到有绿色芽点出现，接着陆续有种子开始萌发。1个月后有完整的原球茎出现，原球茎形成后，并不直接分化成芽，而是由原球茎上的茎尖分生组织不断发育成瘤状的根毛状体，构成了根状茎。再过1～2个月后，在根状茎的顶端或根状茎上多处有芽体出现，芽体进一步发育形成单子叶的小苗。

（2）继代增殖培养　根状茎上分化的芽体转入增殖培养基中：MS+2.0mg/L 6-BA+0.2mg/L NAA+0.5g/L 活性炭，能加速芽的增殖。把芽丛转入含有相同激素成分的液体培养基中进行振荡培养，可以大大提高芽的增殖效果。适当的活性炭含量能增加增殖的效果。

（3）生根培养　当墨兰芽苗增加到一定量时，将无根芽苗转到生根培养基上培养，生根培养基：MS+0.2mg/L NAA+0.5g/L 活性炭+3%蔗糖，当苗长到5～10cm后，就可以驯化移栽了。

2. 组培苗培育

（1）选取外植体　选取墨兰6～13cm的新芽，从植株茎部切离，除去叶片，充分洗净后将材料再切取2～3cm，在10%次氯酸钠溶液中消毒10min，灭菌后用无菌水冲洗数次，再放到灭菌滤纸上吸干水分。然后在解剖镜下无菌操作剥取茎尖和腋芽，一般茎尖为2mm，带2个叶原基，接种到培养基中。

（2）类原球茎的诱导与增殖　外植体接种在White+1mg/L 6-BA+5mg/L NAA+8.5%椰乳培养基上后，放置在23～25℃的黑暗条件下，培养1～2个月后可分化出1至数个乳白色的类原球茎。类原球茎的增殖应在转绿前，将其切割成小块，转入White+2mg/L NAA+5%椰乳+0.2%活性炭的培养基中，或放在液体培养基中，在旋转培养床上进行旋转培养，在其小块组织稍微长大后，转接到分化培养基上分化芽和根。

（3）芽的诱导与增殖　将开始萌发的类原球茎置于MS+3mg/L 6-BA+1mg/L NAA培养基中，诱导芽的发生。培养30天后，即可看见丛生状的绿色类原球茎顶端冒出一个个尖细的小芽。当类原球茎发育成丛生状不定芽时，大多不能正常发育成茎。由类原球独立茎萌发的芽能继续发育，最终成为带叶的茎。将诱导出的芽进行分割，并接种在MS+4mg/L 6-BA+1mg/L NAA培养基上进行继代培养。培养温度为24～26℃，每天光照8～10h。

（4）生根培养　当组培苗长出3片叶子、高2～3cm时，将其转入1/2 MS+3.0mg/L NAA培养基中诱导生根。

（5）驯化与移栽　墨兰组培苗驯化移栽的难度较蝴蝶兰、大花蕙兰都大一些。因此，应尽量协调移栽过程中温度、光照、湿度、营养、移栽介质等因素与组培苗的关系，使兰苗逐渐从异养向自养过渡。具体做法是：待组培苗长到10～12cm高时，运到温室培养1～2周，逐步适应温室内的温、光环境。然后打开培养瓶盖，炼苗3～4天。然后将苗从瓶中取出，洗净粘在根上的培养基，注意尽量不要伤根，晾干后栽植在通气、透水、保湿的栽培介质中，先在高湿弱光条件下缓苗6～10天，以后放在15～25℃、空气相对湿度为80%左右的条件下养护，定期补施营养液并喷多菌灵以防止杂菌感染。

任务五　木本花卉类工厂化育苗

木本花卉（woody flowering plants）是指以观花、赏果为主要目的的木本植物，包括开花的小乔木、花灌木及藤本，如梅花、桂花、牡丹、月季、杜鹃、山茶、米兰、一品红、扶桑、八仙花、叶子花、迎春花、紫藤、火棘等。这些木本花卉一般都可以矮化盆栽。木本花卉通常可用播种、扦插、嫁接、压条、分株、组培等多种方法进行繁殖，生产中一般根据具体种类的生育特点和栽培需要采取适宜的繁殖育苗方法。

一、牡丹花

（一）基本理论

牡丹花别名木芍药、洛阳花、富贵花等，芍药科芍药属。株型小，株高多为0.5～2m。枝干直立而脆，圆形，从根茎处丛生数枝而成灌木状；肉质根，粗而长；叶互生，枝上部常为单叶，小叶片形状有披针形、卵圆形、椭圆形等，顶生小叶常为2～3裂。花单生枝顶，花大色艳，花型多种，花色丰富，有白、黄、粉、红、紫红、紫、墨紫（黑）、雪青（粉蓝）、绿、复色十大色。部分品种结实，种子类圆形，成熟时为共黄色，老时变成黑褐色。花期4月下旬至5月；果9月成熟。性喜温暖，耐寒，爱凉爽环境而忌高温闷热，适宜在疏松、肥沃、排水良好的沙质土壤中生长。原产中国西部及北部，在秦岭伏牛山、中条山、嵩山均有野生。现各地均有栽培，是我国的传统名花之一。

牡丹花可通过播种、扦插、嫁接、压条、分株、组培等多种方法进行繁殖育苗，但是由于牡丹扦插繁殖的成活率低、生根量小、生长势弱、养护管理难度大，组培育苗过程中容易出现外植体表面消毒的污染率高、培养物容易褐变、繁殖系数低、生长缓慢且在组培苗移栽阶段植株感病严重和死亡率高等问题，压条繁殖育苗效率太低，扦插繁殖育苗不易生根，因此，规模化生产中一般采用播种、嫁接、分株三种方式育苗。

（二）基本操作

（1）播种繁殖　8月下旬种子成熟后适时采收，随采随播或混以2～3倍的湿沙储藏至春播。若已风干的种子种皮坚硬，应以50℃温水浸种24h，再取出播种。播后保持湿润。出苗后注意水肥管理，2年后开始移栽定植，再经1～2年即可开花。

（2）分株繁殖　主要在秋季进行。把生长4～5年、长势健壮的母株挖出，去掉附土。根据枝、芽与根系的结构，顺其自然生长的纹理用手掰开，保证分株后每株至少3个枝条。为避免病菌侵入，伤口可用1%硫酸铜或400倍多菌灵液浸泡。

（3）嫁接繁殖　常用于发枝力差的珍贵品种。嫁接时间自8月下旬至10月上旬期间均可，尤以白露到秋分为宜。砧木通常为芍药根或牡丹实生苗；接穗最好采自母株基部的当年生的组织充实的萌蘖枝。嫁接方法有根接、枝接和芽接。根接砧木可用芍药根或牡丹根，根砧选粗约2cm、长15～20cm且带有须根的肉质根为好。枝接以实生牡丹为砧木，应选择较粗壮的枝干作砧木，将顶端削平，从中间垂直劈开，长约 2cm，接穗取自优良品种，将芽下端削成一侧稍厚、另一侧稍薄的楔形，削面约 2cm，把接穗插入砧木切口，使两者的形成层对齐。芽接以实生牡丹为砧木，在离地 5cm 处截去上部，接穗选健壮的萌蘖枝，在基部腋芽两侧削长约 3cm 的楔形斜面，再削平砧木切口，劈开砧木深约 3cm，将接穗插入砧木，然后培土盖住接穗，保护越冬。

二、月季花

（一）基本理论

月季是世界上最古老的花卉之一，目前泛指蔷薇科蔷薇属栽培供观赏的种类及品种，在我国，人们习惯于将现代切花月季称为玫瑰，即公认的“爱情之花”。月季的品种极为丰富，应用十分广泛，是我国传统的十大名花之一，也是世界四大切花中的重要种类，被誉为“花中皇后”；除作切花生产外，月季也可作盆栽观赏，并在园林绿化中起着非常重要的作用。月季可用播种、扦插、嫁接和组织培养等方法进行繁殖，切花生产主要采用嫁接苗，也有利用扦插苗或组培苗的。

（二）基本操作

1. 嫁接育苗

嫁接苗具有根系发达、生长快、成株早、产量高、适应性强等特点，尤其适于切花生产；但生产成本较高，不适于微型月季。嫁接所用砧木应选择生长强健、繁殖容易、抗性强且与接穗亲和力高的种或品种。

（1）芽接　芽接具有节省接穗、操作快、接口牢固等特点，常采用“T”形芽接或嵌芽接。芽接在 4～11 月份均可进行，而以 4 月上旬至 5 月中旬或者 9～10 月份最为适宜；嫁接时不需将砧木挖出，可以直接在田间嫁接。芽接部位应选择砧木较低且光滑处，砧木容易离皮，操作方便，接穗选取当年生、腋芽发育饱满的枝条。首先除掉叶片和皮刺，从接穗上切下腋芽，长度为 2～3cm，深度达木质部表层；然后在砧木上用刀割一个“T”字形，并将树皮剥开插入接芽，切掉接芽上部的多余部分，使接芽正好嵌入“T”形切口；接着用约 1cm 宽的薄塑料带或橡胶带包捆切口，注意不要盖住芽，一般 3～4 周即可愈合。早春嫁接可用折砧方式，即将砧木顶端约 1/3 折断，不断抹除萌蘖，约 3 周后再剪砧，嫁接成活后会马上萌芽；秋季嫁接时应在翌年春季发芽前剪砧，即使当年已成活，最好不使其发芽，12 月中旬以后将嫁接苗挖出假植于露地或无加温温室，定植前再加温促其萌芽生长。

（2）切接　切接一般以发育充实、无病虫害、腋芽饱满的一年生休眠枝为接穗，于早春萌芽前进行，也可利用生长发育中的绿枝作为接穗。绿枝嫁接需事先准备好砧木，只要将砧木冷藏起来，一年四季都可进行。采用绿枝切接法，植株的生长发育速度快，如果在 4～6 月份嫁接，25～30 天后便能定植，因此，对引进的新品种可立即通过绿枝嫁接得到繁殖。

2. 扦插育苗

月季的扦插可采用嫩枝扦插和硬枝扦插，分别于 5～6 月份和 10～11 月份进行。插条应选择生长健壮、芽眼饱满的枝条，剪取插穗时去掉上下两端芽不饱满部分，根据节间长短截成带1～3个芽、长10～12cm的枝段。嫩枝扦插保留枝段上部1～2片叶，在插穗上端距离芽1cm处平剪，下端背对芽斜剪呈马蹄形剪口；按行距7～10cm、株距3～5cm插于苗床，在适宜的温度、湿度等条件下使其生根。生根的难易程度及所需时间依品种而异，扦插前可用生根剂处理以促进生根。

3. 组培育苗

月季的组培苗利用在我国还没有普及，但根据国际月季种苗生产的发展趋势，利用组培育苗具有很大的潜力。1987年以后，在荷兰开始普及和推广月季岩棉营养液栽培技术，利用月季组培苗直接定植在岩棉块上，再通过营养液栽培取得了成功。根据扦插苗、嫁接苗和组培苗的切花生产比较实验，发现组培苗的生产性能最佳，因此，在荷兰利用月季的组培苗栽培已经开始大面积普及。另外，利用组织培养技术还可以在短时间内繁殖大量的种苗，从而使优良的月季新品种能够迅速投入生产。月季的组培繁殖通常选取当年生枝条未萌发的侧芽茎段作外植体，用刚萌芽但未展叶的嫩梢进行培养也可获得较好的效果。诱导萌芽培养基、增殖培养基及生根培养基可分别采用MS＋0.5～1.0mg/L BA、MS＋1～2mg/L BA＋0.2mg/L NAA和1/2 MS＋0.5mg/L NAA。对于增殖率过高的品种，生根前一般需转入低分裂素的培养基（MS＋0.3mg/L BA＋0.1mg/L NAA）中进行壮苗培养。

三、一品红

（一）基本理论

一品红，别名猩猩木、圣诞花、老来娇，大戟科大戟属常绿灌木。原产墨西哥和中美洲，现在世界各地均有栽培。常见的有红苞、粉苞、白苞和重瓣一品红，以及国外改良的一些新品种。其中，近年从国外引进的大花重瓣一品红、矮化重瓣一品红最受欢迎。一品红很少结籽，大花重瓣、矮化重瓣品种均无结籽能力，通常用扦插繁殖。由于引进品种基数较少，自然扦插繁殖发展速度慢，在短时间内很难有较大的生产规模。利用组织培养技术可在短时间内扩大花卉的繁殖，满足人们的需要。

（二）基本操作

1. 扦插育苗

多采用嫩枝扦插，一般在7月中旬至9月下旬进行。扦插基质可用花泥或蛭石、泥炭等，但要严格消毒，保证基质清洁无菌。插条应选自品种纯正的母本植株，采取长6～8cm的当年生嫩梢，剪去基部叶片后立即投入清水中，防止插穗失水萎蔫，随后剪成插穗并插入基质。生根温度21～22℃，保持基质和空气湿润，7天开始形成愈伤组织，此时可追施0.06%的硝氨，2～3周后开始生根，可施用一次完全肥料；扦插前使用生根剂处理，能促进生根。新枝长到10cm左右时便可移栽上盆。

2. 组培育苗

（1）初代培养　取早花单瓣、大花重瓣、矮化重瓣二年生植株上萌芽后3～4周的嫩叶和顶芽作外植体。先用自来水冲洗10min，再用饱和中性洗衣粉溶液洗涤4～5min，然后在超净工作台上用75%酒精浸泡80s，0.1%升汞消毒7～8min，无菌水冲洗3～5次。将叶片放在无菌滤纸上，沿主脉切割，两侧各保留2～3mm，然后横切，使外植体保持5～6mm^2，接种在MS+1.5mg/L 2,4-D+0.2mg/L 6-BA+0.1mg/L NAA固体培养基上。切取顶芽5mm左右，接种在MS+1.5mg/L 6-BA+0.1mg/L NAA固体培养基上，培养温度25～26℃，光照强度1000lx，每天光照时间12h。

(2) 继代培养 叶片培养30天后，切口处便长出浅绿色或者浅红色的愈伤组织。培养50天后，愈伤组织布满整个叶片。将愈伤组织切割、转移到MS+2.0mg/L 6-BA+0.1mg/L NAA的固体培养基上，培养20～30天，部分愈伤组织表面即有不定芽分化出来。顶芽培养25～30天，基部产生少量愈伤组织，主芽生长速度开始加快。当芽长至1.5cm高时，有部分侧芽发生，有的可形成丛芽。将这些主芽、侧芽、丛生芽分切转移到MS+0.3～1.0mg/L 6-BA+0.1mg/L NAA培养基上，芽逐渐长高，1个月左右形成无根植株。继代培养用MS+1.0mg/L 6-BA+0.1mg/L NAA培养基，25～30天继代1次，增殖率达7～8倍。

(3) 生根培养 继代培养1个月左右，不定芽长至2cm，并有3～4片叶，可将这部分苗取出进行诱导生根，生根培养基为MS+0.1mg/L NAA+0.5mg/L IBA+2%蔗糖，培养条件同继代培养。经20天培养，可长成根系发达、组培苗叶片色绿、生长健壮的试管苗。

(4) 试管苗移栽 试管苗生根培养1个月，即可出瓶移栽。一品红试管苗对栽培基质的要求不严，采用泥炭土∶蛭石（1∶2）或田园土∶蛭石（4∶1）按比例混合均匀，有条件时，可在大棚内建电热弥雾育苗床，根据试管苗生长不同阶段对温度、湿度的要求进行人为调节。在冬、春季节地温低时，通过地热线加温。移栽前期要求较高的空气湿度，弥雾装置可以按不同的湿度要求间歇弥雾。一品红试管苗移栽没有特别的要求，除注意保温、保湿、适当遮阴、通风外，移栽前3～5天要对基质进行消毒，可用50%多菌灵可湿性粉剂800～1000倍液灭菌。移栽后，基质湿度不能过大，否则易烂根死亡。基质温度控制在20℃，空气温度25℃左右为宜。如春、夏季移栽，可设1～2层遮阳网遮阴，待苗成活后，喷施1/2 MS无机盐营养液1次，隔10天左右再喷1次。为防止根腐病发生，可结合喷施营养液，喷800倍50%多菌灵1次。试管苗经2个月培养，苗高达8～10cm、有5～6个叶片即可上盆定植。

任务六 其他部分花卉工厂化育苗

一、蟹爪兰

(一) 基本理论

蟹爪兰为仙人掌科蟹爪兰属肉质多浆植物，附生类型，原产于巴西东部热带雨林中。植株分枝向四周扩展，它的茎扁平而多分枝，每枝有若干节相连，外形酷似蟹爪，花朵鲜艳有光泽、花朵密集、花形优美。一般在圣诞节前后开放，因此又称“圣诞仙人掌”，是深受人们喜爱的室内盆栽优良花卉之一。

蟹爪兰的繁殖多采用扦插、嫁接或组培方法，但扦插生长缓慢且株形不美，组培繁殖速度较快，故多采用嫁接和组培快繁育苗。

（二）基本操作

1. 嫁接育苗

全年均可嫁接，但以春秋两季最佳。

嫁接方法：以仙人掌作砧木，从顶端纵切一条深约 3cm 的缝，以蟹爪兰变态茎4～5 节作为插穗，将插穗基部削成楔形插入砧木顶端中，用大头针或仙人掌刺固定即可，温度保持在 20～25℃易于愈合，接后 3 天再浇水，10 天左右接穗不萎蔫即为成活。

2. 组培繁殖育苗

（1）初代诱导培养　用手术刀切取蟹爪兰顶部的初生茎段，最好取春天刚抽出 1～2cm 长的新芽。将材料先在自来水下冲洗 20min，后用洗洁精漂洗 5min，转入 75％乙醇溶液浸泡 30s，用无菌水漂洗 3 遍。在超净工作台内将材料先用 0.2％升汞加吐温 3 滴浸泡 6min，再加 1 倍无菌水冲淡为 0.1％升汞浸泡 8min，最后用无菌水漂洗 6 遍，在浸泡过程中充分摇动器皿。将材料切成 0.5cm 左右，接入初代培养基：MS＋2.0mg/L 6-BA＋0.1mg/L NAA。培养温度（25±2)℃，光照时间 12h/天，光照强度 1000～1500lx。

（2）继代培养　经过 15 天的培养，将材料转接到新培养基：MS＋3.0mg/L 6-BA＋0.5mg/L NAA；大约再经过 30 天，可以发现有中间绿色周围白色的致密愈伤组织，每隔 20～30 天转接 1 次可快速繁殖。在大量的愈伤组织繁殖过程中会发现有褐变现象出现，需要及时转接到新的继代培养基上。

（3）分化培养　将愈伤组织转接到芽分化培养基上面：MS＋5.0mg/L 6-BA＋0.2mg/L NAA，20 天左右表面开始萌动，个别有绿点突出形成幼芽；30 天后，愈伤组织上面形成 1cm 左右的丛芽。由于前期培养中植物体内的激素水平较高，在继代培养中可逐渐降低细胞分裂素和生长素的用量：MS＋0.8mg/L 6-BA＋0.05mg/L NAA。

（4）生根诱导与移栽　将长成 2～3cm 的植株转接到培养基上：1/2 MS＋0.3mg/L NAA，20 天左右，蟹爪兰基部长出 3～5 条细根，生根率在 85％左右。挑选健壮的组培瓶苗转移到炼苗房内锻炼 2 天。打开瓶盖，取出小苗在自来水中洗掉培养基，移栽到穴盘中，基质为草炭∶砻糠灰∶珍珠岩（2∶1∶1），再用 800 倍多菌灵溶液浇透，将穴盘放入遮阴的小拱棚内。炼苗过程中注意控制好湿度、温度和光照，成活率为 85％左右，1 个月后长出新根，可移栽到花盆中栽培。

二、荷花

（一）基本理论

荷花别名莲、芙蓉、芙渠、藕等，系睡莲科莲属多年生挺水植物，花期 6～8 月份，花叶清秀，花香四溢，沁人肺腑。果期8～10月份。荷花是良好的美化水面、点缀亭榭或盆栽观赏的材料，也是重要的经济植物，同时也是重要的鲜切花材料。荷花具有迎骄阳而不惧，出淤泥而不染的气质，在人们心中是真善美的化身，是吉祥丰庆的预兆，是佛教中神圣净洁的名物，也是友谊的种子。荷花无论是塘栽还是盆养，都能给环境带来淡雅的阵阵荷香，增添浓郁的水乡情趣。

荷花品种主要采用分藕和大面积缸栽或池植的传统方法繁殖及保存。但是，荷花可以通过试管苗快速繁殖，不仅可以大大提高繁殖系数，节省用于留种的大量土地，而且可以培育出无病毒苗。

（二）基本操作

1. 组培繁殖育苗

（1）初代培养　外植体的采集与消毒：取荷花的冬眠种藕，用水洗掉污泥，然后将茎尖连叶鞘一起切下，用2%洗衣粉溶液轻轻洗刷，自来水冲洗3次后用纱布吸干，剥去外层叶鞘，置于超净工作台上，在75%酒精溶液中浸泡1min，然后用0.1%升汞消毒10～12min，消毒后用无菌水冲4～5遍，再剥去内层叶鞘。

将剥去内层叶鞘的种藕接种到诱导培养基上：MS+0.4mg/L BA+0.2mg/L GA+5g/L琼脂+30g/L蔗糖，pH值5.8，培养室恒温为25℃，光照强度为2000lx，光照14h/天。培养20天后芽的诱导率可达80%～90%。

（2）继代增殖培养　将已发芽并带幼叶的小苗转入增殖培养基内：MS+0.8mg/L BA+0.5mg/L GA+5g/L琼脂+30g/L蔗糖，pH值5.8，培养条件同上。培养25天后增殖效果明显。在实际操作中，交替使用固体和液体两种增殖培养基可达到较好的增殖效果。

（3）生根培养　将通过增殖获得的丛生芽切成单芽，接种到生根培养基中诱导生根，生根培养基：MS+1.4mg/L IBA+5g/L琼脂+30g/L蔗糖，pH值5.8，培养条件同上，15～20天即可生根。

（4）移栽定植　生根后把瓶移出培养室，在室温下炼苗5天，然后打开瓶盖再炼苗2天，将苗取出洗净根上的培养基，在自来水中放置2～3天（每天换水），再种植到备好的腐叶、河泥、园土所配成的混合基质中，它们的比例按体积计依次为0.5∶1.5∶2，基质经高温灭菌，使用时加营养液呈稀糊状，成活率可达72.7%。

2. 播种繁殖

（1）选种　采摘播种用的莲子，一定要果皮变黑，完全成熟。

（2）种子处理　莲子播种前要处理，破坏坚硬的果皮组织，便于水渗进，促使发芽，又不得损伤莲肉。

（3）催芽　将处理过的种子投入盛有清水的器皿中浸泡3～5天，水深以浸没莲子为度，每天换水1次。气温以17～24℃较适宜，5天左右萌发，20天左右长出2～3片嫩叶，同时生有幼根，即可播种。

（4）盆播育苗与移植　取无孔小盆，内盛肥沃稀塘泥，每盆一粒，徐徐按下，让莲背平泥面。随着小苗长大，逐渐添加水，当莲苗立叶挺出水面时，即可将小苗脱盆移植到更大的缸中，也可以移植到池塘中。

3. 分藕繁殖技术

春季选取生长健壮的地下茎作种藕，用容器栽植的春天将其翻扣，从外层向内层分藕，一手提起藕的顶芽，一手缓缓地拉出后几节，每2～3节切成一段作种藕，每段一定要带顶芽和保留尾节，否则水易浸入种藕内引起腐烂。用手指保护顶芽以20°～30°角斜插入池塘或缸中。栽前把水放干，整地施肥，栽后稍加镇压，初栽水深20～30cm。

三、鸟巢蕨

（一）基本理论

鸟巢蕨又名山苏花、雀巢蕨、雀巢养齿、山翅菜。

鸟巢蕨属于多年生常绿附生蕨类植物，株高可达1～1.2m，根状茎短，顶部纤维状分枝，卷曲，叶丛生于短茎顶端，呈辐射状向四周排列，好似鸟巢状，为铁角蕨属巢蕨类植物，产于亚洲、非洲和澳洲。此属植物株形丰满，四季常青，淡雅秀丽，喜阴凉环境，较耐低温，养护管理较为粗放，病虫害很少，具有很强的适应性和极高的观赏价值，是布置厅堂、会场和制作花篮的良好观叶材料，可连续多年栽培，也是家庭园艺造景常用的材料。

鸟巢蕨没有匍匐茎，主要靠孢子繁殖，孢子繁殖要求条件高。但采用组织培养技术可以在短期内形成规模。

（二）基本操作

1. 组培繁殖育苗

（1）初代培养　取外植体前先把鸟巢蕨放在干净的室内养护一个月，避免浇水。一个月后，把鸟巢蕨新萌发的弯曲幼叶用手术剪刀剪取，再用中性洗衣粉清洗，然后用自来水流水冲洗干净后，在超净工作台无菌条件下，先用75%酒精浸泡消毒30s，然后用无菌水冲洗3次，再放入0.1%升汞溶液中消毒6～8min，再用无菌水冲5次，最后用无菌纱布吸去材料表面的水分，切成1mm左右的小块。将小块放进诱导培养基上培养：改良MS＋2.0～3.0mg/L 6-BA＋0.1～0.3mg/L NAA＋1.0g/L活性炭＋30g/L蔗糖，pH＝5.9～6.0，培养温度为（25±2）℃，光照强度1500～2000lx。10天后切口处开始膨大，30天后小块表面开始产生一些绿色球状小体。有的小块有些褐化，在无菌条件下，取出切去褐化部分再转移到新的诱导培养基上进行培养。随着绿色球状小体的逐渐增大，50天后有部分球状小体开始萌发出来，然后变成丛生苗。

（2）继代增殖培养　将产生的从生芽进行切割，并接种到增殖培养基上培养：MS＋0.5mg/L 6-BA＋0.5g/L活性炭＋30g/L蔗糖，pH＝5.9～6.0，培养温度为（25±2）℃，光照强度2000～3500lx。大概30～35天能增殖一代，增殖倍数为5～7。

（3）鸟巢蕨组培苗的诱导生根和炼苗　把丛生苗切成单株小苗后接种到生根培养基上：1/2 MS（大量元素减半）＋0.1～0.2mg/L NAA＋0.1～0.2mg/L IBA＋20g/L蔗糖，pH值为5.9～6.0，培养温度为15～30℃，自然光培养，光照强度在1500～5000lx。培养25天左右后，鸟巢蕨萌发出很多细根，生根率可达100%，且组织培养苗叶片也迅速长大伸长，待根系长至2cm左右即可移栽。移栽后的一个月内要做好遮阳、保湿、通风等几方面的工作。利用智能控温间歇喷雾育苗系统，使生产的组织培养苗炼苗成活率达95%以上。炼苗成活后要及时用1/4 MS营养液进行施肥，以增强植株长势。待30天后大量组培苗即可出圃。

2. 孢子繁殖

先将细沙与腐殖土拌匀，经高温消毒后填入播种盆内压平。在3月份或7～8月份间从叶片上刮下成熟的孢子，均匀撒播在盆土中，然后连盆浸入浅水，直至盆土充分湿润。取出后在盆面盖上玻璃，置阴凉处。经2个月左右就会出现绿色的原叶体，待长至一定大小后即可分栽培育。

项目十　常见果树工厂化育苗技术

知识目标

- 了解几种果树的生物学特性、栽培状况及栽培价值。
- 掌握几种常见果树的工厂化育苗技术。

技能目标

- 能够综合运用所学理论知识和技能，独立从事果树工厂化育苗的生产与管理。

任务一　仁果类果树工厂化育苗

一、苹果

（一）基本理论

1. 习性特征

苹果喜光照充足、冷凉和干燥的气候，耐寒，不耐湿热、多雨，对有害气候有一定的抗性。不耐瘠薄，在土层深厚、有机质丰富、排水良好的沙壤土中生长最好。

苹果属于蔷薇科苹果亚科苹果属，落叶乔木，高达5m。叶椭圆形至卵形，长4.5～10cm，缘有圆钝锯齿，幼时两面有毛，后表面光滑。小枝幼时密生茸毛，后光滑，紫褐色。开花期为4～5月份，花略带红润，萼片宿存。果实成熟期为7～11月份。单果重200～300g，果实硕大，耐储。

2. 繁殖方法

苹果的繁殖方法有嫁接育苗和组织培养育苗。生产上以嫁接育苗为主，组织培养育苗主要用于培养无病毒苗。嫁接苗包括乔化砧木苗、矮化中间砧苗、矮化自根砧苗。乔化砧嫁接苗应用较多，矮化砧主要有M_4、M_7、M_{26}、MARK、CG_{24}及山东的崂山柰子。为保证矮化砧苗的遗传性状稳定、长势整齐一致，生产上多采用无性繁殖方法进行繁育，通常采用压条法和扦插法。

（二）技能操作

1. 嫁接苗的培育

（1）培育砧木

① 采集种子。种子的采集要保证品种的纯正和种子质量，要做如下选择。

a. 母本树和果实的选择：生长健壮的母株产生的种子充实饱满，其苗木对环境的适应能力强，生长健壮，发育良好。要选择丰产、稳产、生长健壮、品质优良的母本树采种。果实肥大、果形端正的果实，种子也饱满。

b. 适时采收与取种：当果实颜色由绿色变成该品种固有的色泽，果肉变软，种子有光泽，饱满充实就可以判断果实成熟，应适时采收。果实采收后，应立即取种，果肉有利用价值的，可结合加工过程取种，必须注意在35℃以下温度处理的有生活力的种子。难以取种的果实，采收后可以堆放在阴凉的地方一周左右使果肉软化。堆积时，要注意堆积得不能太厚（一般不超过25cm），经常翻动利于热量散失、通气，防止种子发霉影响发芽率。待果肉软化后揉碎果肉，洗净种子。

② 种子干燥、分级与储藏

a. 种子洗净后，通常放在阴凉处自然晾干，薄薄地摊在凉爽、通风的地方阴干1～2天，摊种厚度1～2cm为好，并经常翻动种子。一定要防止在烈日下晒干。阴干后的种子，剔除混杂物和破粒，使纯度达95%以上，根据种子大小、饱满程度或质量加以精选分级。这样能保证出苗整齐，生长均匀一致，便于培育管理。

b. 种子储藏：分级后的种子装到易透气的容纳物内，如麻袋、布袋、编织袋等，放到通风干燥凉爽的地方储存，为避免内部温度过高影响种子发芽率，要定期翻动。种子风干，使其含水量降到3%～7%，放在密封容器内干藏。

③ 种子处理解除休眠。苹果砧木种子需经过层积处理、烫种法、温水浸种法、冰冻法及生长素处理等方法打破种子休眠后才能播种，层积处理也称沙藏处理。具体操作过程：入冬前，将储存的干种子用清水浸泡1～2天，使种仁充分吸水，并去除浮于上层的瘪种子、杂质等。然后用笊篱将下沉的种子捞起，与种子量5～10倍的干净的湿河沙（河沙的湿度以手握成团而不滴水，触之即散为度，为河沙最大持水量的50%～60%）充分混匀。工厂化育苗种子的数量较大，可根据当地冬季的气候情况在室外背阴高燥处进行地面层积或者挖沟层积。冬季不十分寒冷，可进行地面层积。先在地面铺一层湿沙，然后将与湿沙混匀的种子堆放其上，堆放厚度不超过50cm，以免影响堆内湿度和温度的一致性，最后在堆上盖一层干河沙。如果冬季严寒，冻土层较深，地面层积种子容易冻结，则需挖沟层积，选择排水良好的背阴处，挖深60～100cm的层积沟，长、宽可随种子的数量多少而定。先在底层铺一层湿沙，然后将与湿沙混匀的种子堆放其上，上面再盖一层湿沙，并插上草把以利于通气。最后在地面上盖一丘状土堆，以利于排水。

④ 催芽。播种前进行催芽，可以保证播种的出芽率和出苗的整齐度。早春气温回升后，将打破休眠处理的种子和湿沙放在温暖处，盖上塑料薄膜升温催芽。催芽温度以15～25℃为宜，变温比恒温更有利于种子发芽。催芽程度以胚根长不超过0.2cm为好。对于苹果砧

木种子，当“拧嘴”的占30%时即可播种。对已萌发的种子，如果不能及时播种，可以利用低温（2～3℃）、低湿（沙子含水量降到3%）的条件，使萌芽的种子延缓生长。

⑤ 育苗盘播种。挑选饱满已“露白”的种子，每孔播1粒（孔底部预先覆一层细土），上面覆上营养土，用稻草覆盖，并在一排育苗盘的两端用绳子将稻草压住，以防风吹起。用喷壶浇水，待苗长到5～6片真叶时便可移栽。

⑥ 大田播种。选择地势平坦，排水良好，地下水位在1～1.5m以下，背风向阳，土壤为中性或微酸性沙壤土，灌溉条件好的地块作苗圃。土壤解冻后深翻苗圃地，单位面积施入有机肥70000kg/hm^2。整地后即可作畦宽1m的畦床，走道和小道岸沿宽60cm左右，春播可于3月中旬至4月上中旬当土壤解冻后，5cm深地温达到3℃左右时进行；秋播可于11月上中旬进行，每畦播4行。也可双行带状播种，带间行距20cm，带内行距15cm。播种深度、湿度与出苗率都有关系，播种过深，种子不易出土或出苗晚；播种过浅，又无法保证足够的湿度，也影响出苗。

⑦ 不同砧木类型培育实操技术

a. 乔化砧木培育技术

播种：播种时间可分为春播和秋播，秋冬季风沙大、严寒干燥的地区适宜春播。播种方式多采用条播，每亩播种量为1～1.5kg，每4行一畦，行距20cm，畦间距60～80cm，保证苗木有良好的生长空间。

播种苗管理：播后立即覆膜，保墒增温，以利于幼苗出土。当幼苗出现3～4片真叶时，按株距10～15cm间苗，每亩留苗10000株左右。间苗后追第1次肥，每亩施尿素5～8kg，促苗生长，6月份追第2次肥，每亩施复合肥10～50kg。6月下旬及时摘心，促使苗木加粗生长，以利于嫁接。当苗高至40cm左右时进行断根，主根长度留20～25cm，以促进侧根发育。

b. 矮化砧自根砧木直立压条技术

挖沟栽植：繁殖圃地整好后，按栽植母树的株行距挖宽30～50cm、深40cm的栽植沟。在沟底施入基肥，然后按50cm的株距栽植母株。栽苗覆土深20～25cm，保留15～20cm的沟深，以便于灌水和以后的分期培土育苗。

重剪促发新梢：当地温上升至10℃以上时（北方3月末至4月初），把定植的一年生苗距栽植面5～7cm剪掉，在剪口下能萌发出几个新梢。

第1次培土：5月下旬新梢长至20cm左右，新梢横径达到0.3cm以上时，进行第1次培土，培土深10cm左右。

第2次培土：到7月份，新梢长至40cm高时，进行第2次培土，培到高出地面20cm左右，形成宽40cm的土垄。培土用土须疏松、湿润，以利于新梢有更多的部位生根。第2次培土前，可结合中耕进行追肥、灌水，培土后须及时除草。

分株：秋季落叶后、封冻前，扒开土垄，将基部生根的苗从母株上分株剪下，假植保存，待翌春栽植。对母株应尽量降低留茬高度，以防止逐年加高培土量。

c. 矮化砧自根木的水平压条技术

挖沟压条：母株可以斜栽。春季萌芽前，在母株附近挖一浅沟，把一年生枝水平压倒在沟内，用钩固定，使之低于地表2～3cm。树条的多数节能萌发新梢。

第 1 次培土：在新梢长到 15～20cm 时（约 5 月中下旬），在雨后或灌水后进行第 1 次培土。培土前可疏掉一些过密的弱新梢。培土深度为新梢的 1/3～1/2。

第 2 次培土：约在 1 个月后进行第 2 次培土，两次培土厚度为 30cm 左右。

分株：同直立压条法。为留下年水平压条，在靠近母株基部，保留 2～4 根枝条。

（2）接穗处理

① 采集接穗。为保证品种的优良与纯正，接穗应从良种母本园或从优良品种树上采集，选择品种纯正、丰产、优质、无检疫对象的母株，选作接穗的枝条，必须生长充实，芽体饱满。

芽接一般用当年新梢上生长饱满的叶芽，而不能用花芽。春天如果用木质芽进行补接，用储藏的一年生枝上的芽。枝接一般用一年生或当年生枝条，该枝条可结合冬季修剪来采集。枝条要生长健壮，芽体饱满。生长季进行芽接时，接穗最好取自枝条的中部，随采随用，以提高成活率。采后立即将枝条上的叶片剪去，以减少水分蒸发，叶柄剪留 1cm 左右，便于芽接时的操作和检查成活率。

② 接穗储运。生长季嫁接时，如果不能随采随用，则必须立即打成捆，挂上标签，标明品种名称和数量，用沟藏法埋于湿沙中，或用塑料薄膜包裹后放于阴凉处，接穗下端用湿沙培好，并喷水保湿。

接穗需外运或从外地购入时，应附上品种标签，并注意用塑料薄膜或其他保湿材料包好，再装入麻袋（或竹箱）中以保持水分。运到目的地后，立即打开并用湿沙埋入阴凉处，注意保湿。

（3）嫁接方法。生产上，苹果嫁接以芽接方法为主，枝接方法为辅。一年中的春、夏、秋三季均可嫁接，但比较适合的时期为春、秋两季。春季可以采取带木质芽接、枝接和根接；秋季枝条离皮时可以进行 T 字形芽接，枝条护皮时可采取带木质芽接法；夏季和秋季的方法相同。

（4）嫁接苗管理

① 芽接苗管理

a. 检查成活、解除绑缚物和补接。芽接 10～15 天即可检查嫁接成活情况。凡接芽新鲜、叶柄一触即落者为已成活。在检查过程中，发现绑缚物过紧者应及时松一松或解除绑缚物，以免影响嫁接苗加粗或造成绑缚物陷入皮层，使芽片受到损伤。如果砧木加粗慢或绑缚物不影响砧木加粗者，也可等到翌年春季萌芽前结合剪砧解除绑缚物。如果没有成活则马上补接，离皮时可用 T 字形芽接，不离皮时可用嵌芽接。

b. 培土防寒。在冬季寒冷干旱地区，为防止接芽受冻，在封冻前应培土防寒。培土高度以超过接芽 6～10cm 为宜。春季解冻后，及时撤除防寒土，以免影响接芽萌发。

c. 剪砧与补接。嫁接苗成活并越冬后，应在发芽前在半成苗芽的上部 1.0cm 左右处及时剪去砧木，促进接芽萌发，此为一次剪砧法。剪砧时刀刃背向接芽，剪成斜剪口，以利于剪口的包合。接芽萌发后，将嫩梢绑在砧木旁边的木桩上，以防风吹折断幼嫩的接穗新梢，前后共绑两次。还可采取二次剪砧法，在接芽上方 10～15cm 处剪去砧木上部，当接芽萌发后，适当将嫩梢绑在保留砧木上，于 6 月上旬前后将活桩剪掉，剪口要平滑。剪砧后在剪口上涂上铅油，促进接芽的萌发和生长。剪砧的目的主要是为了集中营养供接芽生长。越冬后未成活的，可用枝接法补接，于萌芽后及早进行。

d. 除萌。剪砧后，由于地上地下的生长平衡遭到破坏，容易从砧木基部和接芽上部活桩上发出大量萌蘖，必须及时除去，以免与接芽争夺水分与养分。除萌蘖一般要反复多次进行。

e. 摘心。嫁接苗长到1.2m以上，大约8月中下旬，对细长的成苗要摘心，在嫁接苗1m高处剪截，使养分转移到加粗生长上来，使苗木充实健壮。并摘下剪口下1～2片叶，可以促发新枝。

f. 中耕除草。保持土壤疏松状态，春季通过中耕松土提高地温，促进根系活动。当杂草生长时要及时中耕除草。同时注意追肥、灌水和雨后适时中耕，利于苗木健康生长。

g. 肥水管理。加强肥水管理，剪砧后单位面积追施尿素150kg/hm^{2}或硝氨225kg/hm^2。5月下旬当苗木旺盛生长时期追一次氮肥。结合喷施每次加0.3%尿素促其旺长。7月份后应控制肥水，以免幼苗贪青徒长，降低苗木质量，可于叶面喷施0.5%磷酸二氢钾3～4次，使苗木充实健壮。8月适当控制灌水次数和氮肥的施用量。

h. 病虫防治。此期的病虫害防治主要是注意防治蚜虫、顶梢卷叶蛾、红蜘蛛、金龟子、早期落叶病等病虫害。

② 枝接苗管理。枝接时接穗芽多，成活后要选留方位好、生长健壮的枝条保留一个，其余的逐渐抹除。其他管理同芽接苗。

2. 组织培养育苗

（1）配制培养基　起始培养以MS为基本培养基，附加0.5～1.5mg/L BA＋0.02～0.05mg/L NAA＋30～35g/L蔗糖＋5.5～7g/L琼脂，pH 5.8。在培养基中附加50～100mg/L谷胱甘肽或水解酪蛋白，对有些苹果品种的起始培养是有利的。

（2）接种外植体　早春叶芽刚萌动时剥取茎尖，作为苹果试管繁殖的主要外植体。早春嫩梢刚开始伸长时接种较易成功，而且分化和增殖快。早春叶芽萌动后，取生长健壮的发育枝中段，流水冲洗30min后，剪成带单芽的茎段，剥去2～4个鳞片，置于烧杯中，进行表面消毒后，超净工作台上无菌条件剥取茎尖接种在初代培养基上。没有萌动的枝条，可在20～25℃条件下水培催芽，待芽萌动后再剥芽切取茎尖接种。外植体切取的大小依培养目的而定，用于快繁的，所取茎尖较大，一般为0.5～2.0mg；用于脱除病毒时，茎尖越小，带病毒就越少，脱病毒效果越好，通常切取只带1～2个叶原基的微茎尖进行培养。接种后如有轻微褐化，经过几次的转接可以克服。褐化严重的，需转接到添加抗氧化剂的新鲜培养基上。常用5～10mg/L维生素C、150mg/L柠檬酸或100mg/L盐酸半胱氨酸，也可附加0.2%～2%的活性炭。

（3）继代增殖　苹果茎尖培养的增殖方式主要是丛生芽块的分割和嫩茎扦插。当丛生芽伸长缓慢或生长停止时，将其分割成若干小块，每块有2～3个嫩茎，清除基部多余的愈伤组织，转接到继代培养基上。剪下的茎尖长于1cm时，扦插在培养基上，转接7～10天后，基部分化的侧芽大量萌发，形成新的丛生芽，140天左右，当苗高约5cm时，便停止生长又可以分割，进而不断增加试管苗的数量。产生侧芽的快慢和不定芽的数量决定了茎尖的增殖速度。适当提高继代培养基中的细胞分裂素的水平，可以有效提高繁殖系数。苗长大产生丛生芽，每30～50天繁殖一次，每月可以增殖8～10倍。苹果继代培养基以MS为基本培养基，附加0.5～1.0mg/L BA+0.05mg/L NAA。蔗糖浓度以40～60g/L增殖效果最好。培养条件以（25±2）℃比较适宜，光照强度1500～2000lx，每天光照14～16h。

（4）诱导生根　切取2～3cm长的继代增殖的茎段，转接到生根培养基中，进行生根培养，10天左右开始在微插条的基部出现根原基，20～30天根可生长到驯化移栽所需的长度。培养基为0.5mg/L MS+适当浓度的生长素。常用生长素及浓度范围：IBA 0.2～0.6mg/L，IAA 0.5～2.0mg/L，NAA 0.2mg/L，蔗糖浓度以3%为宜。培养条件（25±2）℃，通常在光照培养下进行，与继代培养的条件相同。而生根比较困难的材料，转接到生根培养基后，先暗培养5～7天可提高生根率。针对矮化砧木M9的试管苗先接种在2mg/L IBA、162mg/L根皮酚的LS培养基上，培养7天转入无激素的LS培养基，生根快速且生根频率高。试管苗也可不经过生根培养，直接在试管外进行扦插。1000mg/L IBA或500mg/L NAA快速浸蘸试管嫩茎，插在新鲜的蛭石上立即保湿，温度控制在23.0～23.7℃，光照3400lx，pH 5.5，生根率可达70%，移栽成活率达95%，不但简化操作，而且节约生产成本。

（5）驯化和移栽　移栽前为了增加试管苗的营养积累水平以培育壮苗，可以采用提高生根培养基中的蔗糖浓度和适当总氮量的方法。移栽的试管苗应选择叶片大、叶色浓绿、幼茎粗壮、阳面呈现红色、具有3条以上根、发育充实健壮的幼苗。当生根培养25天后，不定根长至1cm时，先进行闭瓶强光锻炼，光照控制在20000～35000lx，促进试管苗幼茎充实健壮。为提高移栽成活率，闭瓶锻炼20天后，去除瓶塞继续锻炼3～5天，使叶片更好地适应低湿环境。

移栽时期掌握在培养基表面尚未出现大量杂菌时。从瓶内取出经过锻炼的生根试管苗，洗净根际周围附着的培养基，移栽到温室或大棚里的培养钵中。温度保持25℃左右，光照18000～20000lx，基质采用疏松透气、保水力强的材料，一般为沙壤土∶蛭石（1∶1）混合。移栽用的基质要提前进行蒸汽或者化学灭菌处理。覆盖塑料小拱棚，保持空气相对湿度大于85%，同时控制栽培基质的含水量。7天后逐渐揭膜放风，直至完全除去塑料薄膜。过渡移栽30天后，地上部长到10cm，有足够的吸收根系时，试管苗经驯化后可直接向大田移栽，避免低温或高温季节移栽，成活率以春、秋两季最好。春季由于地温低，栽后应控制浇水，以免降低地温，影响幼苗的生长。秋季（9月份）气温和光照都对移栽有利，当年成活的幼苗可生长到18cm左右。在过渡移栽和大田移栽过程中，喷施抗蒸腾剂如0.1%氯化钙，降低蒸腾速率，提高移栽成活率。同时注意防病防虫，以利于幼苗健壮成长。移栽后主要防治苹果斑点落叶病、苹果褐斑病和苹果白粉病等，交替使用大生M-45、甲基托布津、多菌灵等2～3遍。三唑酮类药剂抑制生长，幼苗期应禁止使用。夏季蚜虫用吡虫啉防治，潜叶蛾可以用灭幼脲防治，红蜘蛛可以喷三氯杀螨醇等。为了节省管理成本，生产上可以药肥同施，即结合叶面追肥和病虫害防治同时进行。

二、梨

（一）基本理论

1. 习性特征

梨树是喜光树种，对水分不敏感，耐旱、耐涝，但高温死水中浸泡1～2天就会死树。

以土壤疏松、排水良好的沙壤土为好。中性偏酸，pH 5.8～8.5 生长良好。比较耐盐碱，超过 0.3%的含盐量就可以受害。

梨属于蔷薇科梨属，树体高大，乔木 4～6m 高，寿命长。花白色，边花先开，芽为单芽，萌芽力强，成枝力弱，顶端优势明显。根系分布深而广，水平根主干近处分布密集，树冠外围稀少。

2. 繁殖方法

梨树栽培品种以嫁接育苗、组培育苗为主。砧木繁殖可以实生播种，矮化砧木扦插压条繁殖。

（二）技能操作

1. 嫁接苗的培育

（1）砧木资源及其特性　常用的梨树主要砧木包括乔化砧和矮化砧。

① 乔化砧。杜梨、秋子梨、山梨、豆梨等。

a. 杜梨：别名海棠梨、野梨子、棠梨，是北方常用的梨树乔化砧木，分布在山东、山西、辽宁、河北、内蒙古、河南、陕西等地。根系强大，须根多，抗旱、寒性强、耐盐碱，抗腐烂病能力中等。与多种梨品种的嫁接亲和力好，不宜嫁接西洋梨。杜梨嫁接的梨品种结果早、连年丰产、结果寿命长，种子层积期 40～60 天，种子褐色，小，9～10 月采收。

b. 秋子梨：乔木，广泛分布于辽宁、吉林、黑龙江、内蒙古、河北、山西等地。植株高大，枝条黄褐色，根系发达，生长旺盛，果实小，抗寒力极强，能耐－52℃低温。有较强的适应性，抗腐烂病、黑星病，抗旱力较强，适宜在山区生长。与秋子梨、白梨、沙梨品种的嫁接亲和力强，与西洋梨品种的嫁接亲和力弱，并且容易得铁头病。结果寿命长。种子层积期 40～60 天，9～10 月份采收。

c. 山梨：别名花盖梨。乔木主要分布在吉林、辽宁、河北、山西，为东北地区的良好砧木。根系旺盛，须根多，抗寒性强，抗黑星病和腐烂病，不适合盐碱地种植。种子层积期 40～60 天，种子大，褐色，9～10 月份采收。

d. 豆梨：别名鹿梨、赤罗明杜梨。广泛分布于河南、江苏、安徽、浙江、福建、山东、江西、湖南等地。实生苗初期生长比较慢，根系强大，耐热，抗涝，抗旱，抗病，耐盐碱。但抗寒性较差。它是沙梨系统梨品种的优良砧木，与西洋梨品种的嫁接亲和力也比较强。采收期 8～9 月，种子小，有棱角。

② 矮化砧。目前，普遍认为对梨有致矮作用的砧木是榅桲 A、B、C 三个类型。榅桲 A 型的各品种嫁接亲和力较强，扦插也易生根，但抗寒力较差，且不耐盐碱。榅桲 C 型矮化效果最强。梨的矮化砧，目前国内还没有用于大面积生产，仍处于试栽阶段。云南榅桲对中国梨品种有明显的矮化作用，也是西洋梨品种常用的矮化砧，其树冠矮小，结果早，但抗寒力较差，不耐盐碱，固地性差，寿命短。

（2）实生砧苗的培育　砧木苗的繁育过程与苹果基本相同。

① 砧木种子采集与处理。选择在优良母树上采集充分成熟的种子，采收后参照苹果取种方法取出种子，阴干，并进行沙藏处理，保证砧木种子经过一段时间的后熟能充分发芽。

② 播种。以春季播种为主，经过沙藏的种子萌芽率在20%以上就可以进行播种。生产上杜梨和豆梨的播种量是每公顷35～45kg，秋子梨和山梨的播种量是每公顷50～60kg。

③ 砧木苗的培育。播种后注意喷水覆盖等措施保证幼苗出土，苗出齐后，及时进行间苗、定苗、中耕除草，并根据苗木长势合理施肥灌水。梨的芽和叶痕都大，芽接时要求砧木较粗，一般要达到0.6cm以上。因此，当苗高30cm左右时，留大叶片平均7～8片，进行摘心，促进新梢增粗；也可以用50mg/L的赤霉素喷洒处理，可以使砧木粗度增加1/3左右。温暖地区，在缓苗后勤施薄肥可以提高当年的嫁接率。合理的肥水供应不使砧木受旱，直至生长停止后，这样可使树液流动，形成层的活动停止期推迟，以促进增粗生长和延长嫁接时间，实生砧木苗培育期间应注意防治苗期立枯病、早期落叶病、地老虎、蝼蛄、金龟子、象鼻虫、红蜘蛛、蚜虫等病虫危害。

(3) 嫁接苗的培育

① 接穗选择与处理。采穗母株应选择生长健壮、品种纯正、性状稳定、无检疫性病虫害的盛果期优良品种梨树。接穗选择芽体充实饱满、枝条健壮、木质化程度高的当年新梢。为保证嫁接成活率，芽接的接穗现采现用，接穗剪下后及时剪除叶片，留下叶柄1cm即可。新梢前端尚未木质化的顶端需要剪除，留下芽体饱满健壮的枝段作为接穗，用湿纱布、湿麻袋或者湿草帘包裹置于阴凉处备用。

② 嫁接时间与方法。当砧木地上部分10cm处的干径粗度为0.5cm以上时适合进行芽接。芽接的方法有嵌芽接、"T"字形芽接、带木质芽接。具体在7月下旬到8月下旬。也可以在第二年春季进行劈接或者腹接。

③ 嫁接后管理。梨树苗的培育过程与苹果相似，嫁接后的管理工作大体同苹果嫁接后管理。梨树的砧木品种特别是杜梨的实生苗直根发达，侧根少又弱。为提高苗木出圃的成活率，采用夏季嫁接成活后进行断根处理，促进侧根生长。具体操作方法：接芽成活后，采用开沟机距离苗木基部20cm开沟，沟深10～15cm，疏松土壤，再用断根机45°角斜深25cm将主根切断。注意断根后将沟平填、灌水，以利于侧根生长。病虫防治上也要区别对待。梨树苗期要重点注意防治地下害虫，如地老虎、蝼蛄、蛴螬等；地上害虫主要是象鼻虫、东方金龟子、蚜虫、潜叶蛾、红蜘蛛、梨木虱等。病害有早期落叶病、梨黑星病等。应根据病虫发生情况及时给予有效的防治。

2. 组织培养育苗

(1) 配制培养基

V1培养基：1/4 MS大量元素和铁盐加1/10 MS微量元素和1/10的有机元素。

AS培养基：1/2 MS大量元素和铁盐加1/10 MS微量元素、肌醇和甘氨酸，其他有机元素同MS，再加上250mg/L水解乳蛋白。

(2) 分离培养　取冬储的梨果实，用流水洗净，并用70%酒精消毒。取出种子，于无菌条件下剥去种皮，将种胚直播在V1培养基上。1周后种胚长出小真叶，1个月形成胚苗。然后将苗的茎尖接在附加10mg/L GA+1mg/L BA的AS培养基上，于1700lx光照下，每天光照10h，温度(26±2)℃。

早春取一年生梨的顶梢，长约15cm，浸泡在200mg/L GA溶液中，置于(26±2)℃培养室内，经常加蒸馏水，保持溶液体积。浸泡7天后，换蒸馏水再浸泡10天，然后用75%酒精消毒0.5min，10%漂白粉液消毒10min，再用无菌水冲洗3遍。在解剖镜下剥离茎尖，取0.5mg左右的茎尖接种到培养基AS+1.0mg/L BA+10.0mg/L GA上，(26±2)℃培养，光照3000lx，每天光照10h。若要脱毒，需把隐芽放在高倍镜下，剥离出生长锥，取0.1～0.3mm茎尖。茎尖大一点培养容易、生长也快，但脱毒效果差一些；茎尖小，脱毒效果好，但不易培养。

(3) 增殖培养　对已经获得的丛生脱毒苗进行增殖培养。先将丛生苗基部愈伤组织切除，然后切成带有2～3个腋芽的茎段，接种在MS+0.5mg/L IBA+0.3mg/L GA_3+1mg/L BA的增殖培养基上。每瓶5株，10天后形成丛生芽，每隔25天进行丛生芽切分转接，生产中可根据苗的生长状况，适当缩短转接周期，达到迅速扩大繁殖系数的目的。梨树组培苗增殖培养的条件：光照10～12h/天，培养温度22～26℃，光照强度1000～2000lx。除了S系矮化品种繁殖系数低外，其他品种繁殖系数都为4～6倍。

(4) 生根和移栽　当无根苗长到2～3cm时，带有4～6片叶的小苗切下。无根苗木质化程度太高或成苗太幼嫩均不利于根的分化。接种在生根培养基上，采取两步生根法，先在培养基1/2 MS+1.5mg/L IBA+0.5mg/L NAA上诱导根原基形成。7～10天后再将试管苗转接到不含任何激素的1/2 MS培养基上继续培养3周后生根。这样苗木根系发育好，苗木基部产生愈伤组织少，可以有效提高移栽成活率。

当根长到1.5cm左右时即可进行移栽。大量移栽可用周转箱，在周转箱内装上用水浸透的蛭石，约15cm厚，将试管苗根部培养基洗净，栽入0.5cm深。然后用塑料薄膜将周转箱盖起，1个月后去掉塑料薄膜，喷洒营养液进行根外施肥，温室温度5～20℃，湿度60%～70%最好。

(5) 脱毒方法

① 恒热处理法。先准备好盆栽一年生杜梨砧木，春季取待脱毒的梨品种接穗切接于盆栽的杜梨砧木上，第2年2月中旬将盆栽苗移入温室，待萌动后放入热处理箱内，将温度控制在(37±1)℃，处理28～30天。然后进行病毒鉴定。

② 变温热处理法。在32℃和38℃两个变换温度下，每隔8h换一次，处理6天。将上边两种热处理以后的芽，劈接或皮下接于盆栽杜梨实生砧木上，套上塑料袋保湿，待成活后移入田间鉴定。

③ 茎尖培养法。选好适宜梨品种茎尖培养的培养基后，从待脱毒接穗上剥取0.1～0.3mm的茎尖，接种在准备好的培养基上，待无根苗长到2cm高时，准备脱毒鉴定。

④ 茎尖培养与热处理相结合脱毒法。通过茎尖培养法培养出无根苗后，放入(37±1)℃处理28天，再切取0.5mm的茎尖进行培养，然后进行病毒鉴定。

三、山楂

(一) 基本理论

1. 习性特征

喜光，喜侧方遮阴。喜干冷气候，耐寒、耐旱。在湿润、肥沃的沙壤土上生长最好。根系发达，萌蘖性强，抗氯气、氟化氢污染。

山楂属于蔷薇科山楂属落叶小乔木，有枝刺或无枝刺。叶宽卵形至三角状卵形，果球形、深红色，开花期为5～6月份，果实成熟期为9～10月份。

2. 繁殖方法

采用嫁接繁殖，嫁接技术与苹果相同，砧木苗培育通常采用种子繁殖和无性繁殖两种方法。种子繁殖的关键技术是促进种子发芽技术，种核坚硬，需沙藏层积两冬一夏才能萌发。无性繁殖的关键技术是归圃育苗。利用山楂根易发生不定芽的特点，将野生山楂根蘖苗归圃培育为砧木。也可采用根插的办法。

（二）技能操作

（1）砧木种子的催芽处理　山楂种子坚硬、透水性能差、萌发困难。正常情况下需经过两个冬天的沙藏才能解除种子的休眠期，使种壳开裂萌发，育出山楂成苗一般要4年的时间。如果要使山楂种子提早萌发，可采用的方法有：①在种壳尚未成熟时，可以采用提早采收的办法；②采用干湿法晒裂种壳；③机械法破开种壳；④及时层积处理。

具体方法：8月下旬进行果实采收。采收后立即将果肉碾烂，待果肉腐烂变软，搓碎用水淘洗干净。然后用2～3倍的开水烫种，随烫随搅拌4～5min后捞出，用凉水降温后，浸泡一昼夜，第2天在石板上或水泥地上摊成薄薄的一层暴晒，每小时翻动一次使其受热均匀。晚上收起来后再浸泡在水中，第2天再晒，这样反复到有70%～80%的种壳开裂时，即可准备沙藏。第2年的3月下旬至4月上中旬，沙藏的种子部分露出白尖时即可播种。幼苗管理可以按常规育苗方法进行。这样可当年育苗芽接当年成苗出圃，从而快速育苗提前两年。

（2）播种　秋末或早春播种，采用条播或撒播。条播，在苗床上按40～60cm的行距开2cm的沟，以每亩大粒种子30～35kg、小粒种子15～20kg的播种量，沟内均匀播入催芽的种子，覆细土1.5～2cm，并稍压紧。

（3）砧木苗的管理　当苗长到4片真叶时，进行间苗，按株距15～20cm定苗，加强苗床的管理和肥水的供应，中耕锄草，保水排涝。追肥2～3次，苗高长到40～60cm时摘心处理，促进砧木苗的粗壮。

（4）接穗的采集　选取产量高、果实大、果肉肥厚、无病虫害、生长健壮的优良品种作母树，采集时应选择树冠外围芽体饱满、发育充实健壮的当年生营养枝条。接穗剪下后，立即剪除叶片，只留叶柄，用潮湿的麻袋或草帘包扎好备用。

（5）嫁接方法　一般有芽接法、枝接法和根接法。生长季采用“T”字形芽接较普遍。

（6）嫁接后管理

① 解除绑缚。芽接苗在芽接后半个月检查成活情况，未接活的及时补接，成活的苗在翌年春天萌发前解除绑缚物。枝接苗在新梢25cm长时，解除绑缚。

② 剪砧。剪口在接芽上0.5cm处剪砧，要求截面平滑，以利于伤口愈合。当年新梢即可萌发。

③ 抹芽。剪砧后砧木芽大量萌发，为节省营养，促使接芽萌发健壮新梢，要及时抹芽，

做到随时萌发随时抹除砧木芽，防止与接芽争夺养分。

④ 肥水管理。生长季应根据雨水状况及时浇水，5～6 月份天气干旱需水量大，浇水 4～5 次，7～8 月份控制肥水，结合浇水进行春季和夏季追肥，土壤施尿素 10～15kg/亩，叶面喷肥采用 300 倍的磷酸二氢钾，并且在浇水和雨水过后及时中耕除草。

⑤ 病虫防治。山楂苗期易发生白粉病，造成病叶色斑、白粉叶片窄长卷缩，严重时扭曲纵卷。当出现病叶时立即喷 800 倍的多菌灵或甲基托布津或者乙膦铝可湿性粉剂。幼苗为防治金龟子危害可以采取人工捕捉或喷布 400 倍 25%的西维因防治。山楂红蜘蛛是主要的害虫之一，初始叶片失绿，严重时大面积枯萎落叶，可以喷布 20%的三氯杀螨醇 1000～1500 倍液防治。

任务二　核果类果树工厂化育苗

一、桃树

（一）基本理论

1. 习性特征

桃树喜光，喜温暖环境，生长期 13～18℃即可栽培。具有一定的耐寒力，可耐－25℃以上的低温。桃树花芽耐寒力弱，－18℃会发生冻害。具有一定的耐盐性，抗旱性强，最不耐涝，水淹 2～3 天大量死树。喜微酸至微碱性土壤，pH 值 5～6 适宜。

桃树为蔷薇科桃属落叶小乔木，根系浅，无明显的主根，水平分布与树冠相近，垂直根分布在 1m 内。萌芽力、成枝力强，新梢生长旺，自花结实力强。

2. 繁殖方法

生产上主要以嫁接、组培等方法繁殖。

（二）技能操作

1. 嫁接育苗

（1）常用砧木及其特性

a. 山桃：是我国华北、西北的野生种。山桃抗旱、抗寒性强，稍耐碱，不耐湿，与桃栽培品种的嫁接亲和力好，但易感根头癌肿病和茎腐病。果实 7～8 月份成熟，出种率 35%～50%，主要在山东、山西、河北、辽宁、吉林、陕西等地应用。

b. 毛桃：栽培桃的野生种，与桃栽培品种的嫁接亲和力强，根系发达，生长势旺盛，具有一定的抗旱和抗寒能力，耐多湿，但不耐涝，嫁接后具有早产、早丰、果实品质好和树体寿命短的特性。果实 8 月成熟，出种率 20%～30%。在我国南方各省及华北、西北、东北都被广泛使用。

c. 毛樱桃：灌木，抗旱性及对土壤的适应能力较强，萌蘖力强，抗寒性强。用作桃的砧木能起到矮化作用，且与桃品种的嫁接亲和力强，只是生长较慢。果实东北地区 6 月上旬，华北地区 5 月上旬成熟。原产于我国西北、华北北部及东北地区，云南也有分布。

此外，可作为桃砧木的还有寿星桃、扁桃、陕甘山桃等。寿星桃嫁接品种后可使树体矮化，一般多用于盆栽，供观赏用；扁桃用作桃的砧木也有矮化作用；陕甘山桃嫁接树体根系发达，生长健壮，尤其是抗根瘤和线虫。

（2）砧木种子的采集与处理　在 7～8 月份采摘充分成熟的砧木果实，堆积软化取种，洗净晾干待层积处理。秋季封冻前，选择地下水位低的阴凉处，开 1m 宽、80cm 深的沟，沟底铺 10cm 厚的湿沙，将种子和湿沙以 1∶3 混合均匀，距离沟上口 20cm 以下全部平铺开来，再用湿沙填平。为保持通气，层积沟内每隔 1m 垂直插立 1 个草把。层积时间需 80～120 天，适宜温度 2℃左右。

（3）整地播种　苗圃地应选择背风向阳、日照好、稍有坡度的倾斜地。坡度大时，应先修梯田。平地地下水位宜在 1～1.5m 以下，并且一年中水位升降变化不大。地下水位过高的低地，要做好排水工作。桃苗的生长一般以沙质壤土和轻黏壤土为好，因其理化性质好，适宜微生物的活动，对种子的发芽、幼苗的生长都有利，起苗省工，伤根少。盐碱地要先进行改良才能作为苗圃地。另外，水源要保证方便。桃苗圃切忌连作，育过桃苗的地，一般需隔几年才能用来育桃苗，以保证桃苗质量。

桃树砧木种子的播种期分春播和秋播两个时期，东北地区以春播为主，其他秋冬比较温暖、风沙小的地区也可考虑秋播。春播可于土壤解冻后，有 20％种子发芽时进行。播种时，大粒种子如山桃和毛桃采取点播，小粒种子如毛樱桃可采取条播的方式。毛桃、山桃的株行距为（10～15）cm×（50～60）cm，毛樱桃的株行距为（5～7）cm×（50～60）cm。毛樱桃每公顷播种量为 225～300kg。毛桃、山桃的覆土深度为 4～5cm，毛樱桃为 2～3cm。为了保证出苗率催芽处理，桃树砧木种子播种前灌足底水。经催芽开裂的种子播种时缝合线要和地面垂直横放，使种尖朝向同一方向。苗木出土时根颈直立，生长势好。播种后及时覆土镇压、覆盖薄膜提高地温，保持土壤墒情。

（4）砧木苗的管理　播种后一定要加强管理，如果底水不足或因天气干旱，表土过干时要浇水。幼苗出土后，要及时破膜松土和锄草，以保证土壤疏松，无杂草，有利于幼苗的健壮生长。当苗高达 5cm 左右时，要进行间苗，同时除去细弱苗、病苗等。当苗高 10cm 左右，长出 4～5 片真叶时按 15cm 株距定苗。定苗后要中耕弥缝，以免露根漏风死苗。当幼苗长到 5～7 片真叶时，进行蹲苗，控制灌水，防止徒长。在砧木苗的生长发育期间要满足肥水供应，间苗时采取条状撒施速效氮肥。以后每隔 10～15 天，视幼苗的生长情况可再施氮肥，雨季前停止施氮肥，生长后期（8～10 月）追施速效磷钾肥，每次追肥后要立即浇水，水不要太大，湿润地面即可，苗床可用喷壶喷水，以提高肥力。当幼苗长到 30cm 左右时，进行摘心并除去苗干基部 10cm 以下的分枝。这样，苗木生长粗壮，嫁接部位光滑，可有效地增加当年嫁接的砧木株率。及时防治苗期病虫害，幼苗出土后地面撒粉进行土壤消毒，施药后浅锄土壤。发现立枯病和猝倒病的病株要及早拔除，并在苗床两侧开浅沟，用代森锌可湿性粉剂 500 倍液灌根处理，可以有效避免高温高湿环境下病害的发生。

（5）嫁接时期和方法

① 嫁接时期。生产上多采用春季嫁接、夏季嫁接和秋季嫁接。春季嫁接，在 2 月中旬

到4月中旬，采用劈接和切接的方法进行嫁接，成活率高达95%以上。夏季嫁接，是在6月中旬到8月上旬，树液流动旺盛时期是芽接的最好时期。秋季嫁接，从8月下旬到9月下旬，在当年生芽已经成熟饱满时进行嵌芽接。

② 嫁接方法

a. 劈接法：距离砧木地面8～10cm剪断砧木，要求剪口平齐光滑，在砧木断面中心垂直劈开3～4cm，将带有2～3个饱满芽的接穗削成3cm的削面，一侧薄一侧稍厚。对齐砧穗形成层，使稍薄一侧朝里，厚侧在外，插入砧木切口，注意“留白”，最后用塑料条绑严扎紧。

b. 切接法：砧木横截面1/3处向下垂直切口深达3～4cm，将接穗削成长短两个削面，让长削面向内插入砧木，对齐砧木与接穗的形成层，最后用塑料条绑紧扎严实。

c. “T”字形芽接：在枝条可以离皮时，在接芽上方0.5cm处横切一刀深达木质部，再从芽下方1.5cm处斜削入木质部至1/2处向前平推到横切口处，将切取的2cm长的盾形芽片插入距离砧木地面5cm高的阴面光滑处切开的“T”形切口内。技术要点是接芽上口与砧木横切口对齐或略低于砧木横切口紧贴，用塑料条包严绑紧，操作时间越短，嫁接成活率越高。

d. 嵌芽接：是切取3cm带木质部的芽体，切取厚度视接穗粗细灵活掌握，一般是接穗直径的1/4。再在砧木距离地面5cm高度切取与芽体相同或略微大于芽体的切口，对齐砧木与接穗的形成层，露出一线砧木皮层，用塑料条包裹严实绑紧。为提高嫁接成活率，需要注意的是接穗不要粗于砧木，避免选用接条基部和顶端的芽体嫁接。

(6) 接后管理

① 解绑、剪砧：夏秋芽接后8～10天检查成活率，接芽新鲜、叶柄一触即落为成活的标志，未成活的及时进行补接。枝接的新梢长出20cm左右再解绑，秋季芽接当年不剪砧，第二年萌芽前剪。为增加同化产物，应注意不可一次性剪砧，否则会使接芽和砧木一起枯死。当接芽抽出10～15cm新梢时，部分新叶已进入功能期，再从接口上方约0.5cm处剪断。

② 抹芽除萌：为保证接穗健壮生长，避免砧木萌蘖与接穗争夺养分，及时抹去砧木上的萌芽。做到随出随抹，除萌务必要尽。为了培养良好的树形，对整形带以下萌发的副梢及早抹去，只在整形带内选留一定数量的副梢作主枝和中心干。

③ 适时摘心：桃树嫁接苗的圃内整形是培育壮苗、早产、早丰的有效措施。当嫁接苗长到60～80cm时，应及时摘心，以促进分枝及促使二次梢加粗生长，利用二次梢作为骨干枝，加速成形，即为圃内整形，主要针对就地嫁接建园以及不需外运的苗木。摘心时期要依据定干高度和骨干枝的剪留长度而定，辽宁省最好在6月下旬以前摘完，过晚再抽生出来的副梢成熟不好。尚未达标准的不可勉强摘心，摘心部位应在该节间已充分伸长而尚未木质化处，摘去嫩梢10cm左右。8月中下旬为了促进组织充实，将尚未停止生长的副梢和主梢全部摘心。由于桃生长旺盛，苗木出圃时主干过高，主干（整形带内）分枝细弱，无可用的骨干枝。适时摘心处理可以增强干性，提高骨干枝的成枝率，培育壮苗，加速幼树及早成形。

④ 肥水管理：苗圃地精细整地，施足有机肥。当苗木新梢长到10cm以上时进行第一次追肥。每隔半月追一次，以氮肥为主。前期接苗生长旺盛时需肥量大，需要连追2～3次并

结合施肥进行灌水。后期增施磷钾肥，间隔半月时间叶面喷施0.3%的磷酸二氢钾。后期控制氮肥和灌水，并根据雨水情况及时排涝、防涝，施肥灌水后适时进行中耕除草，保持土壤疏松，防止板结，利于保持墒情。

⑤ 病虫防治：嫁接苗幼嫩的新梢易遭受虫害，主要有食心虫、毛虫、桃蚜、桃红颈天牛、红蜘蛛等。针对蚜虫和食心虫可以用高效氯氰菊酯2000倍液或20%的速灭杀丁乳油2000～3000倍液。防治红蛛蛛可以用15%的哒螨灵3000倍液。桃树主要的病害缩叶病、穿孔病等，可以用65%的代森锌可湿性粉剂800倍液；另外，可以用大生M-45可湿性粉剂800倍液和50%多菌灵可湿性粉剂800倍液、70%甲基托布津可湿性粉剂1000倍液交替喷药，防治效果较好。为了节省人力物力，可以采用喷施叶面肥时结合防治病虫，进行药肥同时喷布。

2. 组织培养育苗

桃树的脱毒和微繁用茎尖培养，取桃一年生新梢的顶芽或侧芽均可。经过愈伤组织途径的增殖，其遗传性状基本稳定。如剥取小于0.5mm的顶芽或侧芽可以得到不同程度的脱毒苗。

（1）取材及消毒　摘取新梢，剪掉较大的叶片，用流水冲洗6h，将新梢浸入70%的酒精中5min，再用0.1%的升汞消毒处理15min。如果取一年生梢芽或侧芽，最好取休眠后的冬芽，从田间取回后把枝条插入水中，置于18～20℃的室内预培养2周，经常换水保持枝条基部的水液有新鲜空气。然后将枝条剪成小段，每段带有一个腋芽，以流水冲洗4～24h。用0.1%新洁尔灭消毒20min，再用过氧乙酸消毒6min，消毒时要用有盖的容器，方便上下摇动，使消毒液与材料组织充分接触，彻底消毒。消毒后倒出消毒液，用无菌水反复冲洗3～5次，除去残留在材料组织上的药剂。

（2）接种　在超净台上，使用经过严格消毒的刀、针、剪，切取材料剥去鳞片，用解剖针挑取小芽接入培养基。如果材料取自经鉴定无毒的健康母树，则芽可大些，一般0.05～0.1cm，接种后生长快。如材料取自待检测的母树，则芽体应小于0.4mm，需在解剖镜下剥取生长点。培养基可选择固体培养基，附加0.5mg/L BA＋2.0mg/L IBA＋5.0mg/L GA＋500mg/L LH＋5%蔗糖。

（3）继代培养　接种后繁殖材料在25～30℃恒温培养室内，光照2000～3000lx，每天保证16h光照的条件下培养。切取较小的茎尖，每月转换1次新鲜培养基，培养100天开始分化新芽。在分化芽培养基上继代扩繁培养，提高BA浓度到1mg/L。分苗时产生玻璃化现象时，应该及时调整培养基的附加成分，适当降低生长调节剂的浓度，提高琼脂浓度。

（4）生根培养　生根培养基为1/2 MS＋1.5mg/L的IAA＋20g/L的蔗糖。从继代培养转至生根培养只需3～4周时间，当长出长度为0.5～1cm的根系3～5条时就可移栽。

（5）移栽　移栽前把瓶盖打开2～3天，移栽温度要保持白天不超过30℃，夜间不低于15℃，平均20～24℃为宜。昼夜温差为8℃，可提高成活率。移栽基质有蛭石、珍珠岩、粗沙、细沙、土等。桃的根系喜通气良好的沙土，用沙、土比例为1∶3效果最好。并用塑料拱棚保湿，遮阴5～7天。

（6）其他管理　参考嫁接苗的肥水管理以及病虫防治的相关内容。

3. 桃快速育苗

根据桃树的砧苗和嫁接苗生长都较快的特点，采用快速育苗（三当育苗法），即利用塑料大棚、日光温室和现代育苗技术，达到当年播种、当年嫁接、当年成苗出圃的目的。

（1）选用生长迅速的砧木　砧木种类是决定砧木苗生长快慢的内在因素，毛桃砧木不仅适应性广，而且生长迅速，播种后当年6月份就能达到嫁接粗度，适于快速育苗。

（2）提早播种与设施育苗　提早播种可以使毛樱桃提早萌发，延长了其生长期，为提早嫁接奠定基础。保护地育苗毛桃种子粒大，外壳坚硬，抵抗不良环境的能力较强，最好头年秋季播种，如果春播则要求早播种。无论是春播还是秋播，除地膜覆盖外，凡有条件都应在3月上旬设置风障防寒，并在土壤开始解冻时架设塑料小拱棚，棚内最低温度不低于0℃，夜间盖草苫保温。幼苗出土后，棚内温度高于30℃要及时通风换气，以后随着气温升高，要加强通风炼苗，逐渐减少覆盖物，到5月上中旬可全部撤除覆盖物。

（3）及早摘心、嫁接　当砧木苗长到6～7片叶子，大概30cm高时及早摘心，限制新梢的加长生长，促进其加粗生长。如果萌发二次枝同样也要进行摘心处理，并及时清除嫁接部位以下的副梢，以保证嫁接时所需要的砧木粗度。当砧木基部直径达到0.5cm即可进行“T”字形或带木质部芽接，为使嫁接苗当年有足够的生长时间，6月底以前要全部接完。为满足嫁接后前期所需养分的供应，快速育苗的嫁接高度一般在离地面15～20cm处，并且尽量多保留接口下面的叶片。

（4）折砧与剪砧　接芽成活后不能马上剪砧，而是在接芽以上1cm处将砧木折伤，但不要折断，促使接芽萌发。折砧后应及时清除砧木上的萌芽和副梢，防止与接芽争夺水分和营养。当接芽长出7～8片真叶大约30cm高时，自身萌发的叶片已经成为功能叶片，制造的光合产物完全能够满足接芽新梢生长的需要。再在折砧处进行彻底剪砧，减少养分水分的竞争，保证接芽所需营养物质的供应。

（5）加强肥水管理　为了使砧木提前达到嫁接的粗度和嫁接苗当年达到出圃标准，必须加强肥水管理，促使苗木迅速生长。要求苗圃要精细整地，施足底肥，每亩可施圈粪10000kg、过磷酸钙30kg、草木灰50kg。苗木生长期要多施巧施追肥，8月份以前以“促”为主，从定苗到接芽萌发应追施三次，每次每亩施尿素10kg；8月份以后应控制氮肥，增加磷、钾肥，每次每亩施复合肥10kg。此外，每半月左右叶片要喷肥一次，前期可喷300倍尿素，加适量生长素，后期可喷300倍的磷酸二氢钾。浇水是快速育苗中的重要措施之一，从定苗开始一直到9月份都不能缺水。

（6）病虫防治　可以结合肥水管理进行病虫害的防治，降低生产成本。具体防治方法见嫁接育苗接后管理的病虫防治部分的内容。

二、李树

（一）基本理论

1. 习性特征

李树喜光，对光照的要求不严格，对土壤酸碱度的适应能力强。pH 4.7～7.4，适宜中性偏酸土壤。耐涝性比梨、枣、葡萄等果树差，生长季节温度为 20～30℃，花期适宜温度为 12～16℃。不耐二氧化硫。

李树属蔷薇科李属，浅根性，潜伏芽寿命长，花期平均气温 9～13℃，多数品种自花不结实，坐果率低。

2. 繁殖方法

李树的繁殖方法有实生繁殖、嫁接繁殖、分株、扦插繁殖、组培繁殖等，其中以嫁接繁殖为主。

（二）技能操作

1. 嫁接苗的培育

（1）培育砧木苗

① 砧木品种的选择：要选嫁接品种与砧木品种亲和力强，适应栽培地气候环境要求的品种。例如西伯利亚杏抗寒性强，中国李是耐涝的砧木品种。

② 采种时间和方法：在采种母本园内选择品种纯正、生长健壮、无病虫害、适应当地气候条件的母株果实作为砧木种子采集。为了保证砧木种子发育成熟，一般在果实达到生理成熟期时采收，此时李果实表现为果肉明显变软，充分体现该品种的固有风味，着色品种充分着色等。注意把握砧木品种的成熟期，过早种仁发育不完全，过晚果实掉地，种子易随果实一起腐烂或被泥土掩埋，即使捡回，种仁也易发霉。种子的采收宜在晴天进行，忌阴雨天采种，以防种子发霉、沤烂，要求种仁充实、饱满。

采收的果实可堆放在背阴处，并注意堆积过程中要经常翻动，防止过热损伤种胚，影响种子发芽。堆放 8～10 天，果肉充分软化后，用水淘洗的方法取种，并漂去空瘪种子，洗净的种子铺在背阴通风处晾干，忌阳光暴晒。如限于场所或遇阴雨天气，则应及时进行人工干燥。一般可在热炕或干燥的室内晾干，并且逐步增温，经常翻动，温度不应超过 35℃。

③ 良种筛选：筛选种子纯度达到 99%以上、发芽势强、发芽率高的 1～2 年的优质种子，是保证出苗率和砧木苗质量的重要措施。一般用水选法，即利用相对密度原理去除病种、瘪种和其他杂质。具体方法：晴天或天气干燥时，在容器内放水，倒入种子进行搅拌，捞去浮在上面的轻种、杂质，最后捞出下沉的种子晾干。

④ 种子储藏：经筛选的种子如不计划沙藏处理或立即播种，要做好储藏工作，最好用麻袋或多孔纸袋包装，储藏在干燥、通风、避阳光直射的地方。注意毛樱桃种子取出后立即阴凉沙藏，干燥的毛樱桃种子发芽力很低。储藏气温 0～8℃为宜，同时注意防虫、防鼠。

⑤ 层积处理：春季播种的种子，在冬季进行层积沙藏处理，可以保证出苗。层积前清水清洗种壳上的果肉，先用 0.5%的高锰酸钾溶液浸种 2h，或用 3%高锰酸钾溶液浸种 30min，然后取出阴干后播种或沙藏处理。但是，对胚根已突破种皮的催芽种子，不宜用高锰酸钾溶液消毒，以免产生药害。层积沙藏的方法是在背阴高燥处挖 50～60cm 深的坑，长宽视种子数量而定，将种子用清水浸泡 3 天，用湿河沙（以手捏成团，一触即散，不滴水为度）拌好，种子和沙的比例为 1∶3，先在坑底铺 5～10cm 湿沙，再将拌好的种子铺撒进去，

一直铺到离坑上口10cm处，上面用湿沙填平，最后用土培成高出地面10～15cm的土堆，以防积水。工厂化育苗种子量大，每隔一定距离放一个草把，以便于通气和散热，层积坑要注意防鼠，可以在四周布下细孔的铁丝网或投放鼠药。层积过程中要进行1～2次检查，及时将霉烂的种子挑出，湿度大要扒开散湿或添加一些干沙降低湿度。当有大部分种核裂开时，即可取出播种。不同砧木种子的层积时间不尽相同，毛樱桃80～100天，山桃和毛桃100～120天，中国李80～120天，榆叶梅100天。

⑥ 播种砧木：选择地势高、排水方便、土壤疏松肥沃、三年内没有栽种过桃、李、杏等核果类苗木的地块作为苗圃地。冬前先施基肥、灌水、深翻，春天土壤解冻、气候渐暖时整地。为保证出苗顺利，应在播种前浇足底水。通常作平畦播种即可，低洼易涝地区可用高畦或高垄育苗。层积的种子大部分“开口”时取出种子播种，一般采用点播方式，行距为5～8cm，播种深度沙土宜深些，黏土可浅些，一般为3～5cm。播后覆土踏实，并将地表耙松，以利于保墒。在出苗前不宜浇水，以免降低土温，延迟出苗，土壤太湿也容易招致立枯病的发生。一般15～20天即可出苗。如果层积或催芽的种子出芽过长，不宜采用点播的方法，以免折伤胚根，影响出苗。可以采用“抹芽”的方法补救，即在做好的垄上开深3～5cm的小沟，浇少许水，待水渗下后立即将已发长芽的种子胚根向下插入泥中，上面覆2～3cm厚的细土，出苗快且整齐。为加快苗木生长，播种后立即覆盖地膜，4～5天就可以出苗，7～10天苗木就可以出齐。出苗后及时破膜，露出幼苗，以免烫伤苗木，当土表温度达到30℃时，及时去除地膜。

(2) 砧木苗管理

① 间苗与定苗：播种后在幼苗2～3片真叶时，开始第一次间苗，过晚影响幼苗生长。间苗应在灌水或雨后，结合中耕除草进行，一般分2～3次。为保质保量地完成苗木生产数量，幼苗受到某种灾害时，定苗时间要适当推迟，定苗时的保留株数要稍大于产苗量。做到早间苗，晚定苗，及时进行移植补苗，使苗木分布均匀，生长良好。

② 浇水：浇水是培育壮苗的重要措施之一，播种前应灌足底水，出苗前尽量不要浇头水，以防土壤板结和降低地温，影响种子发芽出土，幼苗初期，床播少量洒水，直播也要少浇，真叶萌出前保持土壤湿度稳定，切忌大水漫灌。砧木苗进入旺盛生长期时，发生大量叶片相对需水量大，一般苗木生长期需浇水5～8次；秋季营养物质积累期需水量小，生长后期要控制浇水，防止贪青徒长。李树砧木苗长时间处于积水状态，易造成根系腐烂，发生病害甚至死亡。因此，进入雨季应注意排水防涝。

③ 中耕除草：中耕可以疏松土壤，减少蒸发，起到抗旱保墒作用。苗木生长期间，及时中耕除草，使土壤保持疏松无杂草状态。李树根系较浅，与杂草竞争养分、水分激烈，应及时中耕除草与培土，防止露根。拔除苗周围杂草时，操作要细致，不要伤苗。土壤孔隙度大的，间苗后应进行弥缝、浇水，以保护幼苗根系。一般除草4～5次，具体根据草量灵活掌握。

④ 追肥：砧木苗需要追肥2～3次。前期施用氮肥，每次施尿素5～10kg/亩，后期应施用复合肥，每次施磷酸二氢钾8～10kg/亩。具体方法：可把化肥均匀地撒在畦面上，随后浇水，而后结合除草中耕1～2次；或在苗木行间开沟施肥，然后覆土浇水，再浅锄1次即可。大雨后立即追施速效氮肥，肥效比较明显，弥补了雨后土壤中的氮素的大量

流失。

⑤ 摘心、抹芽：适时对砧木进行摘心是加速植株加粗生长和提前嫁接的重要措施。李砧很少有副梢，要及时摘心，夏季植株旺盛生长结束前，苗高达30～40cm时摘心最合适，能有效促使砧木在嫁接前达到嫁接粗度。摘心过早，常刺激植株下部大量萌发副梢，影响嫁接，过晚就失去促进加粗的作用。及早抹除砧木苗干基部5～10cm以内萌发的幼芽，其余全部保留，以增加叶面积。抹芽既能有效减少不必要的养分竞争，又能积累同化产物供给砧木加粗生长需要。

(3) 嫁接

① 接穗的采集与储运

a. 冬采接穗：冬至前后采集的接穗最好，果树正处于休眠期，所采接穗易储藏，接后易成活，穗芽储期萌发晚，可延长嫁接时间。采集时要选树势强壮、品种优良、高产优质、发育充实、无病、无虫的壮年母树，在母树上再选取组织充分、生长健壮、芽体饱满的一年生发育枝作接穗。接穗采集后捆成一定数量的小捆，挂上标签，然后用塑料布包好，储放在窖内，储藏期窖温保持在0℃以下。也可选背风向阳处，挖深、宽各80～100cm的沟，沟长根据储量而定，使沟底保持湿润，先铺10cm左右厚度的沙土，然后将接穗分层放入沟内，每层接穗之间放一层5cm厚的湿沙，但最上层接穗距沟底不能超过35cm，上面培湿润沙土厚50cm，将沟口封严。下一年春季嫁接时随取随接，取出后用水浸泡，嫁接时放在水桶内，防止水分散失，降低成活率。

b. 夏采接穗：选择品种纯正、生长健壮、丰产稳产性好、无病虫害的母株作为采穗植株，采取树冠外围生长充实、芽体饱满的当年生新梢作为芽接接穗。李树“T”形芽接一般于6月份进行，对接穗的要求是随采随接，剪下枝条，去除幼嫩部分和叶片，保留0.5～1cm叶柄，用干净的湿布包好备用。当时用不完的接穗应用湿布包好后置于冷凉处（地窖、水井或冰箱中），也可用湿沙埋住。远途运输应用湿布包好（拧去过多水分），再用塑料布包严，以免干枯。控制包装物内的水分，防止沤芽降低成活率。

② 嫁接时间：由于各地气温回升情况不同，树液开始流动期和萌芽期各不相同，嫁接时期也有所不同。芽接适期6～9月份，尽量避开雨季，避免出现流胶现象和降低嫁接成活率。枝接的适宜时期是树液开始流动到接穗萌芽前，一般为谷雨后到清明前。

③ 嫁接方法：为节省接穗，一般以芽接为主，枝接作为芽接的补接措施。6月份时砧木和接穗都容易离皮，可采用“T”形芽接，其他时间则不宜用“T”形芽接法。因为李树皮层较薄，芽不易剥离，会影响成活率。所以主要采用带木质部芽接法，使用冬前储藏的接穗进行，此法嫁接速度快、成活率高，嫁接时间延长。根据嫁接时间的不同，芽接芽的方位也做相应调整：春季芽接时，尽量将接芽嫁接在向阳处，以利于提高接口处的温度；因为愈伤组织在较暗的条件下，生长速度较快，因此，夏季芽接时，要尽量把芽接在背阴处，以降低接口处的温度。枝接有劈接和切接。

(4) 嫁接苗管理

① 检查成活与补接：一般枝接需在15天后才能看出成活与否。如果接芽湿润有光泽，叶柄一碰即掉，则表明已成活，可解绑；如果接芽变黄变黑，叶柄在芽上皱缩，即表明没有成活，应及时进行补接。对未接活的，砧木尚可离皮时，应立即补接。接好成活后应选方向

位置较好、生长健壮的上部芽作延长生长，其余剪掉。未成活的应从根蘖中选一壮枝保留，其余剪除，进行芽接或枝接。

② 剪砧与移栽：春季芽接成活后及时剪砧，可以促进接芽的萌发，达到当年秋季出圃。秋季芽接的苗子，应在第 2 年萌芽前剪砧。在接芽上 0.6cm 处将砧冠剪掉，剪口要平整，向接芽背后稍微倾斜。

③ 除萌、摘心：剪砧后砧木基部发生大量萌蘖，应及时抹除。除蘖可用手掰，但不要损伤接芽和撕破砧皮，特别是掰除接芽以上萌蘖时，注意不要损伤接芽。由于李树生长旺盛，可在苗圃内摘心，促进早成形。苗高 40～50cm 进行摘心，使剪口下萌发新梢，形成主枝，培养自然开心形。培养其他树形，可在苗高 70～80cm 进行摘心，促发分枝，以缩短整形年限。

④ 支缚：春天剪砧后的芽接苗，接芽生长迅速，在未木质化以前，很容易被风自接口部位吹折，需要立支柱保护，并及时绑缚。对于夏季芽接的嫁接苗，如果当地春季风大，为防止嫩梢折断，次年当新梢长到 30cm 时，解除塑料绑条，可在砧木上绑一根支柱，以防风吹折。

⑤ 肥水管理：枝接苗在接芽萌动前不浇水，待接芽萌发后及时浇水，以保证嫁接苗迅速生长。春季嫁接当年剪砧当年成苗的，应当在接芽长出后结合浇水追施氮肥，每亩可施尿素 20kg，促进早期生长。但一定要注意，在生长后期控制氮肥的施用和灌水，适量追施磷、钾肥，促进苗木充分木质化。

春季剪砧后的芽接苗，当接芽萌发后，也应及时浇水。为使嫁接苗生长健壮，结合浇水于 6 月上旬追 1 次肥，每亩追施硫酸铵 8～10kg，苗木生长期及时中耕除草，保持土壤疏松干净。

⑥ 防寒保护：在我国北方地区，尤其是冬季风大寒冷地区，半成苗（夏季芽接成活但没有萌发的嫁接苗）易受到冻害，最根本的措施是提高苗木的抗寒能力，适当早播，合理施肥，适当增施磷钾肥，适时停止灌溉，加强苗期管理等。除此之外，应在土壤结冻前培土或封垄进行保护。一般培土应高出 10～15cm，土壤含水分过多时，培土后不要踏实。第 2 年春季发芽前要将培土除去。但土壤黏重降水又多的地区，为防止接芽窒息死亡，不宜培土。有条件的地区，可用高粱秆、玉米秸或芦苇设防寒障，如果是东西畦，一般 8～10 畦设 1 道，设置这种防寒障可以减低风速，增加积雪，起到防寒的作用。

⑦ 病虫害防治：天气潮湿的雨季，李苗容易患穿孔病，需要进行药剂防治。早春发芽前，喷 1 次 4～5 波美度石硫合剂。展叶后和发病前喷 3%中生菌素（克菌康）可湿性粉剂 1000 倍液或 72%硫酸链霉素可湿性粉剂 3000 倍液交替使用，每 15 天喷 1 次，共喷 3～4 次。此外，春天接芽萌发的新梢，极易遭受金龟子、红蜘蛛、蚜虫和毛虫等害虫为害，主要防治药剂：金龟子用黑光灯诱杀，树上可喷施 80%敌百虫乳油 800 倍液，25%西维因可湿性粉剂 1000 倍液，50%马拉松乳油 1000～1500 倍液；红蜘蛛为害期喷 1.8%阿维菌素乳油 4000～5000 倍液防治效果较好；蚜虫发生期喷 10%扑虱蚜可湿性粉剂 3000～5000 倍液，特别注意，苗圃附近不宜种植烟草、白菜等农作物，以减少蚜虫的夏季繁殖场所；防治毛虫要在幼虫发生为害期，经常检查，发现幼虫群集为害及时消灭，大面积发生毛虫，虫口密度又大时，可以喷辛硫磷乳油 1500～2000 倍液消灭成虫。

2. 组织培养无病毒苗

（1）预处理　将一年生苗栽于大花盆中，待苗萌芽后移入热处理培养室中进行预处理，保持25℃恒温、70%以上相对湿度和3000lx光照强度处理3天。而后升温到38～40℃，持续恒温，相对湿度和光照强度不变，热处理3周。

（2）茎尖培养扩繁　在超净工作台上，用消毒过的工具取新枝的茎尖，接种于MS附加0.5mg/L BA、0.1mg/L IBA的培养基上培养。然后将其置于气温25℃左右，每天光照16h，光照强度为2000lx的培养室中培养分化苗。在分化培养基上进行生根培养，同样置于培养室中培养生根苗。当生根苗根系长3cm以上可以取出进行温室移栽。

（3）病毒检测　移栽成活苗长至30cm以上并半木质化以后则可采用双重芽接法进行病毒检测。对在检测中无症状反应的植株再重复检测1次，仍无症状表现，可确定为无病毒原种母树。采集无病毒原种母树上的接芽，嫁接于实生砧或经脱病毒的营养原砧木上繁育无病毒李树生产用苗。

三、樱桃

（一）基本理论

1. 习性特征

樱桃属喜温、不耐寒的树种，平均气温10～12℃以上。不耐低温，－20℃发生冻害。喜光，对水分敏感，不抗旱也不耐涝。根系缺氧敏感，不抗风。不耐盐碱，重茬敏感。

樱桃是蔷薇科李属，树体矮小。甜樱桃为落叶乔木、树体高大、生长强旺。因品种不同，果实单重6～12g不等。干性强，层性明显。萌芽力强，成枝力弱，潜伏芽寿命长，经济结果年限15～20年。

2. 繁殖方法

樱桃繁殖方法有分株、组培、嫁接，砧木有实生播种、扦插、压条等繁殖方法。

（二）技能操作

樱桃常用砧木：山樱一号、毛把酸、大叶草樱桃、考特、GM系列。

1. 砧木苗的培育

（1）实生砧木苗培育

① 种子处理：樱桃种子头年秋季采种后去果肉洗净马上以种子与沙子1∶3的比例沙藏于阴凉处，可以有效提高发芽率。上冻前层积20cm处，经过层积处理的种子第2年春天3月上旬至4月上旬取出，移至20℃以上的室内催芽，也可配合75mg/L赤霉素溶液催芽处理。当60%的种子破壳露白时，取出来播种。

② 播种及管理：整地提前5天灌足底水，采用机械直播，播种后立即覆土，覆盖塑料薄膜，减少土壤水分蒸发，幼苗出土后，及时破膜，防止日灼。

（2）自根砧木苗的培育

① 扦插繁殖：嫩枝扦插，采用母本园生长健壮的半木质化新梢作为插穗。留 2～3 个芽体，保留上部 2～3 片叶，插穗剪成 10～12cm，上端平齐，下端剪成斜面。苗床基质细河沙和蛭石等比混合均匀，按株行距 3cm×6cm 扦插在苗床内。采用机械弥雾加湿，控制相对湿度 85%～95%，前期适当遮阴，后期逐渐加强光照，30～40 天后苗木根系生长后进行移栽。硬枝扦插，采用一年生的成熟枝条，插条剪成 15～20cm 长。清水浸泡 24h，然后用 ABT 生根粉或 0.5g/L 的 IBA 浸泡下端斜切面 30s，插入盛有湿沙的育苗盘中，插入深度 5cm 为宜。采用自动弥雾设施进行加湿，控制湿度在 60%～80%。保持棚室内温度为 18～20℃，促进插条基部愈伤组织的形成，产生不定根。扦插成功过后，移栽到苗圃中，根据墒情和雨水状况及时灌水，中耕除草，松土保墒。插穗新梢速长期追施氮肥，雨季前沿着苗行起垄培土，促进新梢基部根系生长。同时注意喷布杀虫、杀菌剂，防止苗期病虫害的发生。

② 组织培养：通过组织培养繁殖樱桃矮化砧木自根苗具有不受季节限制、繁殖速度快的特点。

a. 配制培养基：樱桃培养基多采用 MS 基本培养基，附加 0.5～1.0mg/L BA＋0.3～0.5mg/L IBA＋30g/L 蔗糖。

b. 消毒接种外植体：取田间当年生新梢，去叶，用自来水将表面刷洗干净，剪成一芽一段，放入干净的烧杯中，在超净工作台上，先用 70%酒精浸泡 2～5s，用 0.1%升汞液消毒 10min，无菌水冲洗 3 遍，然后将鳞片、叶柄剥除，取出带有多个叶原基的茎尖半包埋接入培养基。茎尖接种后放到培养室培养 10～15 天，光照控制在 1000lx，8～10h，暗培养 14～16h，温度 25～28℃。及时检查，剔除感染的材料，把无感染杂菌的茎尖及时转接到新的培养基上，为继代扩繁奠定基础。

c. 继代繁殖：将上面转接的无菌材料培养 40～60 天，当分化出的芽团长至 2～3cm 时进行增殖培养。大约每 25 天进行 1 次继代培养，每次芽的增殖量为 4～6 倍，达到迅速扩繁的目的。

d. 生根培养：生根培养基多采用 1/2 MS 培养基＋0.1～0.5mg/L IBA。当增殖培养的芽长至 3cm 以上时，接种在配制好的生根培养基上进行生根培养。根据品种不同可以适当添加生物素或 NAA 等。在生根培养基上培养 20 天左右，嫩梢基部长出根系，成为完整苗。生根苗长到 5cm 高时即可炼苗移栽。

e. 驯化移栽：将培养的生根苗培养瓶密闭在强光下炼苗 10～15 天。然后打开瓶塞，再敞口炼苗 2～3 天，让苗木逐渐适应外界的光温环境。移栽前为防止苗木感染杂菌死亡，应彻底清洗苗木根部附着的培养基，这是提高苗木移栽成活率的关键环节。移栽基质要求疏松透气、排水良好的沙壤土和蛭石以相同比例混合。将移栽了驯化苗的营养钵在温室或大棚内扣小拱棚继续驯化，保持日平均气温 25℃，光照强度 18000～20000lx，并且保持空气相对湿度 80%～100%，降低基质湿度，7～10 天逐步揭膜通风过渡，这样锻炼 20～25 天，驯化苗就可以直接栽植到苗圃。

2. 嫁接苗的培育

（1）接穗的采集与储运　在品种纯正、生长健壮、无病虫害、丰产稳产的母株树冠外围选取生长充实、芽子饱满的当年生新梢作为芽接的接穗。枝接接穗可结合冬季修剪，选用生长健壮的一年生枝。接穗的储运参考李育苗部分的相关内容。

（2）嫁接　春季嫁接宜在3月下旬至4月中旬，树液流动后至接穗萌芽前进行，可采用带木质部的嵌芽接、劈接、切接和改良舌接。7～8月份，砧木和接穗离皮时采用“T”字形芽接。嫁接期间不宜灌水，并避开雨季，以免出现流胶现象而影响嫁接接口的愈合。如果土壤干旱，可于接前7天灌一次透水，嫁接后2周内不再灌水。改良舌接法适用于2～3cm粗的砧木。方法是：在距地面5～10cm处剪断砧木，在其横断面一侧1/3处向下纵切一刀，长约3cm。在对面向上斜削至纵切口处，形成一个长削面。接穗粗度与砧木相同或略粗，带有3～4个芽。对接穗基部的削法与砧木相同，然后将接穗的削面与砧木的削面插接在一起，对齐两者的形成层，再用塑料条包严绑紧。

（3）嫁接苗的管理　春季嵌芽接的嫁接苗应在嫁接成活后20～30天剪砧，同时解除绑缚的塑料条。枝接的嫁接苗，在接穗萌芽后，选留直立向上健壮生长的一个新梢，其余的抹除，新梢长至20cm以后再解除绑缚的塑料条。无论是春季芽接或是夏季芽接，均应在接芽上方1～1.5cm处剪砧，剪口应向接芽对面略有倾斜，这样有利于剪口的愈合。大樱桃接芽萌发后生长迅速，而且木质松软，极易弯曲和风折，因此，应注意设立支柱进行绑缚。在苗木生长期应加强土、肥、水管理和病虫害防治。

3. 组织培养快繁育苗

（1）取材与处理　选取当年生的新梢（去除叶片，只留短叶柄）或一年生枝，用自来水冲洗干净后再用无菌水冲洗，在无菌条件下剪成带有顶芽或腋芽的小枝段，在超净工作台上用70%的酒精浸泡2～4s，浸入0.1%的新洁尔灭15mim，再用0.1%的升汞液消毒5～10min。然后用无菌水反复冲洗3～4次，冲掉消毒药剂。取出带有数个叶原基的茎尖接入初代培养基。

（2）培养基及培养条件　初始培养可采用MS＋0.1～1.0mg/L BA＋0.3～0.5mg/L IBA＋30g/L蔗糖培养基进行培养，继代培养后期可采用F14＋0.5mg/L BA＋0.2mg/L IAA或F11＋0.5mg/L GA＋0.2mg/L IAA。增殖培养的芽长至3cm左右时转入生根培养基。生根培养基可采用1/2 MS或1/2 F14＋0.5～0.8mg/L IBA或0.5mg/L IAA＋2%蔗糖。培养条件为环境温度（26±2）℃，每天光照8～10h，光照强度3000lx。

（3）炼苗与移栽　当生根苗长至1～2片叶时或具有7～8条根、根长0.5～1cm时，进行炼苗。具体方法是将培养瓶移至自然光下闭口锻炼2～3天，然后打开瓶口再敞口锻炼2～3天，取出幼苗，洗净苗根部的培养基，移栽于铺有基质的塑料拱棚中。基质可用蛭石∶草炭土∶粗沙＝3∶1∶1的混合物。温度保持在20～28℃，相对湿度保持在80%～90%，光照强度3500～4000lx。经过1个月左右就可移栽于大田。

（4）肥水管理与病虫害防治　苗木移栽成活后，定期进行肥水供应，前期供应氮肥多，满足快速生长的需要，相对水分供应也充足。后期为保证苗木组织充实健壮，安全越冬，合理控制氮肥，多施磷钾肥。整个生长季应结合叶面喷肥，根据实际需要、苗期病虫害发生的侧重点以及气候条件等相关因素，及时进行药剂防治。

任务三　浆果类果树工厂化育苗

一、葡萄

（一）基本理论

1. 习性特征

葡萄喜光，喜干燥和夏季高温的大陆性气候，较耐寒。对土壤要求不严，除重黏土、盐碱土外均能适应。发根能力强，几乎植株的各部分都能形成愈伤组织及根的原始体。

葡萄是葡萄科葡萄属多年生藤本果树。藤蔓长达 30m，茎皮长条状剥落；具分歧的卷须，与叶对生。叶 3～5 掌状浅裂，花序长 10～20cm，与叶对生；花小，黄绿色，有香味。果实为浆果，果圆形或椭圆形，成串下垂，绿色、紫红色等多种颜色，表面被白粉。开花期为 5～6 月份，果实成熟期为 8～9 月份。

2. 繁殖方法

以扦插为主，也可压条或嫁接。

（二）技能操作

1. 扦插繁殖

（1）插条选择和剪取　冬季修剪时采集节间短、髓部小、芽眼饱满、充分成熟、色泽正常的一年生枝条。春季按 2～3 节长度剪截，上端距离芽眼 1cm 左右处平剪，下端在基部芽眼 0.5cm 下剪成斜面，上面两个芽眼应饱满，保证萌芽成活。夏季利用半木质化的新梢和副梢进行扦插，剪留长度一般为 2～3 芽，嫩枝上端留一个叶片，剪去一半，以减少蒸发。

（2）露地扦插　葡萄扦插生根比较容易，扦插圃应选地势平坦、土层深厚、土质疏松肥沃、有灌溉条件的地段。秋季深翻并施入基肥，然后冬灌，早春土壤解冻后，及时耙地保墒，准备扦插。露地扦插的方法很多，可采用垄插法和地膜覆盖法。

（3）嫩枝扦插　可以在塑料棚内进行，基质可用河沙或蛭石，塑料大棚上面要遮阴降温，棚内要经常喷水，增加空气湿度，在室外全光照下，采用定时喷雾法保证空气湿度，效果较好，嫩枝扦插成活率很高，且可以利用夏季修剪时剪下的材料，但有以下三点要注意：一是夏季温度高，蒸发量大，在扦插过程中，要将气温降到 30℃以下，25℃最宜，可防止插条失水萎蔫；二是在夏季高温高湿条件下，幼嫩的插条易感染病害，可用 500 倍的高锰酸钾溶液或 20％多菌灵悬浮剂 1000 倍液进行基质消毒，并经常注意防病喷药；三是嫩枝扦插宜早不宜晚，以 6～7 月份为好，8 月份以后插条发生的枝条不能成熟，影响苗木越冬。

（4）催根　提高扦插成活率的关键技术是催根，其途径可归为两个方面，一是控温催根，二是激素催根，实际生产中两者同时运用，效果明显。

① 控温催根处理：一般春季露地扦插，因气温高，地温低，插条先发芽，后生根，萌

发的嫩芽常因水分、营养供应不足而枯萎，降低扦插成活率。控温处理，就是使插条下部的土温提高到葡萄枝蔓生根所需的温度，一般认为25～28℃较为适宜，促使早生根，同时控制插条上端的温度，不使温度过高，一般控制在15℃以下，延迟发芽，以便提高扦插成活率。

② 温床催根：利用温床进行催根的要点是：温床上面可以覆盖塑料薄膜和草苫，让气温低一些，土温高一些，一般土温保持在22～30℃为宜。

③ 激素催根：常用激素为α-萘乙酸或α-萘乙酸钠或IBA、IAA、ABT生根粉。使用方法有3种。

a. 浸液法：α-萘乙酸的使用浓度为50～100mg/L。将50支一捆修剪好的插条立在盆里，加3～4cm高的激素水溶液浸泡12～24h。需要注意的是，萘乙酸是醇溶制剂，不溶于水。先要将定量的萘乙酸溶于少量的95%酒精中，然后再加水稀释到所需要的浓度。

b. 速蘸法：将插条3～5支一把，下端在浓度为1000～1500mg/L的萘乙酸溶液中迅速蘸一下，拿出来便可扦插。

c. 蘸药泥法：将插条基部2～3cm在配好的药泥里蘸一下即可。药泥配制方法：将NAA溶于酒精，加滑石粉或细黏土，再加水适量调成糊状，浓度为1000mg/L左右。

（5）扦插苗田间管理　主要是肥水管理、摘心和病虫害防治等工作。总的原则是前期加强肥水管理，促进幼苗的生长，后期摘心并控制肥水，加速枝条的成熟。

（6）苗木出圃　葡萄扦插苗落叶后即可出圃，一般在10月下旬进行，起苗前先进行修剪，按苗木粗细和成熟情况留芽、分级。如玫瑰香葡萄，成熟好，枝粗1cm左右的留7～8个芽，枝粗0.7～0.8cm的留4～6个芽，粗度在0.7cm以下、成熟较差的留3～4个芽或2～3个芽，起苗时要尽量少伤根，苗木冬季储藏与插条的储藏法相同。

2. 嫁接育苗

应用抗寒砧木嫁接优良栽培品种，可以简化防寒，降低生产成本，常用山葡萄和贝达作砧木。有根瘤蚜为害的地区，树势易衰弱，产量降低，应用抗根瘤蚜的砧木嫁接育苗可以解决这一问题。因此，嫁接育苗是解决某些特定问题非常重要的措施。

（1）芽接　在新梢已开始木质化，取芽片时就能很顺利地掰下时进行，接口愈合要求25℃左右的温度，一般在6～7月份进行。过晚会影响秋季接芽成熟。条件允许时，嫁接的时间越早，接芽的生长期越长，越有利于成熟。为了提早嫁接，早春可以用塑料薄膜覆盖砧木苗。芽接的方法很多，一般采用方块芽接，但要比常规芽接的芽片大些，芽片长2～3cm，宽1cm左右，或为接穗周径的一半。接穗比较嫩时，取芽片比较困难，可采用带木质部芽接。

（2）枝接　包括硬枝接和嫩枝接两种，一般硬枝接多见于将接穗接在砧木的茎段上，经过愈合处理，再进行扦插。枝接可以用劈接、腹接、搭接和舌接。由于接后要进行扦插，接穗与砧木茎段嫁接愈合过程中，切忌枝条的移动。舌接有两个刀口，相互咬在一起，吻合紧密，效果比较好。

葡萄嫩枝嫁接常用嫩枝劈接的方法。一般采用“单芽劈接”，嫁接时期是在接穗和砧木新梢半木质化以后越早越好。嫁接太晚，会因嫁接后苗木的生长期太短，新生枝蔓入冬前不能成熟。工厂化育苗常常与保护地培育砧木苗和繁殖接穗相结合，嫁接时期还可以提前或错后。

3. 营养袋育苗

在日光温室内，先进行激素处理和电热催根，再移栽到营养纸袋或塑料薄膜袋内培育。

（1）催根的方法　控温催根和激素催根法，一般催根 20 天便开始生根，芽眼萌发，具有 4～5 条 1～5cm 长的根时，移入袋中继续培养 1 个月左右，即可定植于田间。营养袋用直径 6～8cm、长 18～20cm 的塑料薄膜袋，袋内先填 1/4～1/3 的营养土，放好已催出根的插条，再填满营养土，轻轻压实。装袋后立即喷一次水，以后每天喷水 1～2 次，当幼嫩梢生长正常、无萎蔫现象后，可叶面喷肥以补充营养，并及时喷药预防霜霉病等真菌性病害的发生。幼苗长出 3～4 片叶时，应增加光照，降低空气温度和湿度，接受直射阳光，锻炼苗木，以适应外界条件，提高定植成活率。

（2）容器苗定植　最好在阴天或傍晚进行，栽后注意遮阴，定植后的前 3 天，要每天在叶片上喷水，增加空气湿度，有利于成活。

4. 组培育苗

葡萄的组培育苗主要用于无病毒苗木的培育，具体操作如下。

（1）建立外植体　取休眠枝段，捆扎成 10 支一捆，基部浸在水中催芽。把长出的新梢剪成带芽的枝段，用 0.1%的升汞水溶液消毒 8min，然后取出消毒后的枝段，用无菌水浸泡冲洗 5 次，在无菌条件下接种到初代培养基中，获得无菌的材料继续进行增殖培养。

（2）继代扩繁　采用 B5 基本培养基，改良配方，使根芽同时生长增殖。在基本培养基中添加 0.1～0.5mg/L IBA 或 IAA，当培养苗生长高度接近培养瓶口高度时，将茎切成带有 1～2 个芽的段，扦插在新培养基中，完成生根和增高同时进行的过程，并且反复进行增殖扩繁，达到迅速扩大繁殖系数的目的。

（3）驯化移栽　当增殖的苗木高度接近培养瓶口、长出 3～4 片叶时，进行闭瓶炼苗4～6 天，接着再放置在温室内打开瓶塞，敞口继续炼苗 7 天，当观察到幼嫩茎向阳面呈现淡红色时就可以移栽到营养钵中进行过渡培养。营养土采用蛭石和细河沙 1∶1 混合，并且覆盖拱棚膜保湿。逐渐放开膜口，通风锻炼，降低空气湿度，10 天后全部去掉薄膜。放置室外遮阴，过渡锻炼 5 天，就可以移栽到大田之中。

二、草莓

（一）基本理论

1. 习性特征

草莓喜光又比较耐阴，喜水又怕涝。生长期温度 15～20℃，最适温度 20～26℃。喜疏松透气肥沃透水的沙壤土。pH 5.8～6.5，微酸或中性土，不适合盐碱石灰土。

草莓是蔷薇科草莓属宿根性草本植物。根系浅，由新茎和根状茎发生的不定根组成，分布在地表 20cm 内的土层中。茎为新茎、根状茎、匍匐茎 3 种，叶为三出复叶，果实为聚合果。

2. 繁殖方法

用匍匐茎和新茎分枝进行无性繁殖、分株、组培育苗等。

(二) 技能操作

1. 营养钵育苗

(1) 营养钵种类　选用黑色的圆形塑料盆作为营养钵。一般用直径 12cm 的较合适，盆直径的大小根据草莓生长量、用土量等方面的考虑做适当调整。

(2) 营养土选择　营养钵育苗多在高温干旱期间进行，要求土质保水性好、疏松、无病虫害和杂草，并且来源方便。通常用山沙∶谷壳灰＝7∶3，pH 6.5～6.8 的营养土为好。

(3) 育苗时间　用早生的匍匐茎苗、分株苗或试管繁殖苗，在花芽分化前进行。5 月下旬应进行沙插，促进发根，插植新的根茎苗发根。生长到 6 月中旬苗木根状茎粗 0.8～1cm 时，把具有 2～3 片叶的发根苗按 1 万株苗用土量约 7500kg。土装好后上盆。

(4) 苗期管理　幼苗的盆宜成排摆放在塑料薄板上，利于排水顺畅。7 月以前应每天浇一次水，8 月以后 2～3 天浇一次水。通常施肥以氮、磷、钾三要素的液肥为好，在花芽分化前应停用氮肥，只用磷、钾配合的液肥，每周施用一次，以促进花芽分化。在育苗过程中可根据幼苗的长势，采用叶面喷施、相应的肥水控制，促进苗健壮生长，并且做好病虫害防治，培育健壮苗木。

2. 组织培养育苗

(1) 选取外植体　6～8 月份匍匐茎生长充实，尖端生长良好时取材最好。取匍匐茎尖本身或取其长成的秧苗均可。小于 0.3mm 的茎尖分生组织作为外植体可以得到脱毒种苗。热处理茎尖也能获得脱毒的效果。外植体取回后，剥去外层大叶，先用流水冲洗 2～4h 或更长时间，然后进行表面消毒。

(2) 外植体的消毒　①先用 70％酒精漂洗一下，用 0.1％新洁尔灭浸泡 20min. 再用 1％过氧乙酸浸泡 5min，移到超净工作台上操作。②用 70％酒精漂洗一下，用 0.1％氯化汞或 6％～8％次氯酸钠浸泡 5～10min，然后转移到超净工作台上操作。

(3) 接种　表面消毒后，在超净工作台上用无菌水冲洗 3 次，然后置于双筒解剖镜下，剥取茎尖越小越好，剥去幼叶和鳞片，露出生长点，可带 1～2 个叶原基。如经过热处理的材料可以带 2～4 个叶原基，生长点长约 0.5mm；既脱毒效果好，又提高成活率。未经热处理的则应取纯的生长点或最多带 1 个叶原基，将生长点挑出，接入培养基。草莓分化培养基及繁殖培养基为 MS＋0.5～1.0mg/L BA，pH 5.8。

(4) 培养条件　培养温度 22～25℃，光照强度 1500～2000lx，每日光照 10～12h。

(5) 扩大繁殖　为了扩大繁殖系数，要对初次培养产生的新植株进行多次继代培养。接种后一般 20～30 天即可长成芽丛，待长满一瓶后，15～20 株，将其分离转入新鲜培养基中进行扩大繁殖，如此反复可继代多次，最后可获得大量试管苗。继代培养培养基中的 6-BA 的含量为 1mg/L，转入生根培养前的继代培养培养基中 6-BA 的浓度可以降低到 0.5mg/L。

(6) 生根培养　将无根试管苗转入生根培养基中诱导发根。生根培养基可用 MS 或1/2 MS＋0.2mg/L IBA＋0.2mg/L IAA＋20g/L 白糖＋5g/L 琼脂。适当加入活性炭可以使培养基疏松透气，生出的根白而健壮。可在早春1～2月份集中一批试管苗诱导发根，使其下一步驯化移栽整齐度高。秋季再集中第二批发根，其余则可根据需要继代繁殖。一般在生根培养基幼苗长到2cm时单株培养14天可以长成5～6条根、5cm左右高的健壮苗。

（7）驯化及移栽　将生根试管苗移至温室中进行驯化。温度以15～20℃，空气湿度为80%～100%为宜。从培养基中取出已经生根的健壮苗，洗去根部黏着的培养基后栽入基质中，栽时务必轻拿轻放，不能埋心。基质选择疏松的沙土掺入少量有机质或者消毒过的草炭和蛭石1∶1比例混合为宜。移栽后立即灌透水，然后以塑料薄膜覆盖2周，第3周开始每天揭开薄膜一次放风，逐渐至完全去掉厚膜。开始湿度较大，以后逐渐降低。期间根据温室情况，每天或隔天喷水，以不干为度，但不能过湿，以免烂秧。驯化过程一般需2～3个月，待植株长出5～6片新叶即可移至大田栽植。

三、无花果

（一）基本理论

1. 习性特征

在我国北纬40°以南，冬季极端最低温度高于－15℃的地区都可栽培。无花果属桑科榕属多年生落叶果树，食用部分为变态花序，花内生，不能从外面看到，故名无花果。

无花果味甜多汁，富含多种易吸收的糖类、酶类及多种氨基酸、维生素、矿物质和丰富的钙质，具有特殊香气，是老少皆宜的优稀果品，无花果不仅营养丰富，而且具有很高的药用价值，性平味甘，具有清热、解毒、润肠、利尿、止泻和抗癌的功效，对增强机体免疫力也有一定的作用。

2. 繁殖方法

主要采用无性繁殖，即扦插育苗，包括压条、分株等方法。此外，也可以采用嫁接和组织培养的方法繁殖苗木。扦插育苗包括硬枝扦插育苗、大棚绿枝扦插育苗。

（二）技能操作

1. 硬枝扦插育苗

（1）剪条　选用充分成熟的1～2年生枝条作为插条。可在冬季修剪时，剪取直径1～1.5cm，长30～60cm，并已充分木质化的枝条，捆成长捆埋入室内的容器里或室外土坑里，用湿沙沙藏越冬；也可在春季扦插时，随剪随插。一般在春季3～4月份，日均温度达15℃以上时进行扦插，采用保护地育苗，可提前于1月份进行扦插。

（2）扦插　畦床的土壤以沙质土为宜，一般宽度为1～1.2m；应施足底肥、厩肥等有机肥和适量的过磷酸钙或石灰作为基肥；苗圃应有排灌条件。将畦床疏松平整后，即可进行扦插，也可在畦面上铺地膜，以增加地温，促进生根。扦插时，取出冬藏的枝条或从树上剪下的枝条，剪成15cm长，含2～3个饱满芽的枝条；剪枝时，把枝条上端芽的上方剪成平口，剪口离芽1cm；下端剪成斜口。将插条下端浸泡在1000～2000mg/L的吲哚丁酸或萘乙酸溶液里，浸泡1～3min，取出阴干后，即可插入苗床。插条密度以株距15～20cm、行距

20～25cm为宜，每公顷育苗株数为9万～15万株。插条时，将插条斜插（45°～80°）入土，上芽略粗，并要露出地面，插完后浇透水。1个月后即可生根，保护地育苗一般生根率达80%以上。大田成活率较低。

（3）扦插后的管理　无花果虽插穗易愈合生根，但也要注意扦插后的管理，管理要点是：其愈伤组织形成期对温度要求较高，应及时提高地温；同时，加强水分供应。愈合生根后期插穗长出大量的毛根，此时气温逐渐升高，应注意增加土壤水分。愈合生根后和发叶期要避免浇泥浆水，切防糊叶现象出现，对低床扦插的尤应注意；坚持看土壤墒情浇水，土壤潮湿要少浇或不浇，如果土壤干旱要多浇水，要保持土壤湿润状态为适宜。无花果幼苗不耐寒，在初冬或倒春寒前要做好防寒（冻）保温工作，简单的方法是埋好土或盖好草帘、树叶、稻草等覆盖物。当幼苗进入营养生长期后，坚持每个月轻施一次以氮肥为主的复合肥。施肥量依苗长大而逐渐增加，并随着苗根系的增深，以深沟施效果为好，但要注意施肥时避免伤根。

2. 大棚绿枝扦插育苗

（1）苗床准备　苗床宽1.0～1.2m、深25～30cm，长视需要而定。床内铺经70%甲基托布津500倍液消毒灭菌的腐殖质土和河沙，比例为2∶1，厚度20cm左右，其上再覆以5～10cm的细沙或锯末，平整备用。

（2）选择插条　9月中下旬，选择当年生枝作插条，插条长20～25cm，保留2～3片叶，插条的上剪口距芽2cm左右，下剪口在节下1cm，每30～50根捆成1捆，先用0.2%高锰酸钾浸泡下端5s，再换用ABT 2号生根粉50mg/L浸泡30min。

（3）扦插　用稍粗于插条的竹棍在苗床上按20cm×15cm的行株距插孔，再将插条插入孔中，压实、喷水。每插完一畦立即喷布70%甲基托布津1000倍液，然后扣上小拱棚。

（4）扦插后管理　棚内温度控制在20～30℃，保持土壤湿润，10月中下旬揭开拱棚，在苗床上覆盖5～10cm的麦糠或锯末，喷透水，再扣上拱棚。冬季和早春每天晚间拱棚上加盖草苫，保持棚内温度适宜。3～4月份及时除草、拔除病株。逐渐揭开拱棚炼苗。移栽前喷布0.2%磷酸二氢钾或光合微肥。4月下旬至5月上旬起苗定植，起苗时尽量保留根际的土壤，栽后及时灌水，以提高移栽成活率。

3. 嫁接繁殖

因无花果木质较疏松，且髓心大，所以嫁接容易成活。一般采用以下两种嫁接方法。

（1）春季枝接　选取枝条的木质化程度高、节间长度适中、芽眼饱满的一年生枝条作接穗，可选用沙藏备用枝或春季随采随用。砧木植株的萌动期是嫁接的适宜时期。枝接一般采用“V”形贴接法或榫接法。接穗长度4～5cm，要有1个芽，把接穗基部削成“V”形，削面长度1～1.5cm，选取粗度与接穗相近或稍粗的砧木，在距地面10～15cm处横截，并在断面向下切成相应的“V”形切口，切面长也为1～1.5cm，将接穗切口与砧木切口贴接，把形成层对准，吻合，然后将接口用塑料带包紧，芽外露，待愈合成活后，要及时解绑。

（2）生长季嫩枝接　在6～8月份，选取嫩枝作为接穗和砧木，采用劈接法容易成活。该法是采用尚未木质化的当年扦插苗或需嫁接换种植株的嫩梢作为砧木为宜，接穗长度为3cm左右。夏季的嫩枝嫁接率较高。砧木宜选用适合当地条件的乡土品种“紫果”类型或抗旱性强的布兰瑞克等。

任务四　坚果类果树工厂化育苗

一、核桃

(一) 基本理论

1. 习性特征

核桃属胡桃科，落叶乔木。树冠广卵形至扁球形。单数羽状复叶，互生，小叶5～9枚，椭圆状卵形或椭圆形，先端钝圆或微尖，全缘。花单性同株，雄花柔荑花序，下垂，雌花序穗状，顶生。核果球形，外果皮薄，中果皮肉质，内果皮骨质。开花期为4～5月份，果实成熟期为9～10月份。

喜光，耐寒，不耐湿热。对土壤肥力的要求较高，不耐干旱瘠薄，不耐盐碱，在黏土、酸性、地下水位高时生长不良，深根性，萌蘖性强，有粗大的肉质根，怕水淹，虫害较多。

2. 繁殖方法

播种、嫁接或分蘖繁殖。嫁接繁殖能保持品种的优良性状，充分利用砧木资源，又具有早果丰产的特点，是实现我国核桃良种化和区域化的重要措施。砧木用核桃、野核桃等，枝接多用舌接、劈接、切接和皮下接等；芽接以方块形芽接和"T"字形芽接应用较多。

(二) 技能操作

1. 嫁接育苗

(1) 种子繁殖技术

① 采种。播种用的核桃应选择结果早、丰产稳产、适应性强、出仁率高以及含油量高的优良品种作为采种母树。当果实青皮裂开一半时采收，这样的种子种仁饱满，发芽率高。

② 种子处理。秋播的种子不需处理，春播的种子播种前需要浸种或层积处理。浸种可以用温水（50～55℃）浸泡12～24h，以杀死种子上附着的病菌，可以提早出苗。也可以用10%的生石灰水浸泡核桃种子，每天搅拌2～3次，10天左右捞出种子播种，出苗率可达70%～80%。

③ 播种。层积处理或浸种催芽后，大部分种子膨胀裂口时即可播种。在苗圃或山地中，应先覆盖薄膜，待地温升到10～12℃时直接穴播，每穴放种子2～3粒。种子放置以种子的缝合线与地面垂直，种尖向一侧最好，因为这样放置的种子发芽势强，出苗率高，根系发达，植株健壮。

(2) 插皮舌接技术

① 砧穗选择与处理：枝接接穗应在发芽前20～30天采自采穗圃或优良品种树冠外围中上部。要求枝条充实、髓心小、芽体饱满、无病虫害。接穗剪口蜡封后分品种捆好，随即埋

到背阴处5℃以下的地沟内保存。嫁接前2～3天放在常温下催醒，使其萌动离皮。放水控制伤流。嫁接前2～3天将砧木剪断，使伤流流出，用刀切1～2个深达木质部的放水口，截断伤流上升。此外，或在嫁接部位下为了避免大量伤流的发生，嫁接前后各20天内不要灌水。

② 嫁接时期和方法：以砧木萌芽后至展叶期为宜。接穗长约15cm，带有2～3个饱满芽。先用嫁接刀将接穗下部削成长4～6cm的马耳形斜面，然后选砧木光滑部位，按照接穗削面的形状轻轻削去粗皮，露出嫩皮，削面大小略小于接穗削面。把接穗削面下端皮层用手捏开，将接穗木质部插入砧木的韧皮部与木质部之间，使接穗的皮层紧贴在砧木的嫩皮上，插至微露削面即可，用嫁接绳扎紧砧木接口部位。为提高嫁接成活率，要特别重视接后的接穗保湿工作，如用塑料薄膜（地膜）缠严接口和接穗，或用蜡封接穗、接后套塑膜筒袋并填充保湿物等。

③ 接后管理：接后应及时除去砧木上的萌蘖，如无成活的接穗，应留下1～2个位置合适的萌蘖，以备补接。

（3）影响核桃嫁接成活的生理原因　枝条粗壮弯曲，髓心大，叶痕突出，取芽困难；含有较多的单宁物质，遇空气易氧化生成黑褐色隔离层；具有伤流现象；芽内维管束容易脱离。

（4）提高核桃嫁接成活率的方法　正确选择嫁接时期和方法，加快嫁接操作速度，削面光滑；枝接前2～3天将砧木剪断，伤流流出后再嫁接，也可在嫁接部位下开放水口，截断伤流上升；选择枝条粗壮而髓部小的作接穗，应加大枝接接穗的削面和芽接的芽片；枝接接穗封蜡保存，接后注意包扎，涂上接蜡或包塑料布；芽片紧贴砧木，伤口要经常保湿。

2. 组培育苗

（1）取材与处理　一般选用幼苗的腋芽作为外植体，用自来水冲洗干净后再用0.1%的升汞液消毒5～6min，然后用无菌水冲洗3～5次，以备接种。也可以在5月中旬选取生长健壮的新梢，用软毛刷刷去表面灰尘和茸毛，用自来水冲洗2～3h。将新梢前端去掉，剪成1.5～2cm长、带有腋芽的茎段，用70%的酒精浸泡30s，用无菌水冲洗2～3次，再用0.1%的升汞液消毒10min，然后用无菌水冲洗2～3次备用。

（2）初始培养与继代扩繁　腋芽诱导培养基：DY＋1.0mg/L BA＋2.0mg/L 2-ip＋0.05mg/L NAA＋5.0mg/L盐酸硫胺素＋2.0mg/L盐酸吡哆醇＋2.0mg/L烟酸＋0.1mg/L磷酸钙＋0.1mg/L生物素＋300mg/L水解酪蛋白。

为防止组织褐化，初次接种时7天转接1次，并进行一段时间的暗培养。接种后20天左右，腋芽可长至2～3cm。取出后切成带有腋芽的茎段，将其转入基本成分与腋芽诱导相同、附加0.5～2.0mg/L BA＋0.5～2.0mg/L 2-ip＋0.2～0.5mg/L NAA的培养基中诱导丛生芽，20～30天后可形成丛生芽。外植体茎段：接入DKW＋1.0mg/L 6-BA诱导生芽，培养7～10天腋芽开始萌动，20天左右可形成主芽。当腋芽长至1cm左右、并有2～3片叶时，从基部切下，转入增殖培养基DKW＋1.0mg/L 6-BA＋0.001mg/L IRA中诱导丛生芽，10～15天幼苗基部产生愈伤组织，45～50天平均形成4个丛生芽。

（3）生根培养　当丛生芽长至2cm时，转入DY＋5.0mg/L IBA培养基中10～13天，然后再转接到 DY 培养基中培养 20 天左右，诱导生根。

当幼苗长至 2cm 左右高时，将其转接到生根培养基 1/2 DKW＋5mg/L IBA＋1mg/L 活性炭＋1mg/L 间苯三酚＋30g/L 蔗糖，诱导生根。

(4) 培养条件　培养基 pH 值 5.6～5.9，培养室温度 23～27℃，每天光照 14h，光照强度 1500lx。

(5) 驯化与移栽　将瓶苗移入日光温室大棚中，使其在自然光下闭瓶锻炼 2～4 天，促使叶片变绿、苗子变壮。中午喷水降低地面温度，使温度控制在 20℃左右。以后逐渐揭开瓶口 1～3 天，使幼苗逐渐适应棚内的温、湿度。在日光温室内建立宽 2.5m、长 6m 的移栽苗床，基质为蛭石：沙子：泥炭土，比例为 1：1：1，沙子和泥炭土需经蒸汽高温灭菌，基质铺设厚度为 20cm 左右，移栽前一天用 1000 倍多菌灵溶液淋透苗床后覆盖薄膜。

取出培养瓶内的幼苗，洗净根部附着的培养基，再用 800 倍百菌清溶液清洗，按 5cm×5cm 的间距移栽，栽好后轻覆基质，并喷水沉实。在苗床上搭建塑料薄膜小拱棚，温度控制在 20℃左右，空气相对湿度在 95%以上。移栽 24h 后通风 5min 左右，如果湿度过大，可延长通风时间 10min，10 天后逐步延长通风时间至 30min，15 天后拆除塑料小拱棚，每隔 10 天喷 1 次多菌灵 800 倍液和磷酸二氢钾 1000 倍液，25 天后揭除日光温室上的棚膜。50 天左右移栽于营养钵中，营养钵基质为黄土：牛粪：腐叶土，比例为 1：1：1，栽后浇透水。在营养钵中生长一个月后移出温室，按大田苗木管理。

二、板栗

(一) 基本理论

1. 习性特征

板栗属壳斗科，栗属。落叶乔木，树冠扁球形。树皮灰褐色。幼枝密生灰褐色茸毛。叶长椭圆形或长椭圆状披针形，背部有灰白色短柔毛。雌雄同株异花，雄花序有茸毛；总苞球形，密被长针刺。坚果 1～3 个。开花期为 4～6 月份，果实成熟期为 9～10 月份。

喜光，南方品种耐湿热，北方品种耐寒、耐旱。对土壤要求不严格，喜肥沃湿润、排水良好的沙质或砾质壤土，对有害气体抗性强。忌积水，忌土壤黏重。深根性，根系发达，萌芽力强，耐修剪。

2. 繁殖方法

以播种或嫁接繁殖为主，也可分株繁殖。

(二) 技能操作

(1) 常用砧木

① 实生板栗：又称共砧和本砧。与板栗的嫁接亲和性好，嫁接成活率高，嫁接苗生长强健，根系发达，较耐干旱和瘠薄，抗根头癌肿病，但不耐涝。北方各省和长江流域一带常用砧木。

② 野板栗：野板栗是板栗的原生种，与板栗的嫁接亲和力强，嫁接成活率高，嫁接后植株生长健壮，树冠较矮小，可作板栗的矮化砧，适于密植。但寿命较短。分布在我国南方各省低山丘陵地带。

（2）砧木苗的培育

① 种子采集处理：选生长健壮、无病虫害、坚果饱满、丰产稳产、抗性强、晚熟、每刺苞 3 个坚果率高的成龄植株作为采种母株。当总苞由绿变黄，总苞内坚果变为深褐色时进行采收，选用中等大小、皮壳新鲜、光亮的坚果作为种子。取种后应立即对种子进行消毒处理。可用 40%的福尔马林 260 倍液浸种 15min，再用清水冲洗或用二硫化碳熏杀害虫，再用 50%的托布津 100 倍液浸种 5min，然后用清水冲洗。板栗的坚果怕干、怕湿、怕热、怕冻、怕果皮开裂等。在高温、高湿条件下易霉烂，遇冷发生冻害果实则会变质，风干失水后发芽率明显下降。并置于阴凉通风处，让其后熟开裂，但要防止种子因自然干燥而丧失发芽力，及时收集种子进行播种或沙藏。储藏期间的温度应控制在 0～5℃。有冷库储藏条件的，可在保湿的情况下置于 1～4℃的条件下储藏。储藏期间应定期检查，并注意保湿、通气，温度不能低于 0℃。

② 播种：可春播也可秋播。秋播在立冬前后进行。春播的种子需要层积处理，3 月下旬将层积好的板栗种子取出，催芽后断胚根，以减少直根，促进须根发育。为了防止鼠害，播种前应进行药物拌种，每 100kg 种子用硫黄粉 0.4kg、草木灰 2kg，先将硫黄粉和草木灰混匀，再倒入蘸有泥浆的种子，拌匀即可。播种方法分直播和畦播。播种前灌足水，3～4 天后播种。播种时，应将种子平放，种尖不可朝上或朝下，以利于出苗，播后覆平土壤。每亩播种 100～150kg。

③ 播种苗管理：播种后 1～2 周即可出苗，出土后及时间苗、补苗和定苗。板栗具有双生胚，双生苗要去弱留强，以集中养分促进苗木健壮生长。幼苗出土后应保证水分的充足供应。板栗幼苗怕涝，积水 3 天根全部死亡，雨季应注意排水。为加快苗木生长，培育壮苗，提高出苗率，5 月中旬和 6 月上旬各追施一次 10kg 尿素，施肥后灌水。苗木生长期内多次中耕除草，使土壤保持疏松和无杂草状态。当苗高达到 25cm 时，选阴天进行移栽，移栽前剪去一小段主根，以促进侧根的形成和生长。移栽后遮阴。当苗高达到 35cm 时进行摘心处理，促进加粗生长，以利于嫁接。对于当年基部粗度达到 1cm 以上的苗木即可嫁接。未达到嫁接粗度的秋季剪除苗干，上面覆粪土。生长季注意排水、中耕、除草及防治病虫害。苗木速长期可追施肥 2～3 次，生长后期控制肥水或增施磷、钾肥，促使苗茎木质化。砧木苗期病害相对较少，一般采用溴氰菊酯、灭扫利等广谱性杀虫剂进行防治。越冬前浇足封冻水。

（3）嫁接与接后管理　嫁接方法有枝接和芽接，其中皮下接和插皮舌接操作简便，砧穗接触面大，成活率高。板栗树皮中单宁物质含量多，接口不易愈合。嫁接时间应适当推迟，以树液流动较旺盛、嫩叶已展开时进行为宜，以利于成活。嫁接时间一般在 4 月中下旬。

① 接穗的采集与储运：接穗应从品种优良、生长健壮、丰产稳产、适应性强、综合经济性状好的植株上采集，选取树冠外围生长充实、芽体饱满、粗度在 0.6cm 以上、长度在 20cm 以上的一年生发育枝或结果母枝作为接穗。可在落叶后至萌芽前 1 个月采集，过晚芽子膨大，嫁接成活率低。采集接穗后，以 50 根为一捆，注明品种和采集地点后，放入 2～

5℃的冷库或山洞内储藏。储藏时将接穗竖放，捆间以湿沙隔开，并用湿沙填充捆内接穗间的缝隙，再用湿沙埋至稍露顶芽。沙的湿度以手握成团不滴水、一触即散为宜。在接穗储藏期间应注意防止干枯、发热、发霉和萌发。外地运输接穗，应在保湿、冷藏的条件下快速运输，运到后立即用上述方法储藏。嫁接前，最好对接穗进行蜡封处理，以减少接穗的水分蒸发，使接穗从嫁接到成活这段时间内保证有较强的生命力，提高嫁接成活率。方法是：将接穗剪成具有1～2个饱满芽、长度在8～10cm的枝段，然后进行快速的蘸蜡处理。蜡封后的接穗最好立即嫁接，如需储藏应放在低温高湿处存放。

② 嫁接：板栗枝条的木质部呈棱状，嫁接板栗多在春季采用枝接法或在春季、夏季和秋季采用带木质部的嵌芽接进行嫁接。春季枝接，以砧木芽开始萌动、树皮容易剥离至萌芽后5天内进行最好，嫁接成活率最高。带木质部嵌芽接可在4月中下旬或秋季8月中下旬至9月上中旬进行。枝接多采用劈接法、插皮舌接法，也可采用切接和舌接等方法。板栗的枝条中含有大量的单宁，为了提高嫁接成活率，应尽量加快嫁接速度。板栗的子苗内单宁含量较低，采用子苗嫁接可以提高嫁接成活率。方法是：将经过冬季沙藏的种子播种于21～27℃的温床或温室内，待种子萌发后，在第一片真叶出现时，剪去子叶以上的嫩梢部分，用刀片沿胚轴中心垂直下切，用作砧木。选取较细且充实的蜡封接穗，采用劈接法嫁接。嫁接后，用嫁接夹固定接口，然后立即植于温室内铺设的湿锯末或湿蛭石或湿沙中，再在其上搭建塑料覆膜小拱棚，温度保持在20℃左右，促进愈合成活。接芽成活萌发后逐渐炼苗移栽。

③ 嫁接苗的管理：嫁接成活后，需及时、多次抹除砧木上的萌蘖，以节省营养，促进嫁接成活和接穗旺盛生长。新梢长至30cm左右高时，及时解除绑缚物，并设立支柱固定新梢，以防风折。新梢长至50cm左右时进行摘心处理，以促进分枝的形成。壮苗上的强壮枝有可能形成花穗，为了保证苗木的健壮生长，培育壮苗，应及早摘除。苗木生长期间适时中耕除草。5月份和6月份各施1次10kg尿素，施肥后及时灌水，以加快苗木生长；进入8月份以后，每15天喷一次0.3%的磷酸二氢钾，共喷施2～3次，以促使苗木充实健壮，提高苗木的越冬能力。入冬前灌一次封冻水。雨季注意排水。在正常情况下，春季嫁接的苗木，当年秋末都能出圃用于栽植。夏季和秋季嫁接的达不到出圃苗的规格的需要继续培育，晚一年出圃，以保证苗木的质量。

任务五　柿枣类果树工厂化育苗

一、柿

（一）基本理论

1. 习性特征

柿树喜温耐寒，10～22℃都能生长，以13～19℃的年平均气温最为适宜，能耐短时间－20℃的低温。柿较耐干旱，50%～70%的含水量就可以满足生长发育的需要，甜柿对水分的要求比较高。喜光，光照充足生长良好。喜肥沃、疏松、透气良好的土壤环境，对土壤酸碱度的适应范围广，pH 值 5～8 都能生长，以 pH 值 6～7 生长结果最好。在南方柿萌芽早，休眠迟。北方萌芽迟，休眠早。沿海地区萌芽迟，内陆地区萌芽早。具有抗旱、耐湿、结果早、寿命长、产量高、经济效益显著等特点。

柿树是柿树科柿属，根系深，主根发达，细根较少。根系含单宁，受伤后不容易愈合。干性强，有明显的层性，新梢顶端有“自剪”特性，单性结实。

2. 繁殖方法

生产上主要采用嫁接育苗的繁殖方法。

(二) 技能操作

1. 培育砧木

(1) 柿树砧木种类　主要有君迁子、实生柿和野板栗油柿，其中君迁子为我国北方所用的砧木。君迁子种子发芽率高，苗木生长整齐健壮，播种后当年即可嫁接。同时，君迁子根群浅，细根多，能耐寒耐旱，为北方柿的良好砧木。嫁接后生长旺盛，根系发育良好，抗性强，伤口易愈合，嫁接亲和力强。

(2) 砧木苗的培育

① 选种：选种是获得优质苗木的关键，用君迁子及半栽培种柿作砧木，应采集充分成熟的果实堆集软化，搓烂后洗去果肉，取出种子。

② 种子储藏、播种：将阴干后的种子用湿沙层积，或将阴干的种子进行干藏，到播种前用水浸泡种子 1～2 天，种子吸水膨胀后进行短期催芽，待有 1/3 的种子露出白芽即可播种。按行距 30～50cm 条播，覆土厚度 2～3cm。

③ 砧木苗的管理：幼苗出土后待长出 2～3 片真叶时，按株距 10cm 进行疏苗或补植，注意肥水管理。每隔 20～25 天，每亩追施尿素 10～15kg，也可以采用 0.3%的尿素与磷酸二氢钾（1∶1）混合液进行叶面施肥，促进苗生长健壮。当砧木苗高达到 30cm 后，进行摘心处理，促使苗木加粗生长。到秋季有一部分较粗的即可进行芽接，其余的次年春天进行枝接或花期芽接，也可再培养一年而于第二年秋进行芽接或第三年春进行枝接。通常苗木的嫩梢容易被柿鹰叶蛾、刺蛾以及金龟子等害虫为害，应喷 2000 倍的敌敌畏或者其他药剂进行有效防治。

2. 嫁接育苗

(1) 接穗的选择　一般接穗应在生长健壮、丰产、优质、适应性强、抗病虫的成年母株上采取，以树冠外围或上部发育充实粗壮的枝条最好，其中结果枝的成活率最高，发育枝次之，徒长枝较差。因此，嫁接时应注意选择接穗，接穗应随接随采，提高成活率。生长期嫁接，则宜随接随采，以免接穗失水，影响成活。春季 2 月中下旬采集接穗，先蜡封，后用土或沙埋藏，待 3 月下旬嫁接用。接穗以当年生枝、粗度 0.3～1cm 为宜，接穗枝条切面有绿色时最好，接穗长 8～12cm，有 2～3 个饱满芽为宜。

(2) 嫁接时期和方法

① 嫁接时期：嫁接的时期因方法、地区的不同而不同，北方约在清明节前后（3 月下旬至 4 月上旬）。芽接则周年可进行，花期前新梢芽尚未成熟，不能用作接芽，应用上年生枝基部的潜伏芽作接芽，但主要芽接时期在 6～7 月份。

② 嫁接方法：枝接法可用劈接、皮下接或腹接等方法。芽接法可用丁字形芽接、方块芽接及 H 形芽接或套接（扭梢接）。

③ 嫁接成活的关键：柿含有单宁酸，易氧化形成隔离层，不论枝接或芽接，刀要快，操作迅速，削面长而平整，形成层对齐，包扎要紧密，缩短砧穗间的距离，促使愈伤组织很快填满接缝，尽早使接穗和砧木的疏导组织相连。外套塑料袋，保湿增温，可促进愈伤组织生长，成活率高；枝接时最好用塑料薄膜将接穗全部包护，或用熔化的石蜡涂于接穗的外表，则成活率高；芽接或枝接应选粗壮、皮部厚而富含养分的接穗，易成活。芽接时削的芽片要稍大些，亦可带木质部；芽接时对接芽扎缚要紧些，注意芽下部位要紧贴木质部。否则，芽的四周皮层成活而芽枯死。

(3) 嫁接苗的管理

① 剪砧：采取切接、芽接以及在嫁接口以上具有保留砧木条件的，均可采取两次剪砧的方法。第一次于嫁接成活后（未成活的继续补接），在嫁接口以上暂时保留 1～2cm 的活桩，以便于绑撑接穗新梢，增强抗风能力。对保留的活桩采取抹芽、摘心或疏枝等措施控制其旺长，以确保接穗新梢生长强旺，同时又为接穗新梢提供了牢固的抗风支撑。第二次在秋后落叶、防寒之前正式剪砧，要求剪口平整，不劈裂，不留短桩，以利于愈合。

② 解绑：嫁接成活后，待新梢生长至 15cm 左右时，解除绑缚的塑料条，以免枝条增粗后接口处受缢形成“蜂腰”而容易折断。

③ 设立支柱：柿树苗萌芽长大后，枝粗叶大，如果遇到大风容易从接口处折断，应及时设立支柱，并将柿树苗绑在支柱上。

④ 除砧萌：在整个生长季及时疏除砧木上萌发的芽并及时中耕除草。

⑤ 肥水管理：柿苗一年中有 2～3 个生长期，应在每次生长期到来前进行施肥和灌水，促进其生长。第一次以氮肥和磷肥为主，第二次就要以钾肥为主。注意剪砧后及时施肥灌水 1 次，氮磷钾为 3∶1∶1。灌水应该根据苗圃的墒情灵活掌握具体时间和灌水量。

⑥ 病虫害防治：柿树苗期病虫害防治主要采用预防为主，综合防治的方针。加强田间管理，增强苗木生长势和对病虫的抵抗力，使病虫害少发生或者不发生。一旦发生要及时进行药物的有效防治，生产上常用甲基托布津、多菌灵 800 倍液进行药剂防治。苗期主要发生的是柿角斑病、柿炭疽病。对于柿树苗期主要发生的柿小叶蝉、柿毛虫、金龟子等虫害，发现田间为害时，及时喷布高效氯氰菊酯、阿维菌素进行防治。

⑦ 其他管理：夏秋至越冬前的土、肥、水管理、苗木管理、作物间作、病虫害防治以及越冬防寒等各项工作均可依照砧木苗的管理方法进行。苗木进入休眠期，除了上述的培土防寒越冬方法外，苗木量少的可以在冬前出圃后窖藏越冬，将苗木散开，按排码好，每排用湿沙或者沙土培好，至少不裸露根系，湿沙水分不宜过大，防止苗木霉烂。窖藏过程中经常进行检查。

二、枣

(一) 基本理论

1. 习性特征

枣树是喜光喜温树种，休眠期耐寒力强，辽宁熊岳最低－30℃能安全越冬。但大雪年份温差变化大，会出现冻死树的现象。对温度的适应能力强，既不畏热，又不怕寒。最高温度43℃，最低－20℃。喜湿耐旱，土壤适应能力强。

枣树为鼠李科枣属，枣枝分为枣头、枣股、枣吊。枣的果实9月份成熟。

2. 繁殖方法

枣树育苗包括嫁接育苗、扦插育苗、归圃育苗和开沟断根育苗，工厂化育苗主要采用嫁接的方法进行大规模生产。

(二) 技能操作

1. 嫁接育苗

(1) 砧木的种类

① 本砧：是指用枣树的根蘖苗或用枣核播种培育而成的枣树实生苗作砧木。目前有些地区多采用根蘖苗作砧木，如河北省沧州一带用普通金丝小枣的根蘖苗作砧木嫁接冬枣。但用枣核播种培育砧木苗的较少。

② 酸枣砧：指用酸枣根蘖苗或实生苗作砧木。酸枣含仁率高、成本低、繁殖容易且根系发达，抗旱、耐盐碱、耐瘠薄、耐涝能力强，是目前嫁接枣树的主要砧木，在生产上被广泛应用。

③ 铜钱树：与枣树同科异属，是鼠李科马甲子属的野生树种，落叶乔木，高达15m。核果周围有薄木子质的阔翅，非常像铜钱，无毛，紫褐色。主要分布在江苏、湖北、陕西、安徽、云南、四川等地。铜钱树的适应性强，繁殖容易，生长快，根系发达，抗病虫害。长江以南多雨地区用作枣树砧木的多。

(2) 酸枣种子的采集和处理

① 种子的采集：用于培育砧木的酸枣种子应采自含仁率高、种仁饱满类型的植株上，优质的种子可以提高出苗率。种子的质量主要取决于果实的成熟度，成熟度越高，种仁越饱满，生活力越强。一般成熟度高的红皮果比成熟度低的黄皮果种子质量好。用于育苗的酸枣采收期应以果实完熟后最佳。

② 种核的层积处理：秋季果实充分成熟后，将酸枣果实采下，先堆沤4～5天，堆内温度不超过65℃，待果肉软化后，搓破果皮、果肉，加水漂洗，去掉皮肉和浮核，将洗净的酸枣核晾干备用。用带壳的种核繁殖砧木苗时，需在11～12月份对种核进行层积处理。具体方法是：先将种核用清水浸泡2～3天，使种核充分吸水，之后再在800倍50%多菌灵溶液中浸泡3min杀菌。我国北方地区应选择在背阴、排水好的地方进行层积。层积沟深40～50cm，宽1m，长度因种子数量而定。先在沟底铺放10cm厚的湿沙（含水量60%左右），然后分层铺放种核和湿沙，每层厚2～3cm，使种核间都隔有湿沙，至距地面15cm时，再铺5cm厚的湿沙封顶保湿。坑口用木板或草席封盖，上面再盖土保湿，使沟内温度保持在3～10℃。若种子数量少，可用木箱或花盆在室内层积，注意保持水分和温度。我国南方地区雨水多，地温高，层积时应选择在背阴处地面上层积。先在地面上铺10cm厚的湿沙，然后在上面铺一层种核，再铺一层湿沙，直到45～60cm高为止。上部用土封一个土堆，减少水分蒸发。最外层铺盖草帘，防止雨淋。再在土堆四周挖浅沟排水。

③ 种核的热烫处理：当种核来不及层积时可采用热烫处理的方法进行催芽，即将干种核倒入70～75℃的热水（2份开水加1份冷水）中，自然冷却后再换用冷水浸泡2天。然后与湿沙混匀，覆盖塑料薄膜催芽。等部分种核露白后进行播种。

④ 枣仁浸种：培育酸枣苗还可用机械去壳后的种仁直接播种，该方法出苗快而整齐，近年来被普遍推广。将酸枣种仁用簸箕去除残损种粒后，放入55～60℃的温水中浸泡4～5h，或用冷水浸泡24～48h，捞出沥干或与湿沙混合后播种。

（3）铜钱树种子的处理　春季3～4月份，将搓去果皮的种子用50℃温水浸泡4～5h后即可播种。

（4）整地和播种

① 每亩施入腐熟有机肥4000～5000kg、磷酸二铵20～25kg。平整好土地后浇一次透水，经若干天晾墒后播种。使用渠灌的还应修理好灌水渠并作畦，机械播种时可在播后作畦；如使用喷灌设备，可以不作水渠和畦。

② 播种时间：3月中下旬，地温上升到10℃以上即可播种，时间可持续到4月中下旬。适时早播可保证砧木苗有较长的生长期，为培育健壮的砧木苗奠定良好的基础。

③ 播种密度：培育酸枣苗时一般采用双行密植，这样可以便于管理。宽行间距70cm，窄行间距30cm，株距15～20cm，每亩育苗量6600～8800株。

④ 播种量：用种核播种，用量为5～6kg/亩，相当于种核20000～24000粒。用种仁直接播种，需要1.5～2kg/亩。

⑤ 播种方法：用机械播种，播种深度一般为2～3cm，不宜过浅过深。播种后要求覆土均匀，这样能够保证种子正常发芽。

（5）苗期管理

① 防治杂草和覆盖地膜：酸枣有刺，且长有二次枝，致使在苗木生长期间除草较为困难。覆盖地膜有利于杂草除治和种子发芽，是干旱半干旱地区酸枣砧木苗培育的关键技术之一。

② 及时检查出苗率：播种后1周左右，种子陆续发芽，长出幼苗，应及时检查出苗情况并随时破膜放苗。

③ 及时断根：幼苗根系长至4～5cm长时，用铲子从幼苗一侧距离苗干基部5cm处向下斜插，切断地面下12～15cm处的直根，促进侧根生长。

④ 间苗和补苗：苗高长到10cm左右时定苗，每个播种点保留1株壮苗，间除其余幼苗。定苗期间如发现缺苗，应就近将准备间除的壮苗带土挖出，移栽补苗并及时浇水。移栽后1周第二次检查补苗的成活情况。

⑤ 及时压草：幼苗生长期间，防治不彻底的杂草还会长出，在长草部位的地膜上及时压土，可有效防治杂草。

⑥ 追肥和灌水：苗高13cm时，在宽行划沟第一次追肥，苗高30cm左右时，第二次追肥，每次追施20kg/亩磷酸二铵为宜。施肥后采用喷灌或沟灌为土壤补墒。

⑦ 疏除分枝和摘心：苗高40cm时，清除砧木苗基部的分枝，苗高60cm左右时，对砧木苗主茎进行摘心，以促进苗木加粗生长。

⑧ 病虫害防治：酸枣苗期主要病虫害有立枯病、枣锈病、枣疯病、枣瘿蚊、红蜘蛛等，

应及时防治。

（6）接穗的选择和处理

① 接穗的采集：枣树枝接的接穗主要采用一年生枣头一次枝，或者是粗壮的一年生二次枝。采集接穗应从采穗圃树上采集，采集接穗时应选择品种优良、纯正、健壮的结果树作为采穗母株。接穗一年四季均可采集，但一般在休眠季进行，以春季萌芽前进行最为适宜。

② 接穗的处理与保存：将采集下的枝条剪成单芽或双芽茎段，然后进行封蜡处理。石蜡温度控制在95～105℃，应将接穗全部用蜡封住。蜡液温度不容易掌握，可将盛蜡液的容器放入盛有水的水盆中，保持水微沸，此时蜡液温度正好。茎段蜡层薄而透明为宜。蜡层厚而发白，说明蜡液温度太低，应加热增温，但不能高于105℃。蘸蜡后的接穗不要堆放，应摊开散热十几个小时以上，充分晾凉后再装入袋中或箱中。蜡封好的接穗如果不能马上嫁接，应放在0～5℃的冷库或冷凉的地窖中储藏。存放过程中需经常检查接穗，防止发生霉烂和其他意外。

（7）嫁接时期　枣树苗圃嫁接主要采用枝接，嫁接从3月中旬开始即可进行，一直持续到4月下旬甚至5月。嫁接时间过晚，当年生长量小，质量差，不能成苗。8月以后嫁接，新生枝条往往不能正常成熟，冬天容易受冻。

（8）嫁接方法

① 选择接穗：选用生长健壮，直径在0.6cm左右，芽体饱满的一年生发育枝中上部枝条作接穗。生长期芽接用接穗最好随采随用，采下后随即剪去二次枝和叶片，基部浸入水中防止萎蔫。

② 嫁接方法：目前北方大部分地区酸枣接大枣主要推广应用的方法有皮下接和“T”字形芽接。

a. 皮下接：以4～6月份为最适期，嫁接部位以在根颈以上5cm处为宜。方法简单，成活率高，干旱年份成活率在90%以上，皮下接的具体方法如下。

削接穗：接穗留芽两个，下端削成长3～4cm的斜面，在背面削一个小斜面，并把下端削薄（厚0.3～0.5cm）。顶芽应留在小斜面一方，上留1.5cm剪平。

剪砧：在砧木距地面4～5cm处剪断，削平剪口，在砧木一侧削一个比接穗削面稍小一点的纵切口，深达木质部，后将上方皮层和木质部分开。

插接穗：接穗大削面对着木质部，尖端对着切缝，手按紧砧木切口，慢慢插入，留白0.5cm。

绑扎、培土、套塑料袋：用塑料条将接口绑紧。培土时先用湿土培至接口处用手按紧，再培松土高于接穗顶端5cm，将土拍实保湿；也可直接将塑料袋套在接穗上，下端与砧木绑紧，成活后撕破即可。

b. “T”字形芽接：从5月中旬至8月中旬均可进行，以7月份最好。春季芽接用去年生枣头的主芽作接芽，而夏秋芽接可用当年生枣头的主芽作接芽。“T”字形带木质部芽接的具体操作方法如下。

削接穗：先在接穗芽上方0.5cm处切一刀，再从芽下1.5cm处向上斜削，取下一个上平下尖并带有木质部的长盾形芽片。

剪砧：在距地面5cm左右光滑处，切“T”字形接口，切口横长1cm，纵长1.5cm，将接口皮层轻轻向两边剥开，然后将芽片插入砧木接口，使芽片上方与砧木横切口对齐密接。

绑扎：用塑料条由下而上绑扎接口，并将芽露出。

由于枣树枝条木质坚硬，含水量少，接口愈合慢，嫁接成活率较低。用3号ABT生根粉处理接穗，可提高嫁接成活率。方法是采用皮下接时，把削好的接穗的削面浸入200mg/L的生根粉药液中处理5s；采用带木质部盾状芽接时，用50mg/L生根粉处理，然后迅速将接穗插入砧木切口中，用塑料条包扎。

③ 嫁接基本操作技术要点：鲜、平、准、紧、快、湿。

a. 接穗要保持新鲜，无失水，无霉烂。

b. 接穗削面要平，砧木断面要光滑。

c. 接穗和砧木形成层对准密接。

d. 接后包扎要严紧。

e. 操作时动作要迅速。

f. 嫁接后要注意保湿，可埋土、套袋等，促进伤口愈合和成活。

(9) 嫁接后管理

① 除萌：为保证接穗正常萌芽生长，应及时除去砧木萌蘖。嫁接完成后，随着气温上升，接芽和砧木苗基部的芽相继萌发，每隔1周左右就应进行一次除萌，即除去砧木上的萌芽，以集中养分促进接口愈合和接芽生长。连抹3次，直至不影响接穗萌芽和正常生长。如在生长过程中发现多头现象，应及时选优去劣留单头；有的品种的二次枝只抽生枣吊，应尽早掐掉枣吊尖，以刺激主芽萌发枣头。

② 补接：嫁接后20～30天检查成活率，对没有接活的应重新补接。判断成活与否的主要依据是接穗是否脱落、移位、失水变干、感病黑腐、不发芽或发芽后芽体又死亡等情况。

③ 解缚：当接穗芽抽生的新梢长至30cm时，接口已完全愈合，可以解除绑缚的塑料条，解绑时间不宜过早，否则接口愈伤组织容易风干死亡，导致嫁接失败；过迟则接口处加粗生长受到抑制，会出现明显的缢痕，苗木容易被风吹折断死亡。

④ 防风引缚：多风地区在苗木解绑的同时，可采用立支柱或横拉铁丝引缚的方法固定苗木，防止被风吹折幼苗，绑缚高度应距接口25cm左右。

⑤ 施肥灌水：应加强前期肥水管理，一般苗高10cm左右时结合追肥浇水1次，以后视苗木生长状况和旱情再浇1次，生长季土壤含水量以14%～18%为宜。至落叶后土壤封冻前灌越冬水。嫁接苗木生长高峰期在5～7月份，其中6～7月份生长最快，应将追肥的重点时期放在6月份以前，当苗高15cm左右时开始叶面喷肥，喷施0.3%尿素和0.5%磷酸二氢钾混合液，每间隔15天喷施1次，连续3～4次。苗高20cm时对土壤追肥，一般每亩追施尿素10～15kg为宜，追肥后配合灌水。

⑥ 中耕除草：苗木生长期间，应及时中耕除草，使土壤保持疏松、无杂草状态。

⑦ 摘心：当嫁接苗长到1m左右时，对其顶端进行摘心，促其枝条成熟和茎加粗生长。

⑧ 病虫害防治：在虫害防治上主要是萌芽期的食芽象、金龟子和生长期的红缘天牛、红蜘蛛。采用的药剂有2%的阿维菌素3000倍液，20%的速灭杀丁3000倍液、10%的吡虫啉2500倍液。

2. 根蘖分株育苗

将优良品种枣树根部萌生的幼小根蘖集中移入苗圃人工培养。

3. 组织培养快繁技术

（1）初代培养　在生长季节剪取一年生枝上或根蘖苗上的半木质化枝条，用自来水冲洗30min，然后在超净工作台上剪成带有1～2个腋芽的茎段放入无菌三角瓶中，先用70%的酒精浸泡20～30s，无菌水清洗1～2次，然后用0.1%的氯化汞溶液灭菌6～8min，灭菌过程中要不断摇动三角瓶，使消毒液与外植体充分接触，之后用无菌水冲洗3～5次，剪去茎段两端的灭菌面后，接种到MS+2.0g/L BA+0.4mg/L IBA的培养基上。为了避免交叉污染，每瓶只接种1个茎段。接种后10天左右腋芽开始萌发，并抽生出2～3个小枝，呈丛生状，1个月可长至3～4cm，每个小枝上有3～4片叶。将这些小枝剪成单芽茎段，可作为继代繁殖的材料。

（2）继代培养　将初代培养的小苗剪成1cm左右的茎段，转接到继代培养基MS+1.0mg/L BA+0.5mg/L IBA上，培养温度（26±2）℃，光照强度2000～3000lx，每天光照14h。经过一段时间的培养可形成许多丛生芽，切割丛生芽反复转接可不断增殖。继代培养周期一般为30～40天。

（3）生根培养　将继代培养的丛生芽剪成1cm左右长，单个接到生根培养基1/2 MS+1.0mg/L IBA+1.0mg/L IAA上。15天左右茎段基部产生3～5条根，20天后可以进行移栽。

（4）驯化与移栽　移栽前应进行炼苗，在生根培养基中培养10天左右，肉眼可见根原基时，将装有试管苗的培养瓶移至自然光下，温度保持在20～30℃，锻炼8～10天后揭去瓶盖再炼苗3～4天。之后小心取出生根苗，洗净根部培养基，栽在苗床中。用于移栽的基质要有较好的通气透水性，可用园土覆上3.5cm的细沙，也可用土与河沙为2∶1的混匀物。栽好后，立即喷足水，扣上小拱棚保湿。

（5）其他管理　移栽后的前10天是管理的关键时期，温度保持在25～30℃，最高不超过35℃。棚内湿度应保持在90%以上，空气湿度低于90%时，早晚各喷1次水。光照强度应保持在1000～10000lx。10天后，当移栽苗长出新根和新芽时逐渐揭开小拱棚通风，增加光照。1个月后，根系开始吸收水分、养分。揭去小拱棚，进入正常管理。在控制温度、湿度、光照的前提下，加强肥水管理。前期偏重氮肥，可以叶面喷施0.3%的尿素液，每15～20天喷一次，后期多施磷钾肥，每次施肥结合灌水、中耕除草和病虫害防治综合进行，有利于保湿保墒，同时，药肥同喷可以节省大量的生产成本，增加经济效益。

参 考 文 献

[1] 包满珠．花卉学．第2版．北京：中国农业出版社，2003.

[2] 杜兴臣．花卉生产技术．北京：化学工业出版社，2012.

[3] 蔡象元．现代蔬菜温室设施与管理．上海：上海科学技术出版社，2000.

[4] 陈振德．蔬菜穴盘育苗技术．青岛：青岛出版社，1999.

[5] 程智慧．园艺学概论．北京：中国农业出版社，2003.

[6] 别之龙，黄丹枫．工厂化育苗原理与技术．北京：中国农业出版社，2008.

[7] 段敬杰．瓜果菜嫁接与高效栽培．郑州：河南科学技术出版社，2003.

[8] 龚维红．园艺植物种苗生产技术．苏州：苏州大学出版社，2009.

[9] 傅润民．果树无病毒苗木与无病毒栽培技术．北京：中国农业出版社，1998.

[10] 高丽红．盘育苗实用技术．北京：中国农业出版社，2004.

[11] 高丽红，李良俊．蔬菜设施育苗技术问答．北京：中国农业大学出版社，1998.

[12] 葛晓光．育苗大全．第2版．北京：中国农业出版社，2004.

[13] 高新一，王玉英．无性繁殖实用技术．北京：金盾出版社，2003.

[14] 王秀峰，陈振德．蔬菜工厂化育苗．北京：中国农业出版，2000.

[15] 王耀林等．设施园艺工程技术．郑州：河南科学技术出版社，1999.

[16] 魏智龙，邹志荣，吴正景．蔬菜与花卉的工厂化育苗技术．北京：中国农业出版社，2000.

[17] 许传森．许洋林木工厂化育苗新技术．北京：中国农业科学技术出版社，2006.

[18] 吴少华．园林花卉苗木繁育技术．北京：科学技术文献出版社，2001.

[19] 闫俊杰，张铁中．基于双CPU的营养钵苗嫁接机器人控制系统．中国农业大学学报，2004，9（5）：59-61.

[20] 赵庚义．花卉育苗技术手册．北京：中国农业出版社，2000.

[21] 周长吉，曾干．工厂化穴盘育苗技术在我国的发展．农业工程学报，1996（12）.

[22] 张开春，侯义龙，郭宝林等．果树育苗手册．北京：中国农业出版社，2004.

[23] 张克俊．果树良种与育苗技术问答．北京：中国农业出版社，1996.

[24] 张振贤．蔬菜栽培学．北京：中国农业大学出版社，2003.

[25] 朱德蔚．植物组织培养与脱毒快繁技术．北京：中国科学技术出版社，2001.

[26] 王国东，张力飞．园林苗圃．大连：大连理工大学出版社，2012.

[27] 王庆菊等．园林苗木繁育技术．北京：中国农业大学出版社，2007.

[28] 郝建华，陈耀华．园林苗圃育苗技术．北京：化学工业出版社，2003.

[29] 唐祥宁等．园林植物环境．重庆：重庆大学出版社，2006.

[30] 彭世逞，刘联仁，刘方农．草本花卉生产技术．北京：金盾出版社，2010.

[31] 徐志华．园林苗圃病虫害诊治图说．北京：中国林业出版社，2004.

[32] 王振龙．无土栽培教程．北京：中国农业大学出版社，2008.

[33] 王振龙．植物组织培养．北京：中国农业大学出版社，2006.

[34] 罗镪．花卉生产技术．北京：高等教育出版社，2005.

[35] 苏付保．园林苗木生产技术．北京：中国林业出版社，2004.

[36] 张开春．果树育苗手册．北京：中国农业出版社，2004.

[37] 高新一，王玉英．植物无性繁殖实用技术．北京：金盾出版社，2003.

[38] 郑宴义．园林植物繁殖栽培新技术．北京：中国农业出版社，2006.

[39] 刘宏涛等．园林花木繁育技术．沈阳：辽宁科学技术出版社，2005.

[40] 吴少华．园林苗圃学．上海：上海交通大学出版社，2004.

[41] 苏金乐．园林苗圃学．北京：中国农业出版社，2003.

[42] 李二波等．林木工厂化育苗技术．北京：中国林业出版社，2003.

[43] 肖尊安．植物生物技术．北京：化学工业出版社，2005.

[44] 巩振辉．花卉脱毒与快繁新技术．杨凌：西北农林科技大学出版社，2005.

[45] 张耀钢等．观赏苗木育苗关键技术．南京：江苏科学技术出版社，2003.

[46] 邓爆，刘志峰．温室容器育苗基质及苗木生长规律的研究．林业科学，2000，9（05）.

[47] 李小川，张京社．蔬菜穴盘育苗．北京：金盾出版社，2009.

[48] 瞿辉等．观赏苗木穴盘育苗技术．江苏林业科技，2003，30（6）.

[49] 张传来．果树优质苗木培育技术．北京：化学工业出版社，2013.

[50] 苗耀奎，张晓翰，刘二冬．现代果树育苗实用技术．北京：中国农业科学技术出版社，2011.

[51] 陈海江．果树苗木繁育．北京：金盾出版社，2010.

[52] 博润民．果树无病毒苗与无病毒栽培技术．北京：中国农业出版社，1998.

[53] 侯义龙．果树组织培养技术及其应用．北京：中国农业科学技术出版社，2007.

[54] 刘孟军．枣优质生产技术手册．北京：中国农业出版社，2004.

[55] 王国新，张东良，李俊杰等．果树优质高产栽培技术丛书——桃．郑州：河南科学技术出版社，1992.

[56] 刘孟军．枣优质丰产栽培技术彩色图说．北京：中国农业出版社，2002.

[57] 赵进春，郝红梅，胡成志．北方果树苗木繁育技术．北京：化学工业出版社，2012.

[58] 孙华美．果树育苗工培训教材．北京：金盾出版社，2008.

[59] 王振龙，杜广平，李菊艳．植物组织培养教程．北京：中国农业大学出版社，2011.

[60] 王国英，王立国．果树嫁接育苗与高接换优技术百问百答．北京：中国农业出版社，2009.

[61] 张耀芳．北方果树苗木生产技术．北京：化学工业出版社，2012.

[62] 杜纪壮，李良瀚．苹果优良品种及无公害栽培技术．北京：中国农业出版社，2006.

[63] 郭民主．苹果安全优质高效生产配套技术．北京：中国农业出版社，2006.

[64] 张开春．果树育苗关键技术百问百答．北京：中国农业出版社，2005.

[65] 傅玉瑚，申连长等．梨高效优质生产新技术．北京：中国农业出版社，1998.

[66] 姜淑苓，贾敬贤．梨树高产栽培．北京：金盾出版社，2006.

[67] 陈延惠，简在海．优质桃丰产高效栽培技术．郑州：中原农民出版社，2006.

[68] 刘国杰，单守明．桃树丰产栽培技术．北京：金盾出版社，2008.

[69] 张民．杏、李优质高效栽培．济南：山东科学技术出版社，2006.

[70] 王久兴，轩兴栓，尚五锋等．落叶果树新优品种苗木繁育技术．北京：金盾出版社，2003.

[71] 张克俊，张波，张宏等．果树良种与育苗技术问答．北京：中国农业出版社，1996.

[72] 张长青．园艺植物育苗原理与技术．上海：上海交通大学出版社，2012.

[73] 高洪波，李敬蕊．蔬菜育苗新技术彩色图说．北京：化学工业出版社，2018.

[74] 张志国，戚海峰．穴盘苗生产技术．北京：化学工业出版社，2015.

[75] 高登涛，刘崇怀等．当代果树育苗技术．郑州：中原农民出版社，2016.